本書の使い方

受験算数の図形問題の中でも，基本問題から標準問題が中心となっています。各単元は，「例題→練習問題」のくり返しになっていて，各章の最後にまとめ問題があります。

例題　ステップ1→2→…と順番に解いていくと答えまでたどりつくようになっています。

練習問題　例題と同じような問題や，学習した解法を活用する問題です。問題が解けたら□にチェックをつけ，わからないときは例題を見直しましょう。

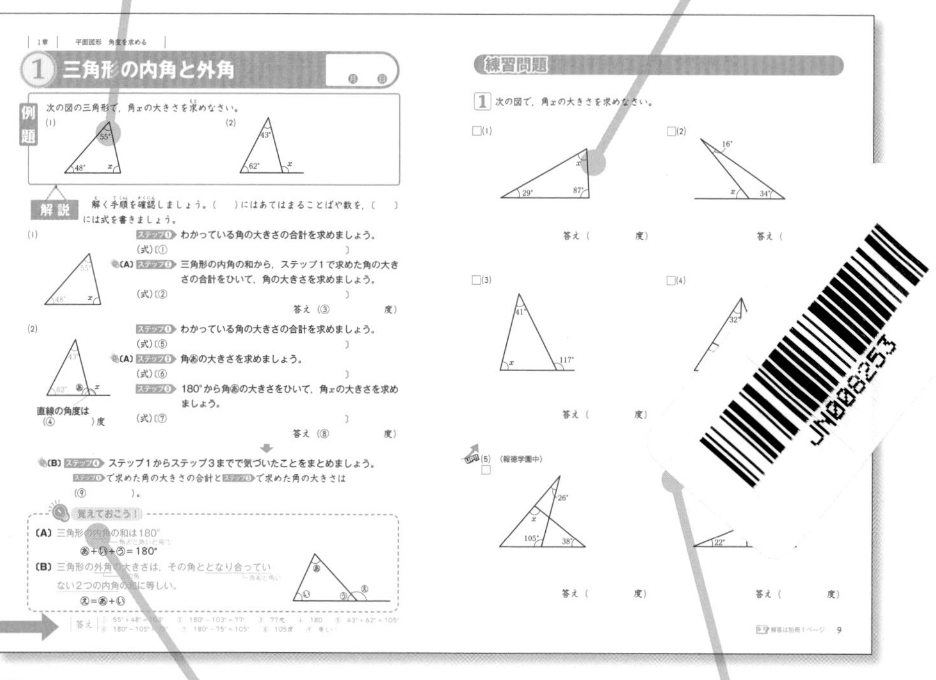

例題の答え

例題を解くのに重要な公式や考え方をまとめています。

やや発展的な問題です。学んだことを活かしてチャレンジしましょう。

目　次

1章　平面図形　角度を求める

入試の傾向と対策

角度を求める問題では，図形の特徴や性質からどんな図形が用いられているかを見極めましょう。その特徴や性質から等しい角を求めることができます。また，補助線を引くことでより角度を求めやすくなる問題もあります。

2章　平面図形　面積や線分の長さを求める

入試の傾向と対策

ぬりつぶされた部分の面積や周の長さを求める問題が多く出題されます。まずは，さまざまな図形の面積や周の長さを求める公式を確認してみましょう。

3章 平面図形　合同と相似，比を考える

入試の傾向と対策

２つの図形を比べて，辺の長さや面積を求める問題が多く出題されます。まずは，三角形の合同とは何か，相似とは何かを確認しましょう。

4章 平面図形　移動を考える

入試の傾向と対策

図形が移動した距離や，移動によってできた図形に注目しましょう。問題文の内容にあわせて図をかいて，求めなければならない図形がどのような形かを考えてみるとよいでしょう。

5章 立体図形　表面積と体積を求める

入試の傾向と対策

立体の表面積，体積を求める公式を確認しましょう。その公式を応用できるかが，問題を解くカギになります。また，立体のどの部分を底面ととらえるかも重要です。

6章 立体図形　空間をイメージする

入試の傾向と対策

どのような立体ができるか考えてみましょう。また，展開図を用いた問題では，共通の点や辺を見つけることが正解にたどりつくポイントとなります。

7章　立体図形　水についての問題を考える

入試の傾向と対策

水を用いた表面積，体積を求める問題の特徴を確認しましょう。容器の中に水が入れられたときに水の高さや体積がどのように変化したのかに注目するとよいでしょう。

●適性検査問題に慣れよう

入試の傾向と対策

公立中高一貫校や私立中学の入試問題では，長い会話から読み解く問題も出題されます。これらの問題では，図形や立体の性質を知っていることだけでなく，会話から図形や立体について読み取ることが求められます。文章をよく読み，十分に状況を理解してから問題を解きましょう。

●総合テスト

総合テストは，①～③それぞれ100点満点です。学習したことがどのくらい身についているか確認しましょう。

1 三角形の内角と外角

月　日

例題

次の図の三角形で，角xの大きさを求(もと)めなさい。

(1)

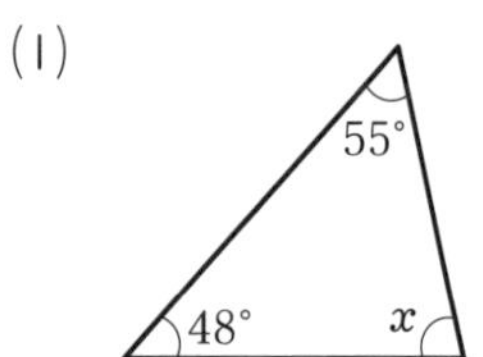

(2)

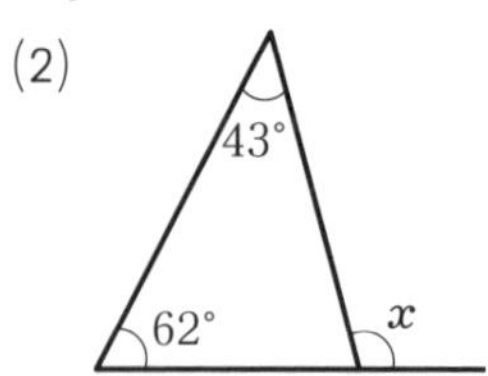

解説

解(と)く手順(てじゅん)を確認(かくにん)しましょう。(　　)にはあてはまることばや数を，〔　　〕には式を書きましょう。

(1)

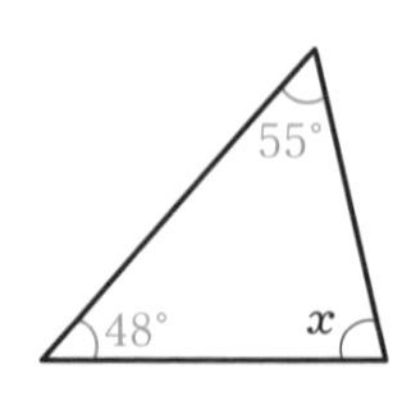

ステップ1 わかっている角の大きさの合計を求めましょう。

(式)〔①　　　　　　　　　　〕

〔A〕**ステップ2** 三角形の内角の和から，ステップ1で求めた角の大きさの合計をひいて，角の大きさを求めましょう。

(式)〔②　　　　　　　　　　〕

答え (③　　　　　度)

(2)

ステップ1 わかっている角の大きさの合計を求めましょう。

(式)〔⑤　　　　　　　　　　〕

〔A〕**ステップ2** 角ⓐの大きさを求めましょう。

(式)〔⑥　　　　　　　　　　〕

ステップ3 180°から角ⓐの大きさをひいて，角xの大きさを求めましょう。

(式)〔⑦　　　　　　　　　　〕

答え (⑧　　　　　度)

43°
62°　あ　x

直線の角度は
(④　　　　)度

〔B〕**ステップ4** ステップ1からステップ3までで気づいたことをまとめましょう。

ステップ1で求めた角の大きさの合計と**ステップ3**で求めた角の大きさは

(⑨　　　　　)。

覚えておこう！

〔A〕三角形の内角の和は180°
　　└── 角ⓐと角ⓘと角ⓤ

ⓐ＋ⓘ＋ⓤ＝180°

〔B〕三角形の外角の大きさは，その角ととなり合っていない2つの内角の和に等しい。
　　└── ⓔの角　　　　└── 角ⓐと角ⓘ

ⓔ＝ⓐ＋ⓘ

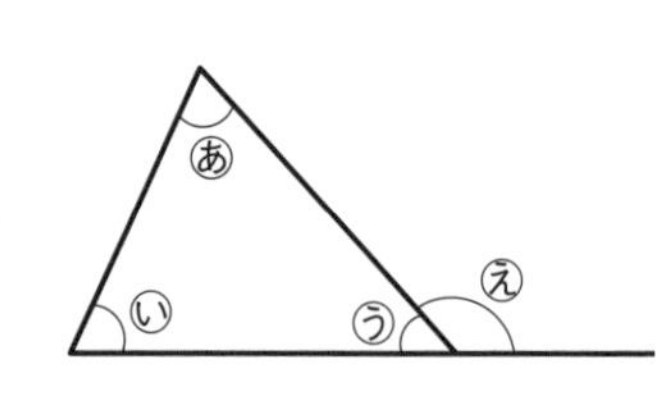

答え　① 55°＋48°＝103°　② 180°－103°＝77°　③ 77度　④ 180　⑤ 43°＋62°＝105°　⑥ 180°－105°＝75°　⑦ 180°－75°＝105°　⑧ 105度　⑨ 等しい

練習問題

1 次の図で，角xの大きさを求めなさい。

□(1)

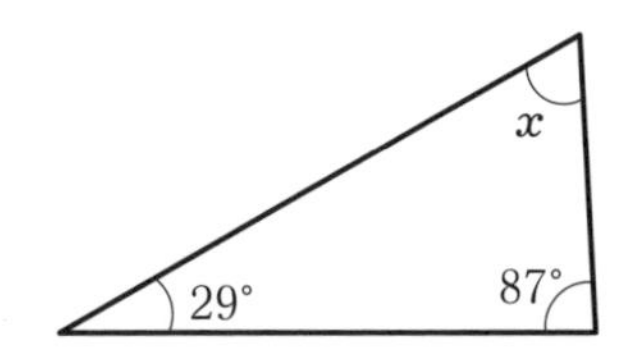

答え（　　　　度）

□(2)

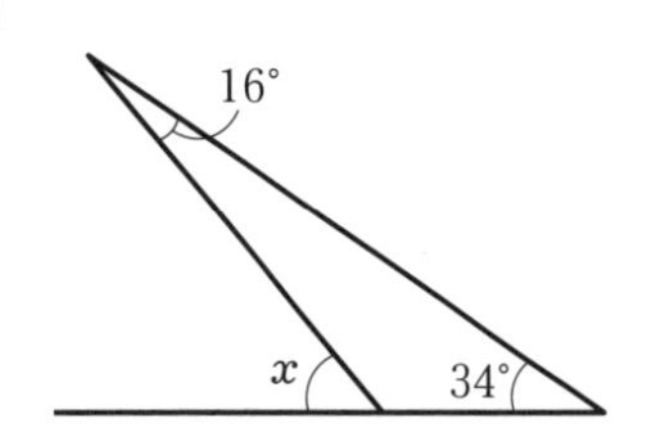

答え（　　　　度）

□(3)

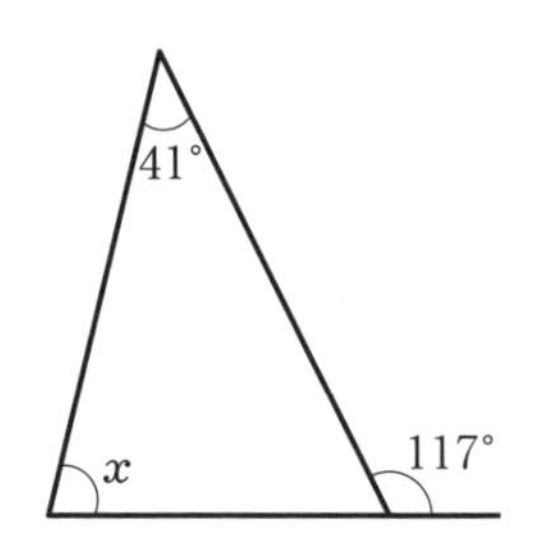

答え（　　　　度）

□(4)

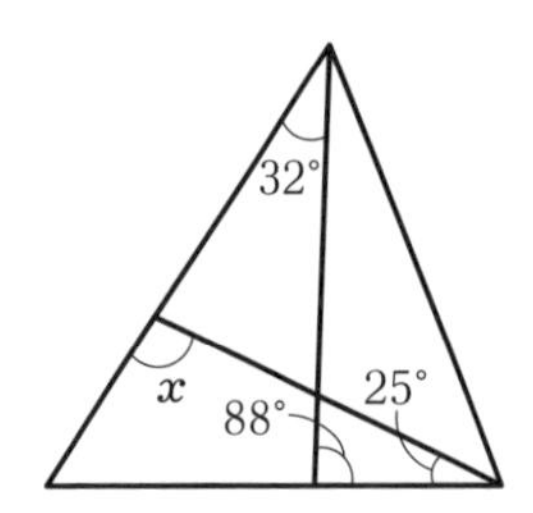

答え（　　　　度）

UP!! (5)（報徳学園中）
□

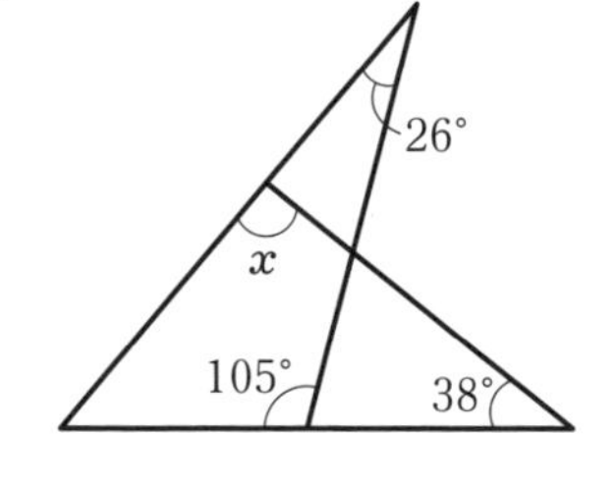

答え（　　　　度）

UP!! (6)
□

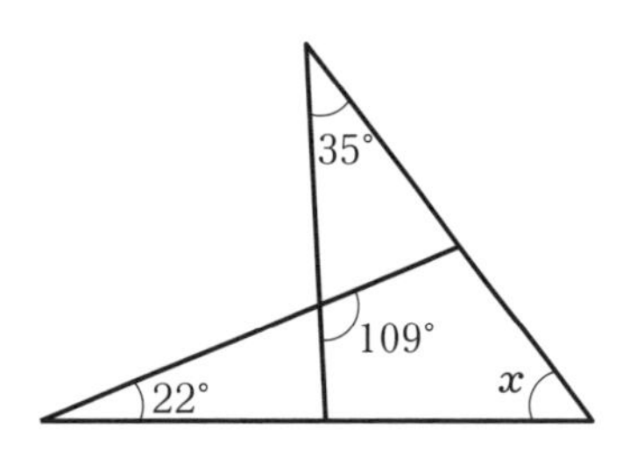

答え（　　　　度）

解答は別冊1ページ

2 三角定規の角

例題

右のように1組の三角定規を重ねたときの角の大きさを求めなさい。

(1) 角x　　(2) 角y

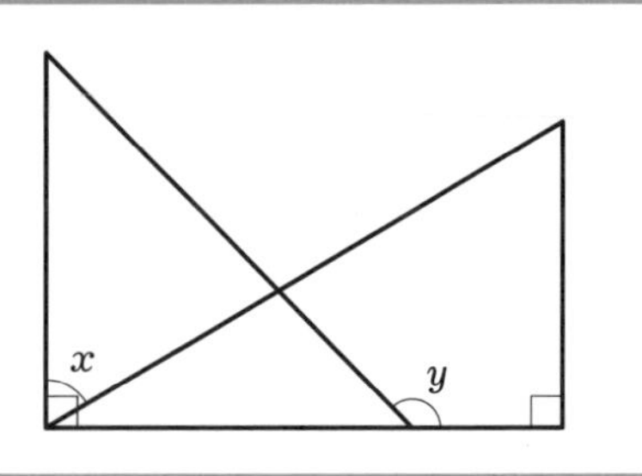

解説

解く手順を確認しましょう。(　　)にはあてはまることばや数を，〔　　〕には式を書きましょう。

(1)

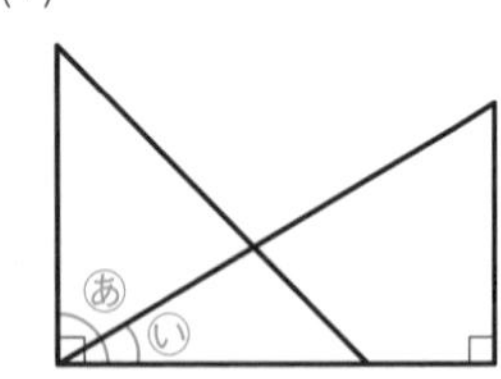

ステップ1 わかっている角の大きさを求めましょう。

角㋐の大きさは(①　　　　)で，

角㋑の大きさは(②　　　　)である。

ステップ2 ステップ1で求めた角㋐の大きさから角㋑の大きさをひいて，角xの大きさを求めましょう。

(式)〔③　　　　　　　　〕

答え (④　　　　度)

(2)

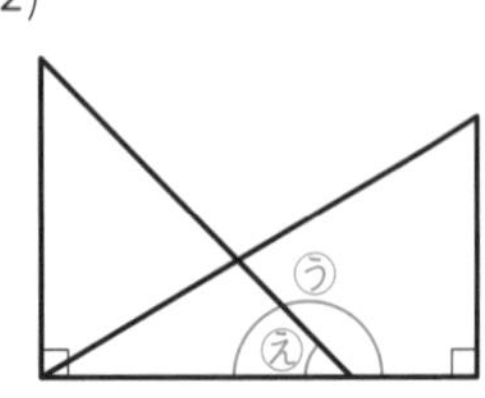

ステップ1 わかっている角の大きさを求めましょう。

角㋒の大きさは(⑤　　　　)で，

角㋓の大きさは(⑥　　　　)である。

ステップ2 ステップ1で求めた角㋒の大きさから角㋓の大きさをひいて，角yの大きさを求めましょう。

(式)〔⑦　　　　　　　　〕

答え (⑧　　　　度)

覚えておこう！

三角定規は，直角二等辺三角形のものと直角三角形のものの2つで1組になっている。

- 直角二等辺三角形の三角定規の角は，90°と45°(└角㋐)

　㋐＝45°

- 直角三角形の三角定規の角は，90°と60°と30°(└角㋑　└角㋒)

　㋑＝60°　㋒＝30°

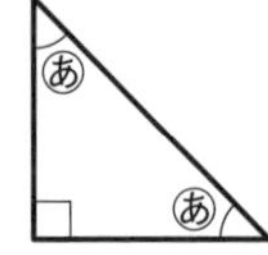

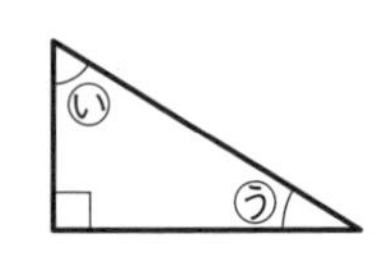

答え　① 90°　② 30°　③ 90°－30°＝60°　④ 60度　⑤ 180°　⑥ 45°　⑦ 180°－45°＝135°　⑧ 135度

練習問題

1 次のように，1組の三角定規を重ねたときの角xの大きさを求めなさい。

□(1)

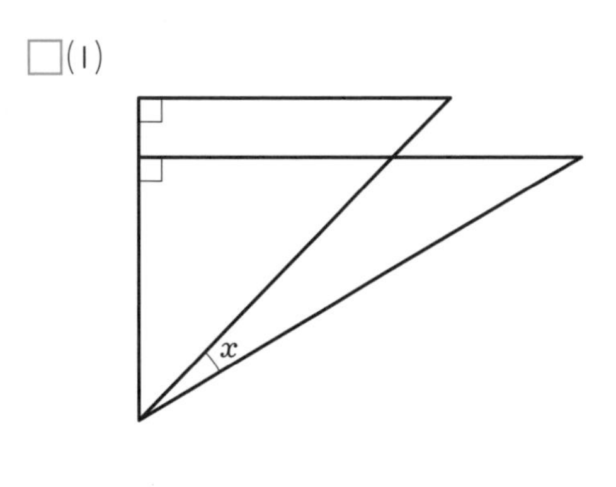

答え（　　　　　度）

□(2)

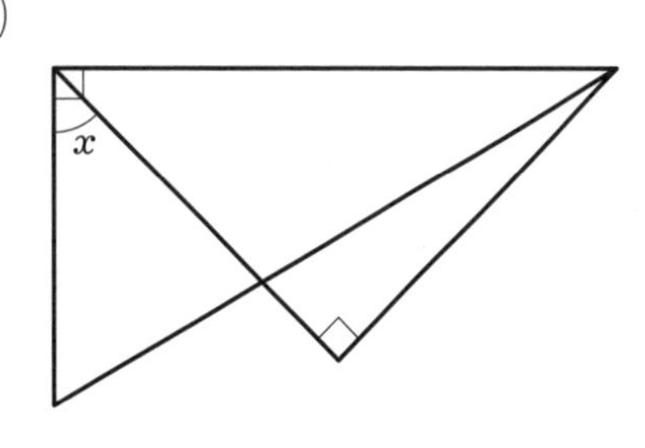

答え（　　　　　度）

□(3)

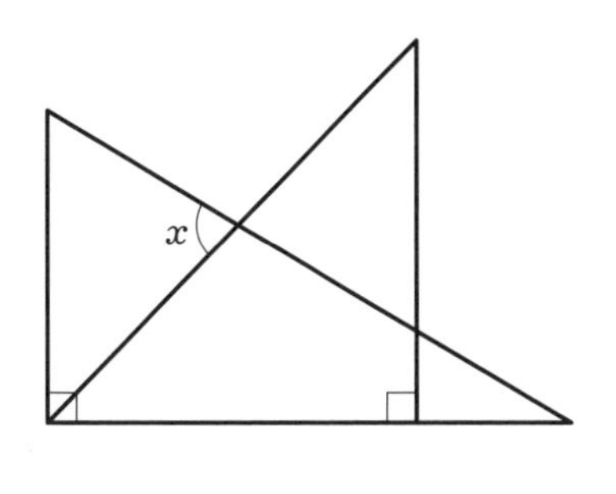

答え（　　　　　度）

□(4)　（開星中）

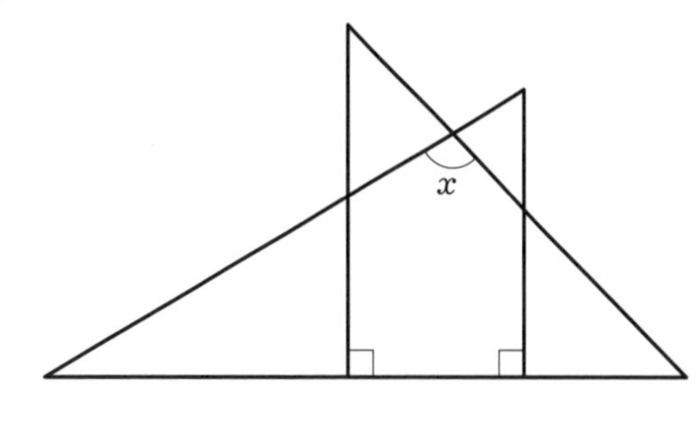

答え（　　　　　度）

UP!! (5)　（獨協埼玉中）
□

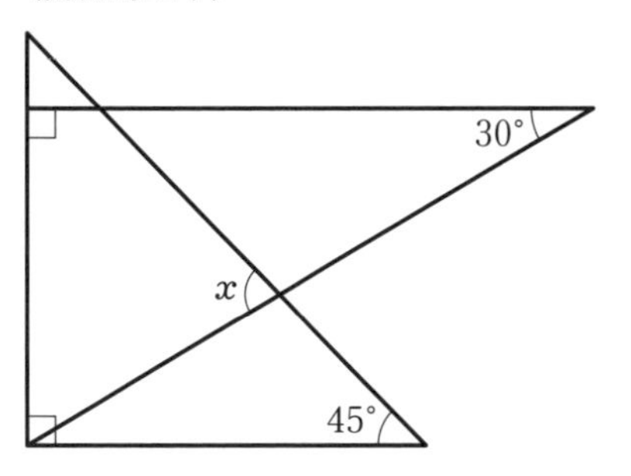

答え（　　　　　度）

UP!! (6)　（東明館中）
□

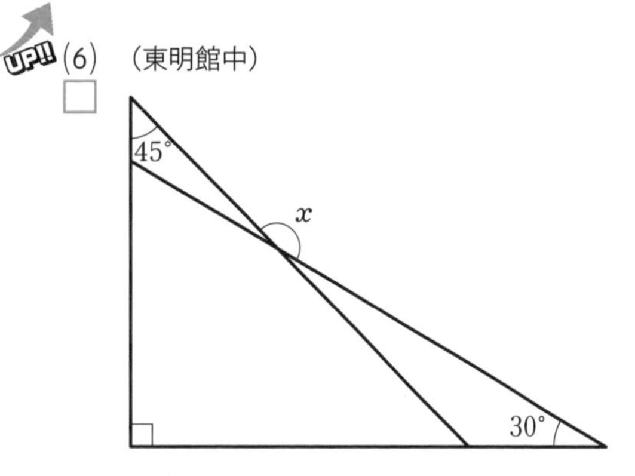

答え（　　　　　度）

解答は別冊1ページ

3 二等辺三角形と正三角形の角

月　日

例題 次の図の三角形で，角xの大きさを求めなさい。

(1) 三角形ABC：AB＝8cm，AC＝8cm，角A＝110°，角B＝x

(2) 三角形ABC：AB＝6cm，AC＝6cm，BC＝6cm，角A＝x

解説 解く手順を確認しましょう。（　）にはあてはまることばや数を，〔　〕には式を書きましょう。

(1)

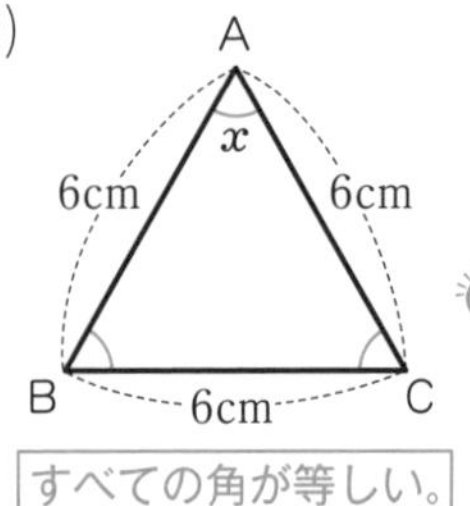

ステップ1 どのような三角形か見極めましょう。

2つの（①　　　　　）が等しいので，

三角形ABCは（②　　　　　）である。

ステップ2 角Bと角Cの大きさの和を求めましょう。

三角形の内角の和は（③　　　　）なので，

角Bと角Cの大きさの和は，

（式）〔④　　　　　　　　〕

〔B〕**ステップ3** 角xの大きさを求めましょう。

二等辺三角形の底角は等しいので，

（式）〔⑤　　　　　　　　〕

答え（⑥　　　　度）

(2) 三角形ABC：AB＝6cm，AC＝6cm，BC＝6cm，角A＝x

すべての角が等しい。

ステップ1 どのような三角形か見極めましょう。

3つの（⑦　　　　　）がすべて等しいので，

三角形ABCは（⑧　　　　　）である。

〔A〕**ステップ2** 三角形ABCの内角から，角xの大きさを求めましょう。

正三角形のすべての角は等しいので，

x＝〔⑨　　　　　　　　〕

答え（⑩　　　　度）

覚えておこう！

〔A〕正三角形の角はすべて等しい。

Ⓐ＝Ⓘ＝Ⓤ＝60°（あ＝い＝う＝60°）

〔B〕二等辺三角形の底角は等しい。

き＝く

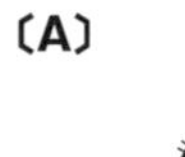

〔B〕 か き く

答え ① 辺の長さ　② 二等辺三角形　③ 180°　④ 180°－110°＝70°　⑤ 70°÷2＝35°　⑥ 35度　⑦ 辺の長さ　⑧ 正三角形　⑨ 180°÷3＝60°　⑩ 60度

練習問題

1 次の図で，角xの大きさを求めなさい。

□(1)　三角形ABCは正三角形である。

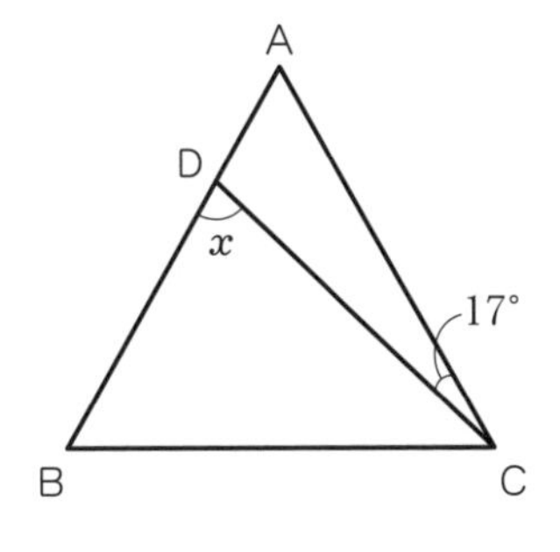

答え（　　　　度）

□(2)　三角形ABCは正三角形である。

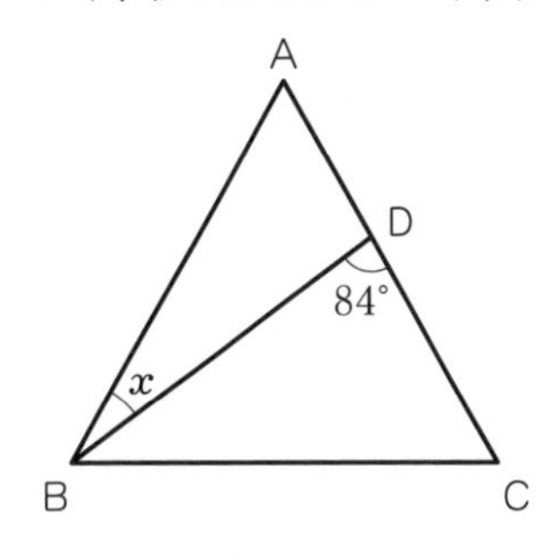

答え（　　　　度）

□(3)　AC＝AD，BA＝BC　（桐蔭学園中・改）

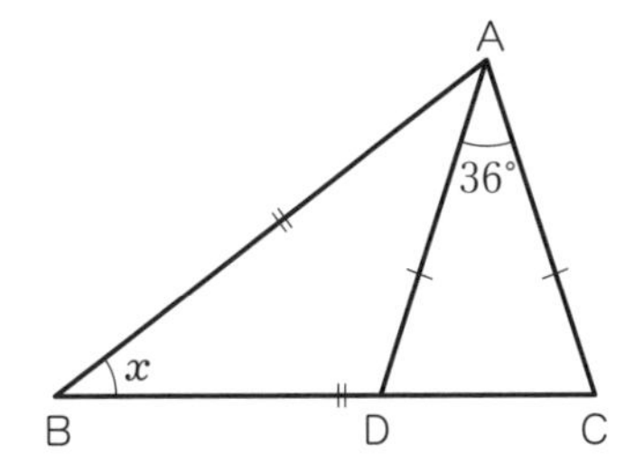

答え（　　　　度）

□(4)　CB＝CA

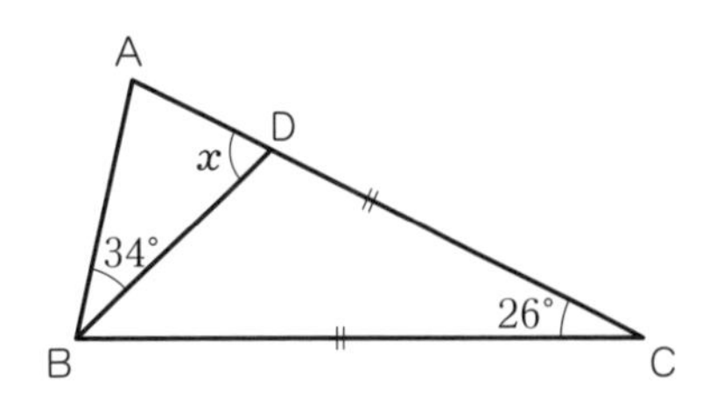

答え（　　　　度）

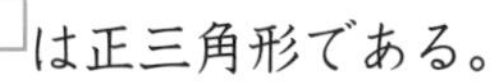

(5)　四角形ABCDは正方形，三角形DCE
□は正三角形である。　（横浜女学院中・改）

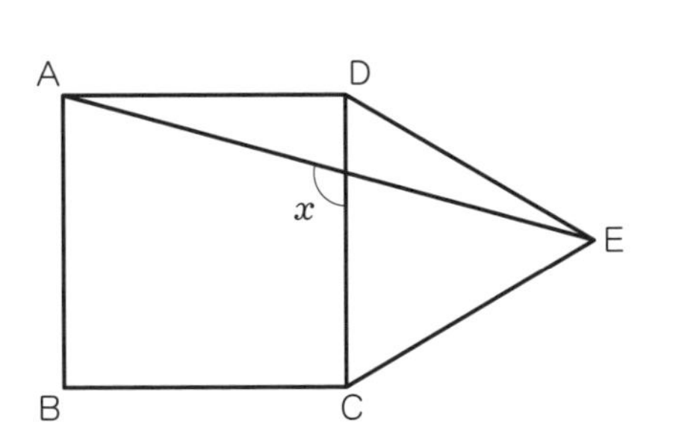

答え（　　　　度）

(6)　AB＝AC，DA＝DB＝BC
□　（岡山白陵中・改）

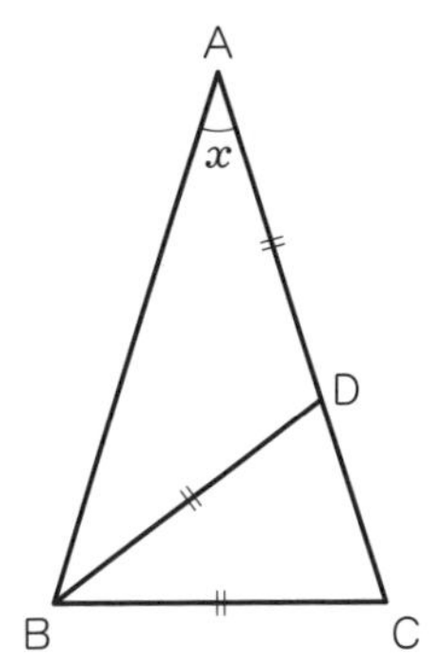

答え（　　　　度）

4 二等辺三角形と円

月　日

例題

次の図で，角xの大きさを求めなさい。

(1)

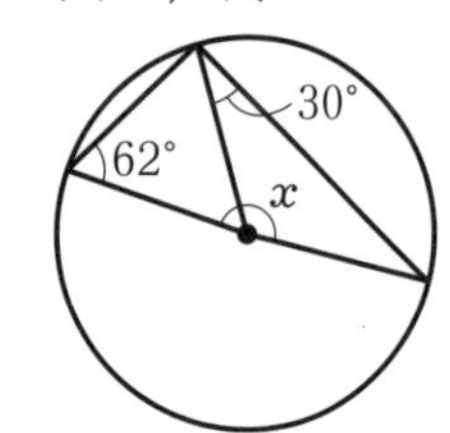

(2)

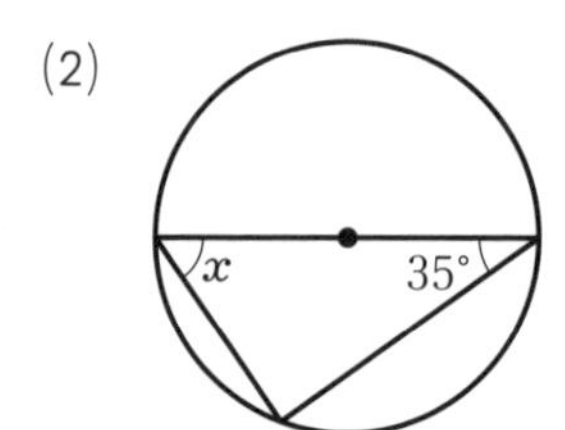

解説

解く手順を確認しましょう。（　　）にはあてはまることばや数を，〔　　〕には式を書きましょう。

(1)

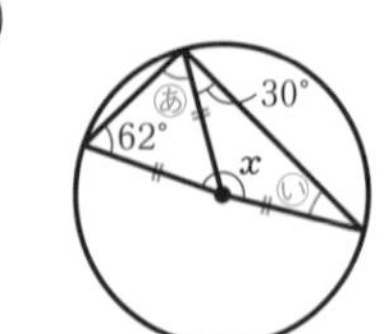

〔A〕**ステップ1** 二等辺三角形を見つけましょう。

円の半径の大きさはどれも等しいことから二等辺三角形をつくる。

〔B〕**ステップ2** 角㋐と角㋑の大きさを求めましょう。

㋐＝（①　　　　）　㋑＝（②　　　　）

ステップ3 四角形の内角の和から角xの大きさを求めましょう。

（式）x ＋ 62° ＋ （㋐ ＋ 30°）＋ ㋑ ＝ 360°

x ＋ 62° ＋ 92° ＋ 30° ＝ 360°

x ＝ （③　　　　）

答え（④　　　　度）

(2)

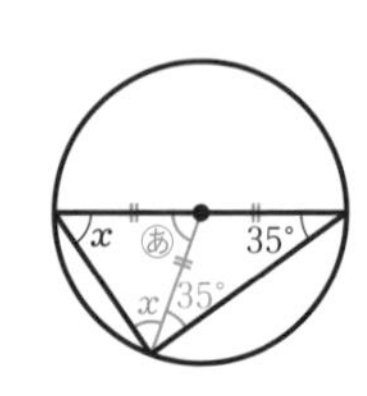

ステップ1 三角形ができるように補助線を引きましょう。

三角形を2つに分け，二等辺三角形をつくる。

〔B〕**ステップ2** 角㋐の大きさを求めましょう。

右の二等辺三角形の外角の大きさであるので，

（式）〔⑤　　　　〕

ステップ3 左の三角形に着目して，角xの大きさを求めましょう。

（式）x ＝（180° − 70°）÷ 2

＝110° ÷ 2

＝（⑥　　　　）

答え（⑦　　　　度）

覚えておこう！

〔A〕円の半径の大きさはどれも等しい。

〔B〕二等辺三角形の底角は等しい。
└角㋐と角㋑，角㋒と角㋓

㋐＝㋑，㋒＝㋓

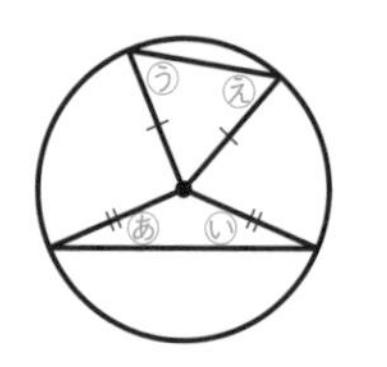

答え　① 62°　② 30°　③ 176°　④ 176度　⑤ 35°＋35°＝70°　⑥ 55°　⑦ 55度

練習問題

1 次の図で，角xの大きさを求めなさい。

□(1)

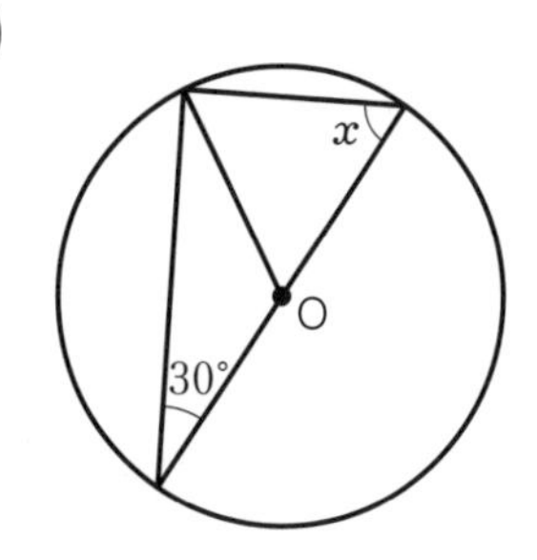

答え（　　　　　度）

□(2)

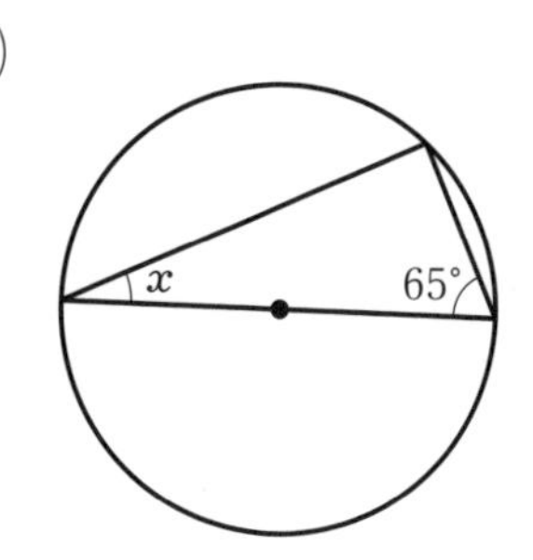

答え（　　　　　度）

□(3)

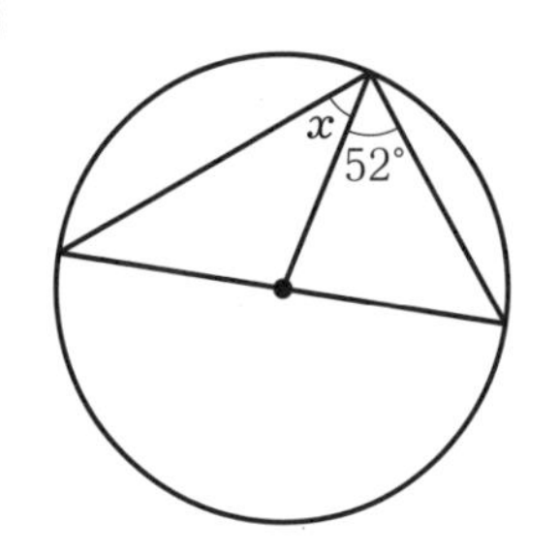

答え（　　　　　度）

□(4)

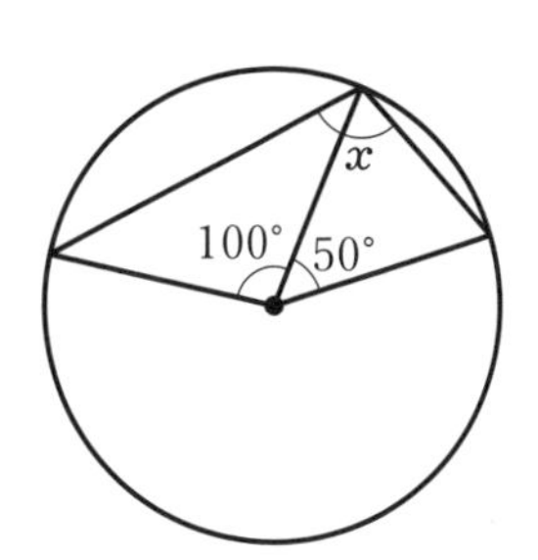

答え（　　　　　度）

UP!! (5)
□

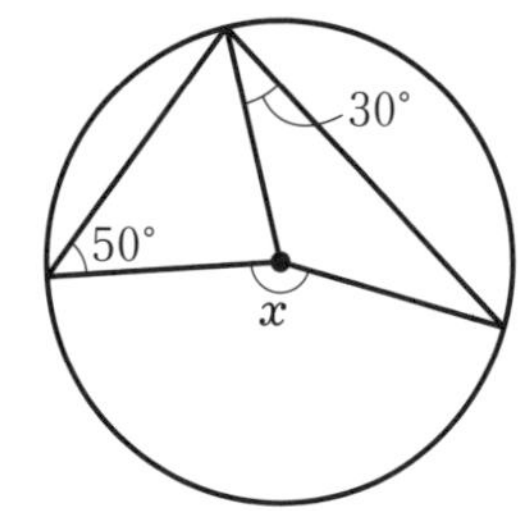

答え（　　　　　度）

UP!! (6)
□

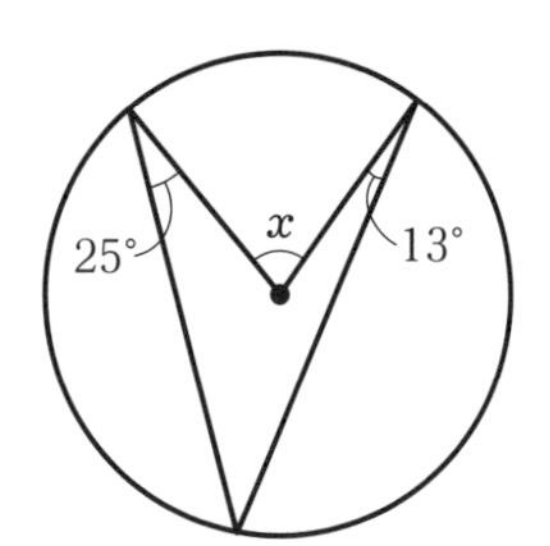

答え（　　　　　度）

5 平行線と角

月　日

例題

次の図で，直線ABと直線CDが平行なとき，角xの大きさを求(もと)めなさい。

(1)

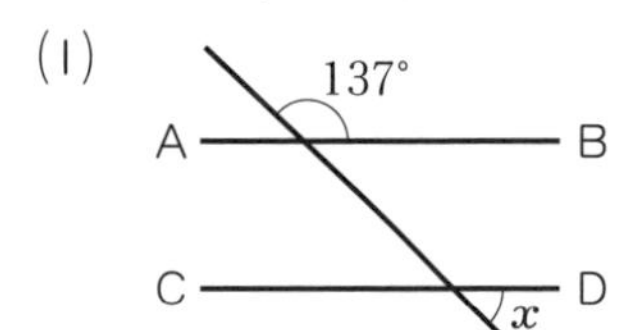

(2)

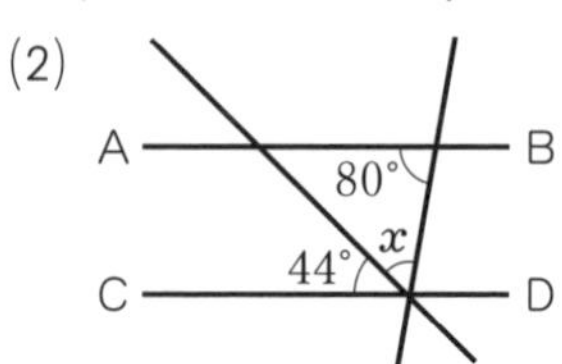

解説

解(と)く手順(てじゅん)を確認(かくにん)しましょう。(　　)にはあてはまることばや数を，〔　　〕には式を書きましょう。

(1)

〔A〕 ステップ① 角㋐の大きさを求めましょう。

わかっている角と角㋐の大きさは(①　　　　　　)ので，
角㋐の大きさは(②　　　　　度)

ステップ② 180°から角㋐の大きさをひいて，角xの大きさを求めましょう。

(式)〔③　　　　　　　　　　　　〕

答え(④　　　　　度)

(2)

〔B〕 ステップ① 角㋐の大きさを求めましょう。

わかっている角のうち，角xととなり合っている方の角と角㋐の大きさは(⑤　　　　　　)ので，
角㋐の大きさは(⑥　　　　　度)

ステップ② 図の中の三角形において，わかっている角の大きさの合計を求めましょう。

(式)〔⑦　　　　　　　　　　　　〕

ステップ③ 三角形の内角の和から，ステップ2で求めた角の大きさの合計をひいて，角xの大きさを求めましょう。

(式)〔⑧　　　　　　　　　　　　〕　答え(⑨　　　　　度)

覚えておこう！

〔A〕 平行線の同位角(どういかく)は等しい。
└角㋐と角㋑，角㋒と角㋓

㋐＝㋑，㋒＝㋓

〔B〕 平行線のさっ角は等しい。
└角㋑と角㋒

㋑＝㋒

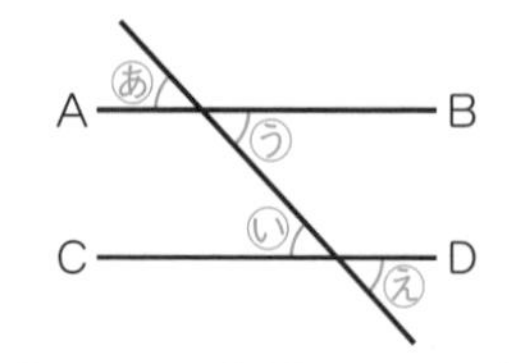

直線ABと直線CDは平行

答え　① 等しい　② 137度　③ 180°－137°＝43°　④ 43度　⑤ 等しい　⑥ 44度　⑦ 44°＋80°＝124°　⑧ 180°－124°＝56°　⑨ 56度

練習問題

1 次の図の角の大きさを求めなさい。

□(1) 直線ℓ, mが平行なときの角xの大きさ

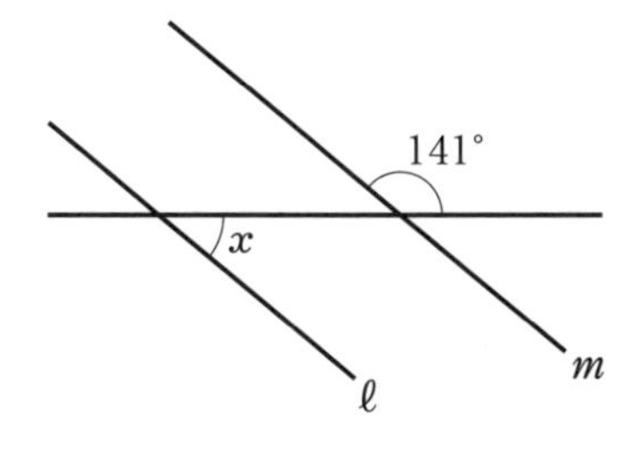

答え（　　　　度）

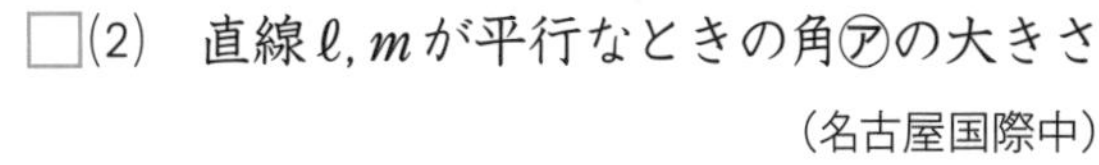

□(2) 直線ℓ, mが平行なときの角㋐の大きさ

（名古屋国際中）

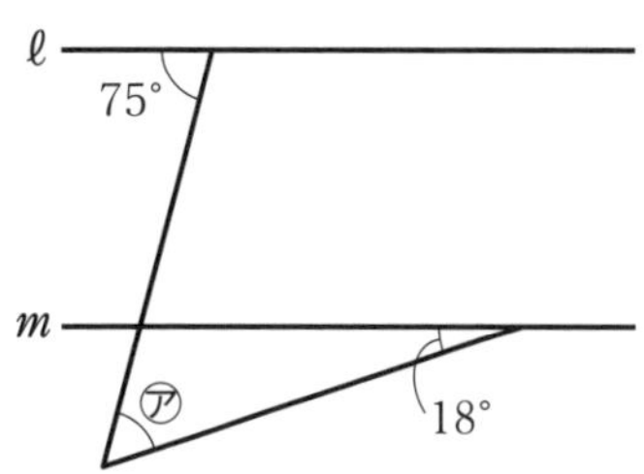

答え（　　　　度）

□(3) 直線ℓ, mが平行なときの角xの大きさ

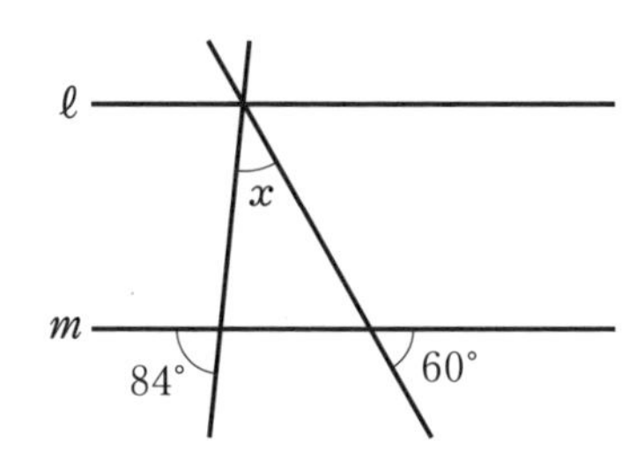

答え（　　　　度）

□(4) 直線ℓ, mが平行なときの角xの大きさ

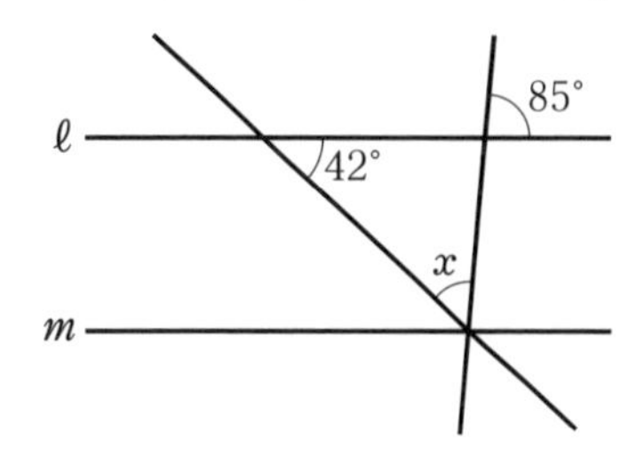

答え（　　　　度）

UP!! (5) 直線ℓ, mが平行なときの角**イ**の大きさ

□

（茨城中）

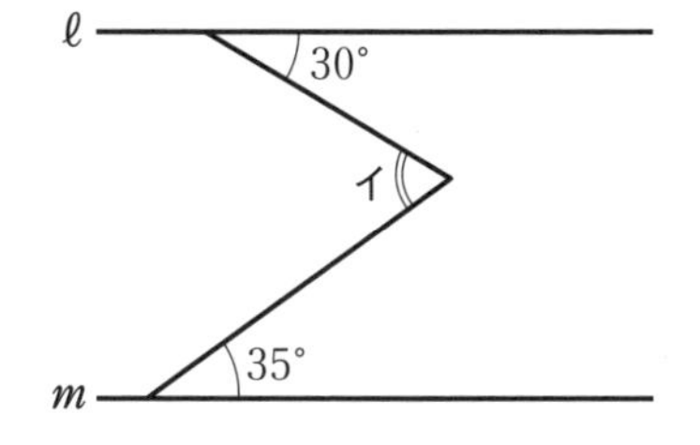

答え（　　　　度）

UP!! (6) 長方形と正三角形を重ねたときの角

□**ア**の大きさ

（平安女学院中）

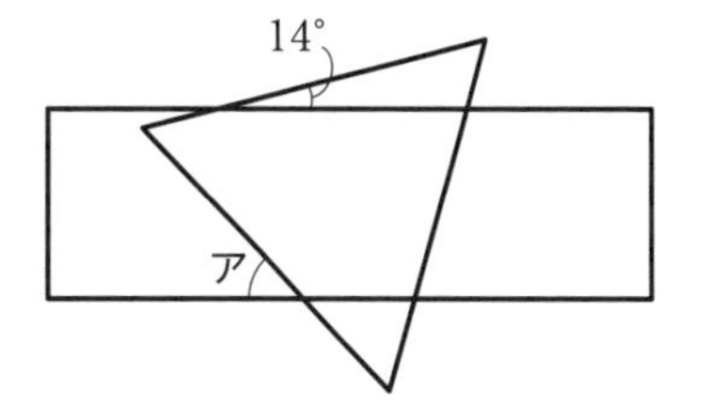

答え（　　　　度）

解答は別冊4ページ

6 多角形と角

月　日

例題

次の図で，角xの大きさを求めなさい。ただし，(1)は正六角形と正三角形を組み合わせた図形，(2)は平行四辺形と正三角形を組み合わせた図形です。

(1)

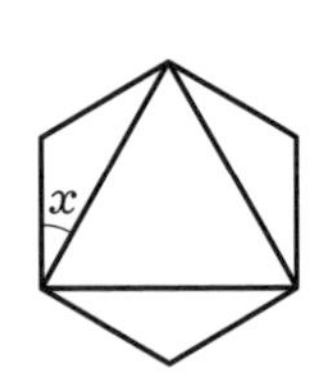

(2)

解説 解く手順を確認しましょう。(　)にはあてはまることばや数を，〔　〕には式を書きましょう。

(1)

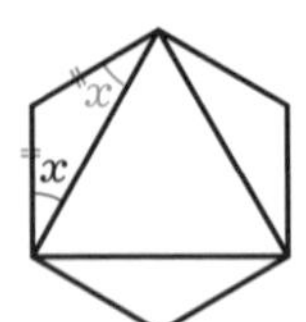

〔A〕ステップ❶ 正六角形の1つの外角の大きさを求めましょう。

(式)〔①　　　〕

ステップ❷ 正六角形の1つの内角の大きさを求めましょう。

(式)〔②　　　〕

ステップ❸ 二等辺三角形の性質を使って，角xの大きさを求めましょう。

(式)〔③　　　〕

答え（④　　　度）

(2)〔B〕ステップ❶ 角ABCの大きさを求めましょう。

平行四辺形の向かい合う角の大きさは等しいので，

角ABC＝（⑤　　　）＝（⑥　　　°）

ステップ❷ 正三角形の内角を使って，角xの大きさを求めましょう。

(式)〔⑦　　　〕

答え（⑧　　　度）

覚えておこう！

〔A〕多角形の外角の和は360°

正n角形の1つの外角の大きさは$360° \div n$，1つの内角の大きさは$180° - 360° \div n$で求められる。

〔B〕平行四辺形の向かい合う角の大きさは等しい。

平行線のさっ角，同位角は等しいので，

Ⓐ＝Ⓘ，Ⓘ＝Ⓤよりあ＝うが，

か＝え，え＝およりか＝おが成り立つ。

向かい合う辺はそれぞれ平行

答え　① $360° \div 6 = 60°$　② $180° - 60° = 120°$　③ $(180° - 120°) \div 2 = 30°$　④ 30度
⑤ 角ADC　⑥ 130°　⑦ $130° - 60° = 70°$　⑧ 70度

練習問題

1 次の図の角の大きさを求めなさい。

□(1) 平行四辺形と正三角形を組み合わせたときの角㋐の大きさ

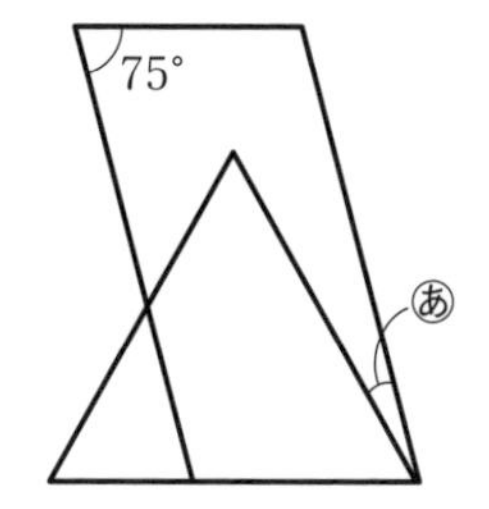

答え（　　　　度）

□(2) 同じしるしをつけた角の大きさが等しいときの角xの大きさ

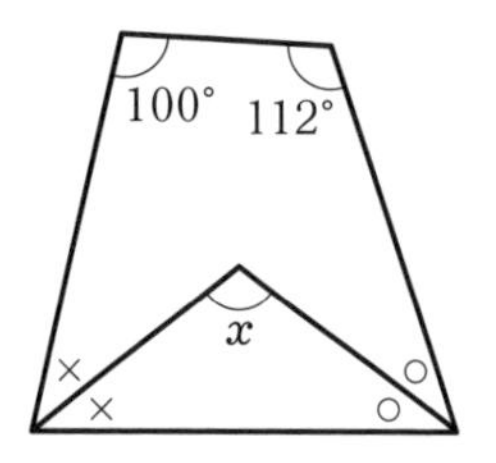

答え（　　　　度）

□(3) 四角形ABCDが平行四辺形であるときの角xの大きさ

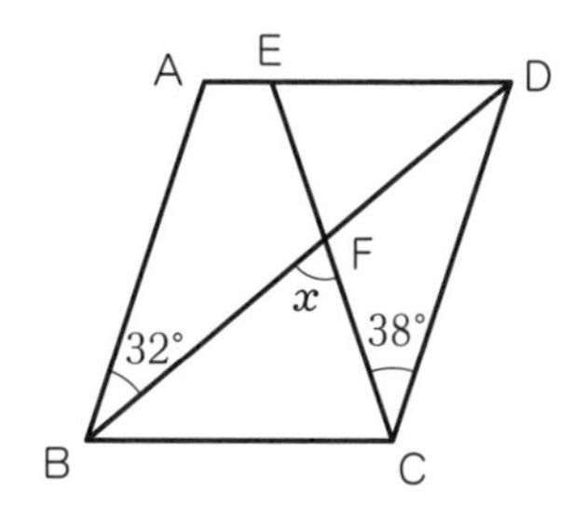

答え（　　　　度）

□(4) 辺ADと辺BCが平行なときの角xの大きさ

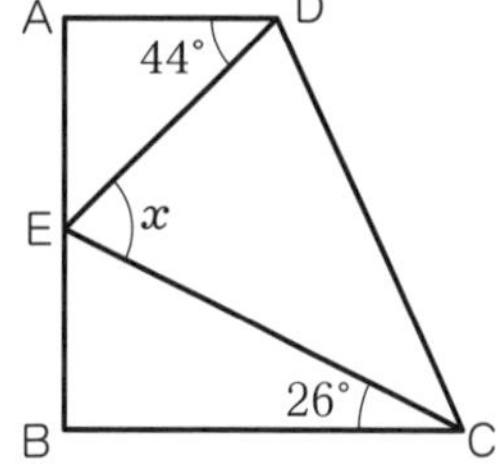

答え（　　　　度）

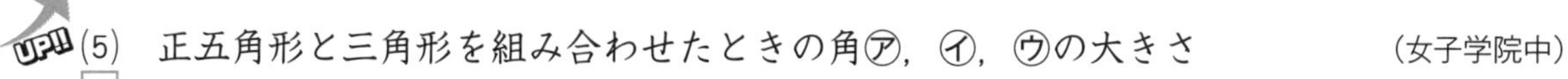

UP!! □(5) 正五角形と三角形を組み合わせたときの角㋐，㋑，㋒の大きさ　（女子学院中）

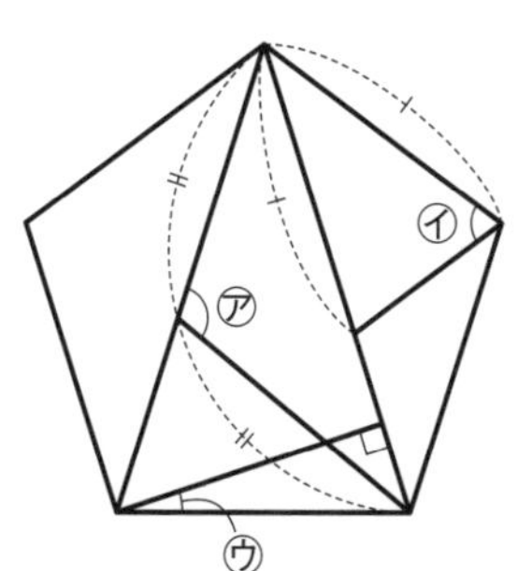

答え（㋐　　　度，㋑　　　度，㋒　　　度）

1~6 まとめ問題

8 ～ 19ページ
解答は別冊6ページ

1 次の図の角の大きさを求めなさい。

□(1) 角xの大きさ

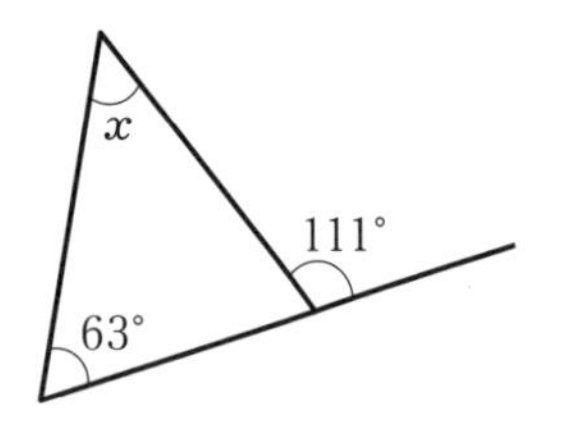

答え（　　　　度）

□(2) 角xの大きさ

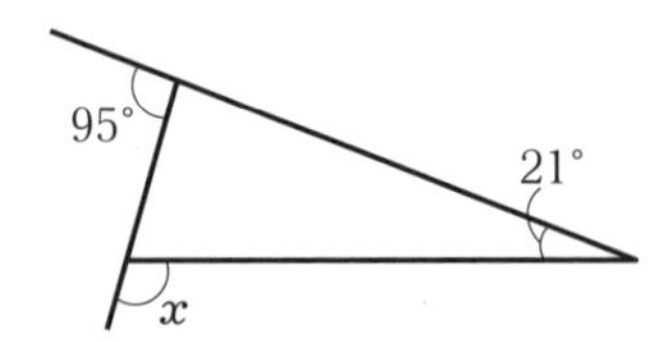

答え（　　　　度）

□(3) 三角形ABCが正三角形，三角形DBCが二等辺三角形のときの角xの大きさ

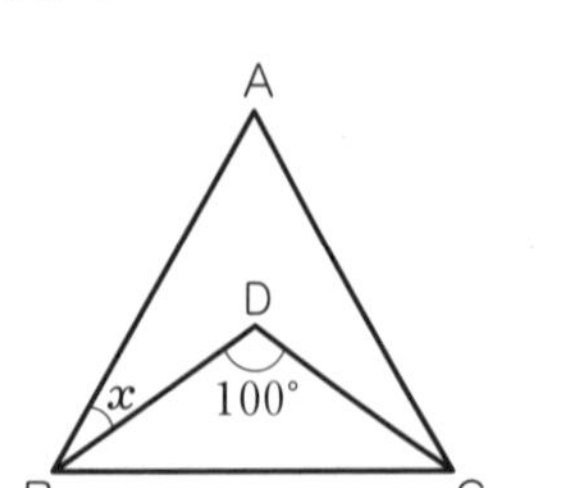

答え（　　　　度）

□(4) AB＝AC，AD＝BD，角Cの大きさが65°のときの角xの大きさ （江戸川学園取手中）

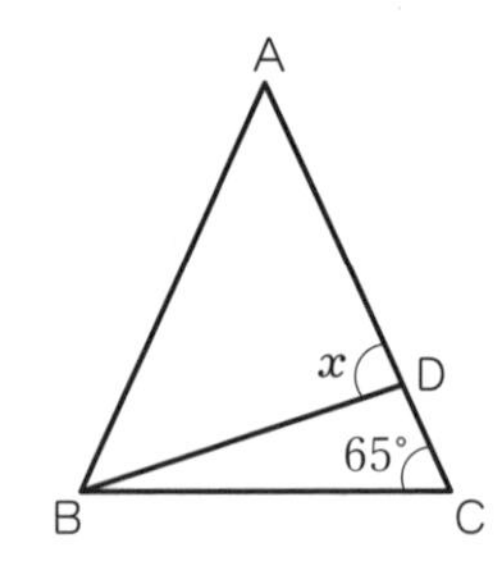

答え（　　　　度）

□(5) ㋐の角の大きさ （和歌山信愛中）

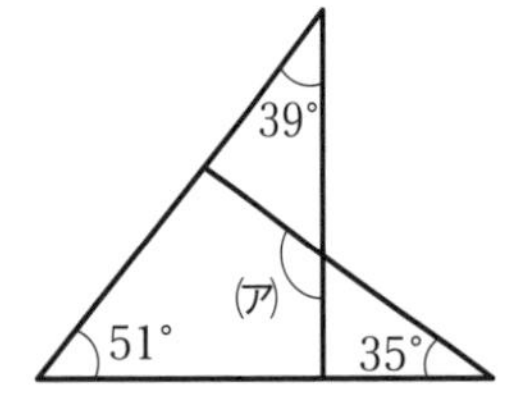

答え（　　　　度）

□(6) 2枚の三角定規を組み合わせたときの角xの大きさ （淑徳巣鴨中）

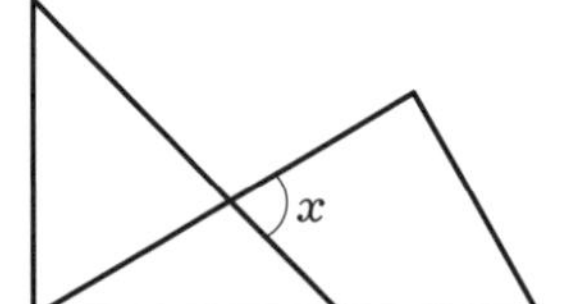

答え（　　　　度）

2 次の図の角の大きさを求めなさい。

□(1)　角xの大きさ（点Oは円の中心）

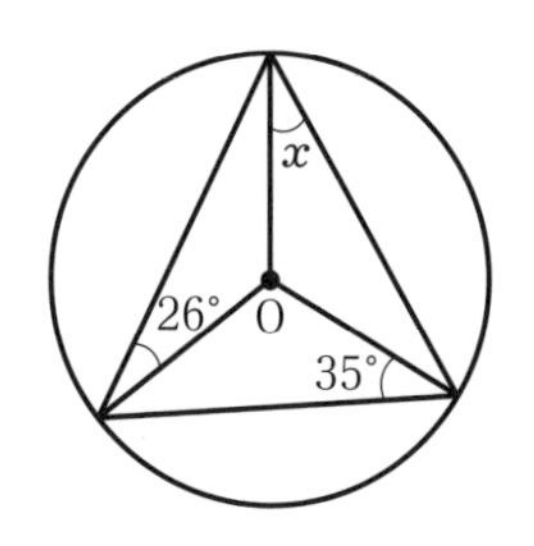

答え（　　　　度）

□(2)　直線ℓ，mが平行なときの角xの大きさ

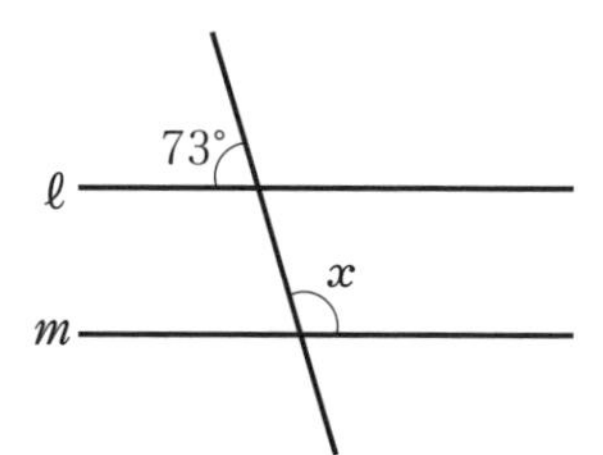

答え（　　　　度）

□(3)　直線ℓ，mが平行な直線のときの角イの大きさ

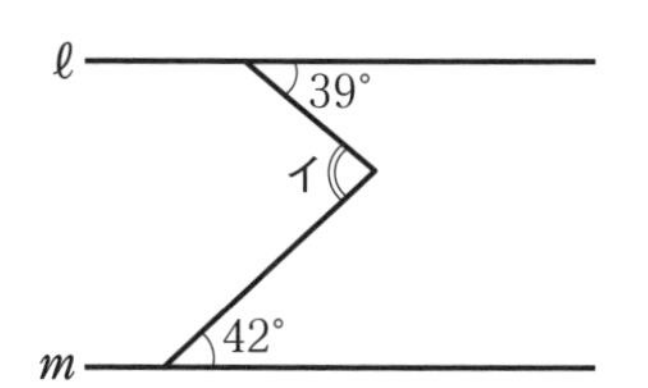

答え（　　　　度）

□(4)　直線ℓ，mが平行な直線のときの角㋐の大きさ

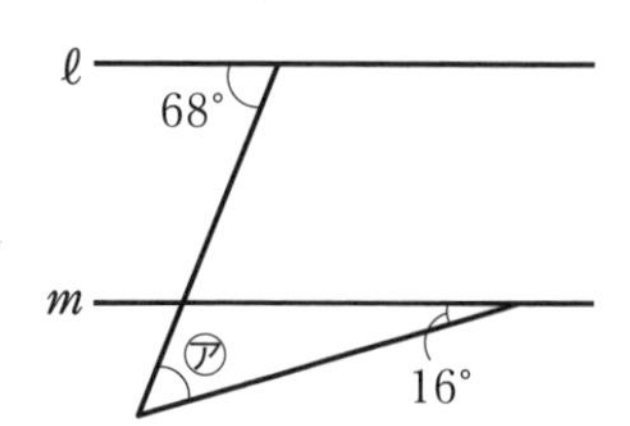

答え（　　　　度）

□(5)　下の平行四辺形において角アの大きさ　（和歌山信愛中）

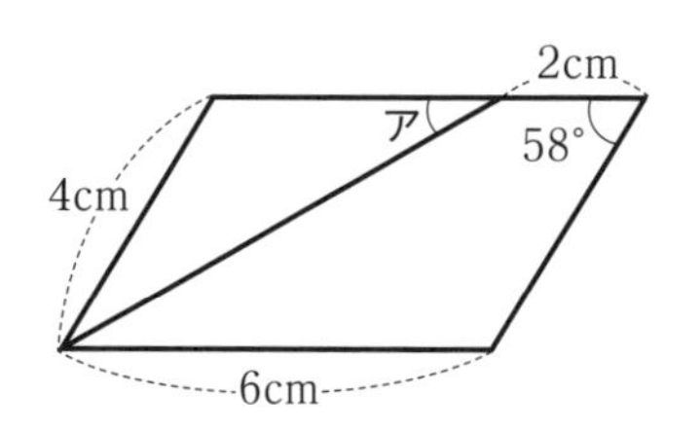

答え（　　　　度）

□(6)　辺AEと辺CDが平行なときの角ア，角イの大きさ　（奈良育英中・改）

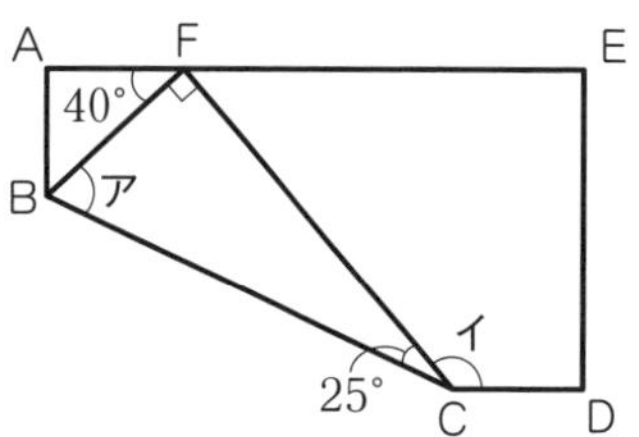

答え（ア：　　　　度，イ：　　　　度）

7 おうぎ形の面積・周の長さ

月　日

例題 次のおうぎ形の面積と周の長さを求めなさい。ただし，円周率は3.14とする。

(1)

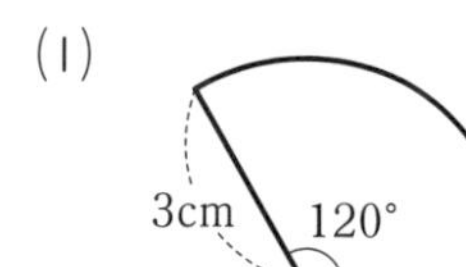

(2)

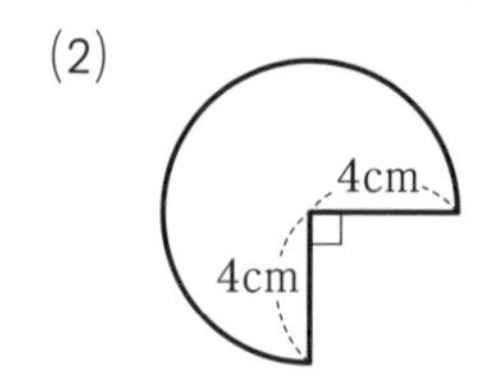

解説 解く手順を確認しましょう。(　　)にはあてはまることばや数を，〔　　〕には式を書きましょう。

(1) 〔A〕 ステップ① 公式に基づいて，おうぎ形の面積を求めましょう。

(式)〔①　　　　〕(cm^2)

〔B〕 ステップ② おうぎ形の周の長さを求めましょう。

周の長さは，おうぎ形の弧の長さに半径(②　　つ分)の長さをたしたものになる。

(式)〔③　　　　〕(cm)

答え　面積：(④　　　　cm^2)
周の長さ：(⑤　　　　cm)

(2) ステップ① おうぎ形の中心角について考えましょう。

おうぎ形の外側の角は90°であるので，おうぎ形の中心角は(⑥　　　　)になる。

〔A〕 ステップ② 公式に基づいて，おうぎ形の面積を求めましょう。

(式)〔⑦　　　　〕(cm^2)

〔B〕 ステップ③ (1)と同様に，おうぎ形の周の長さを求めましょう。

(式)〔⑧　　　　〕(cm)

答え　面積：(⑨　　　　cm^2)
周の長さ：(⑩　　　　cm)

覚えておこう！

- おうぎ形の面積，弧の長さを求める公式

〔A〕 おうぎ形の面積＝半径×半径×3.14×$\frac{中心角}{360°}$

〔B〕 おうぎ形の弧の長さ＝半径×2×3.14×$\frac{中心角}{360°}$

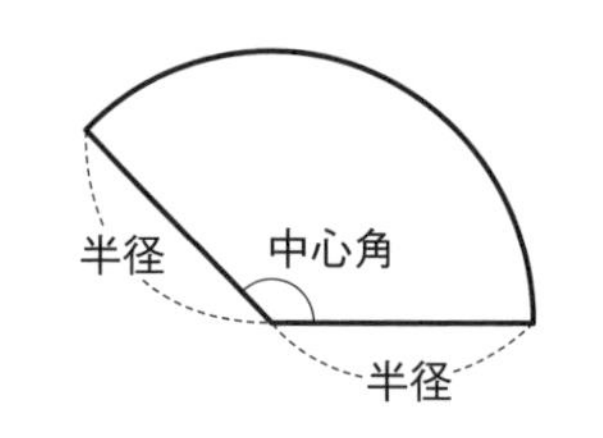

答え　① $3\times3\times3.14\times\frac{120°}{360°}=9.42$　② 2つ分　③ $3\times2\times3.14\times\frac{120°}{360°}+3\times2=12.28$　④ 9.42cm^2　⑤ 12.28cm　⑥ 270°　⑦ $4\times4\times3.14\times\frac{270°}{360°}=37.68$　⑧ $4\times2\times3.14\times\frac{270°}{360°}+4\times2=26.84$　⑨ 37.68cm^2　⑩ 26.84cm

練習問題

1 次の図で，ぬりつぶした部分の面積を求めなさい。ただし，円周率は3.14とする。

□(1)

答え（　　　　　cm²）

□(2)

答え（　　　　　cm²）

□(3)

答え（　　　　　cm²）

UP!! (4)　（智辯学園和歌山中）
□

答え（　　　　　cm²）

2 次の図で，ぬりつぶした部分の周の長さを求めなさい。ただし，円周率は3.14とする。

□(1)

□(2)　点Oは大きい円の中心

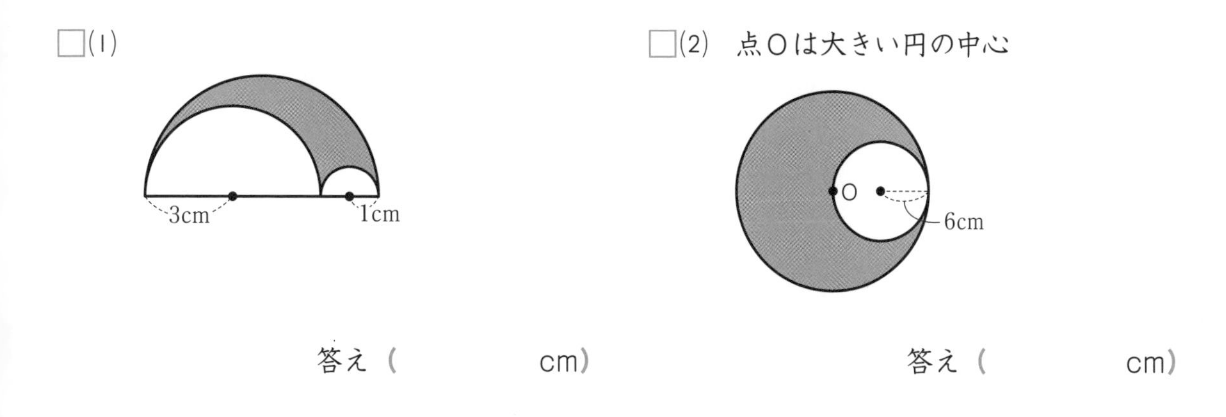

答え（　　　　　cm）

答え（　　　　　cm）

3 次の図で，ぬりつぶした部分の面積を求めなさい。ただし，円周率は3.14とする。

□(1)　　□(2)

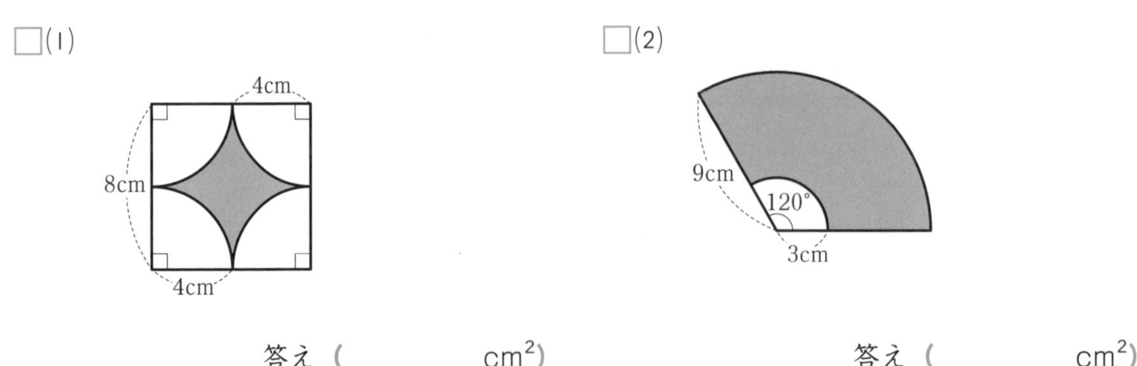

(1) 答え（　　　　cm²）

(2) 答え（　　　　cm²）

□(3)

□(4)　点O, O′, O″は3つの円の中心で，円の半径はすべて6cm

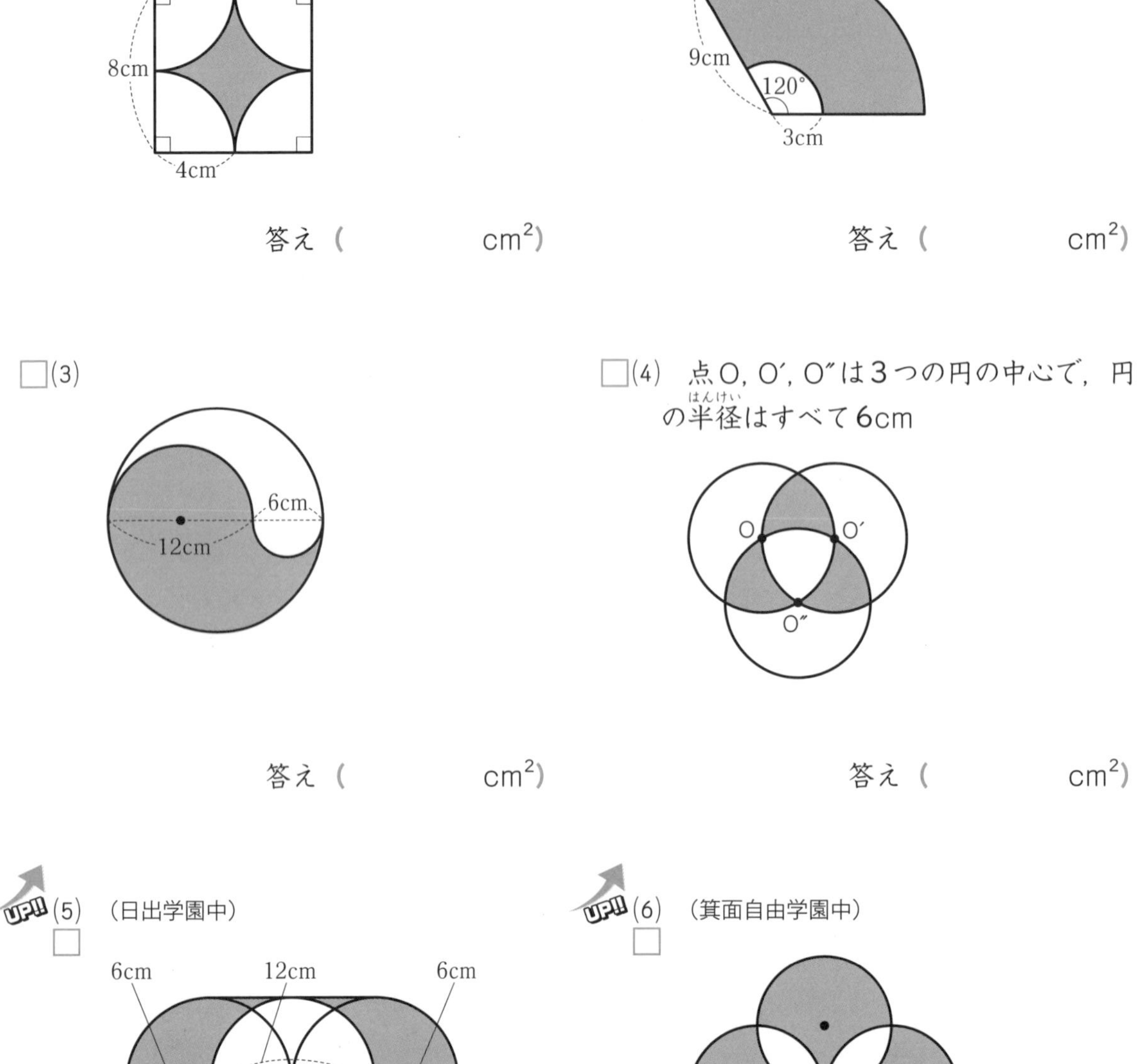

(3) 答え（　　　　cm²）

(4) 答え（　　　　cm²）

UP!! (5)　（日出学園中）
□

UP!! (6)　（箕面自由学園中）
□

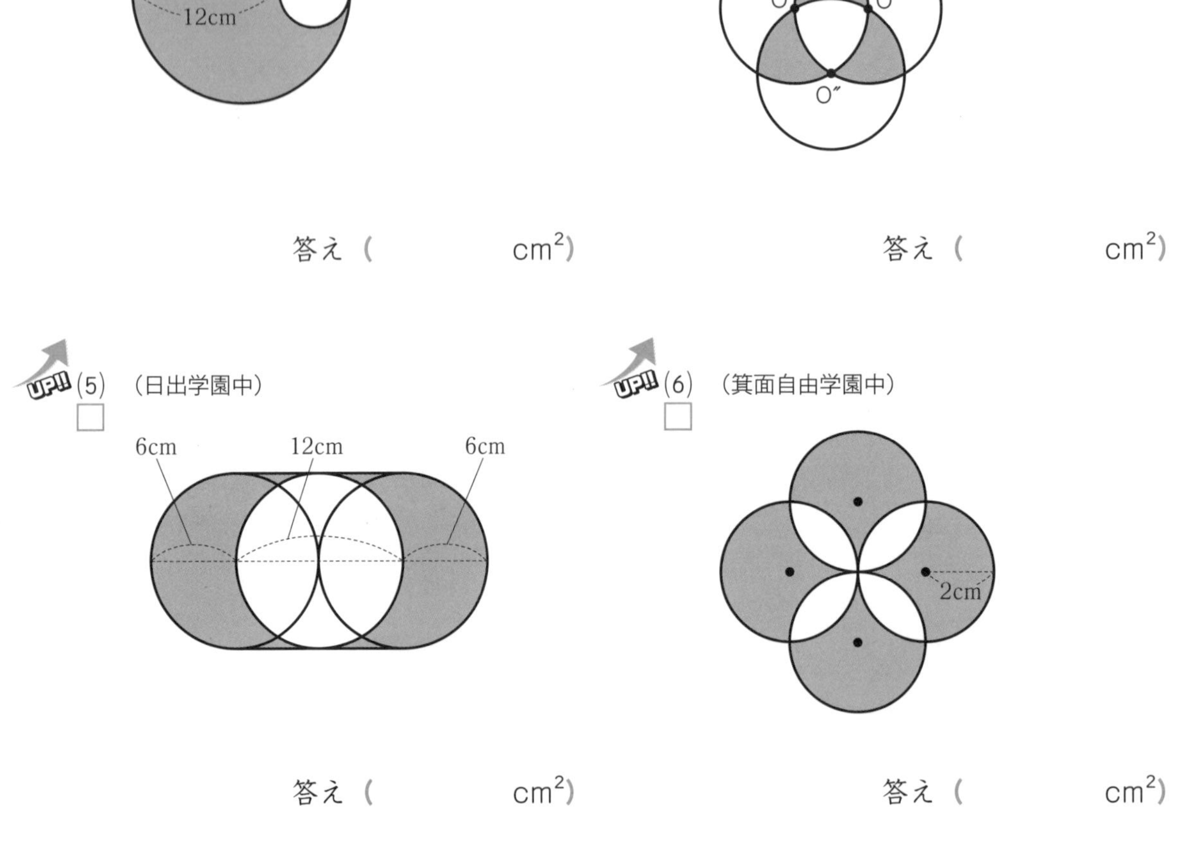

(5) 答え（　　　　cm²）

(6) 答え（　　　　cm²）

解答は別冊7ページ

8 円と正方形

月　日

例題

次の図では，円の内側に正方形がぴったりとくっついています。ぬりつぶした部分の面積を求めなさい。ただし，円周率は3.14とする。

(1)

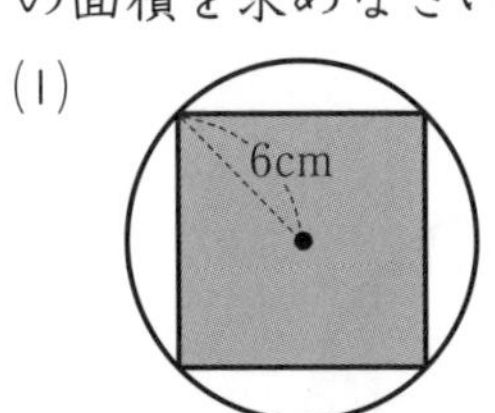

(2)

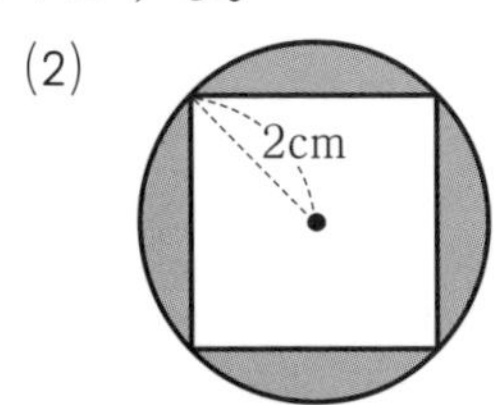

解説

解く手順を確認しましょう。(　　)にはあてはまることばや数を，〔　　〕には式を書きましょう。

(1)

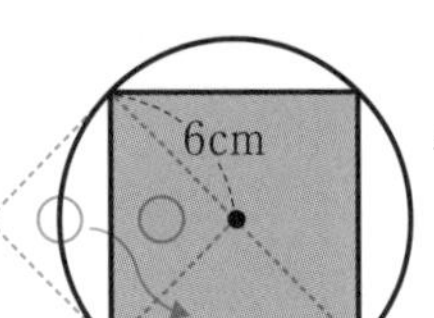

ステップ① 点線でできた正方形の面積を求めましょう。

(式)〔①　　　　　　　　〕(cm^2)

〔A〕**ステップ②** ぬりつぶされた正方形の面積は点線でできた正方形2つ分の面積であることを利用して，面積を求めましょう。

(式)〔②　　　　　　　　〕(cm^2)

答え (③　　　　cm^2)

(2)

〔A〕**ステップ①** (1)と同じように，正方形の面積を求めましょう。

(式)〔④　　　　　　　　〕(cm^2)

ステップ② 円の半径がわかっていることから，円の面積を求めましょう。

(式)〔⑤　　　　　　　　〕(cm^2)

ステップ③ 円の面積から正方形の面積をひいて，ぬりつぶした部分の面積を求めましょう。

(式)〔⑥　　　　　　　　〕(cm^2)

答え (⑦　　　　cm^2)

〔B〕**ステップ④** ステップ1からステップ3までで気づいたことをまとめましょう。

円の半径×半径の値は，円の内側の正方形の面積の (⑧　　　　) になる。

覚えておこう！

〔A〕右の図において，円の内側の正方形の面積は，その円の半径を一辺とする正方形の面積の2倍。

〔B〕右の図において，半径×半径の値は，円の内側の正方形の面積の半分。

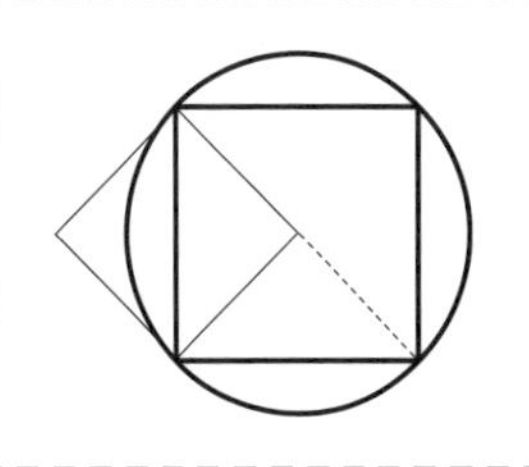

答え　① 6×6＝36　② 36×2＝72　③ 72cm^2　④ 2×2×2＝8　⑤ 2×2×3.14＝12.56
⑥ 12.56－8＝4.56　⑦ 4.56cm^2　⑧ 半分

練習問題

1 次の図では，円の内側に正方形がぴったりとくっついている。ぬりつぶした部分の面積を求めなさい。ただし，円周率は3.14とする。

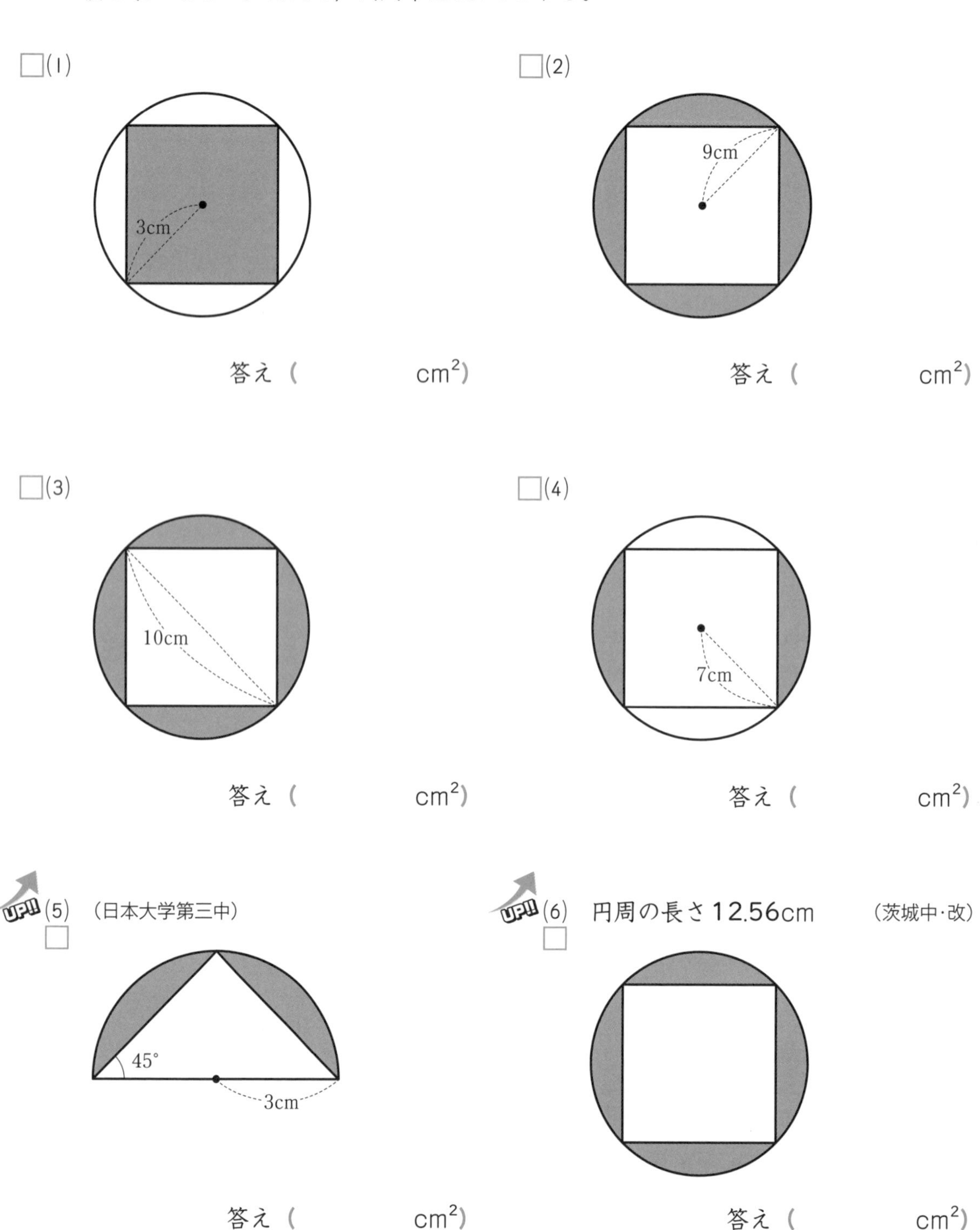

2 次の問題に答えなさい。ただし，円周率は3.14とする。

□(1) 下の図は，正方形とおうぎ形を組み合わせたものである。次の値(あたい)を求めなさい。

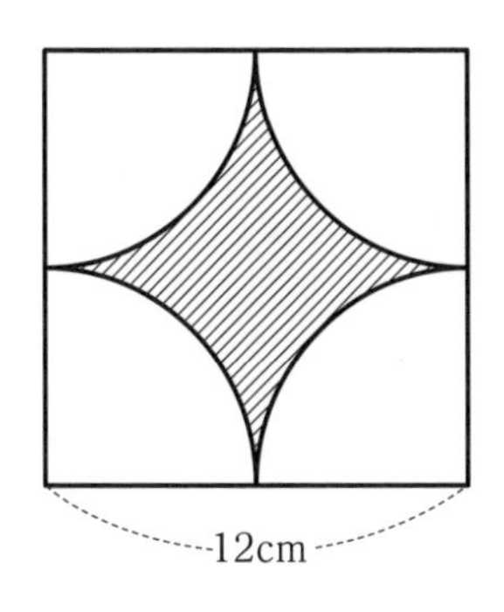

① しゃ線部分の周の長さ

答え（　　　　cm）

② しゃ線部分の面積

答え（　　　　cm²）

□(2) 下の図は，正方形と円を重ねた図形である。大きい正方形の一辺(いっぺん)が6cmであるとき，次の値を求めなさい。

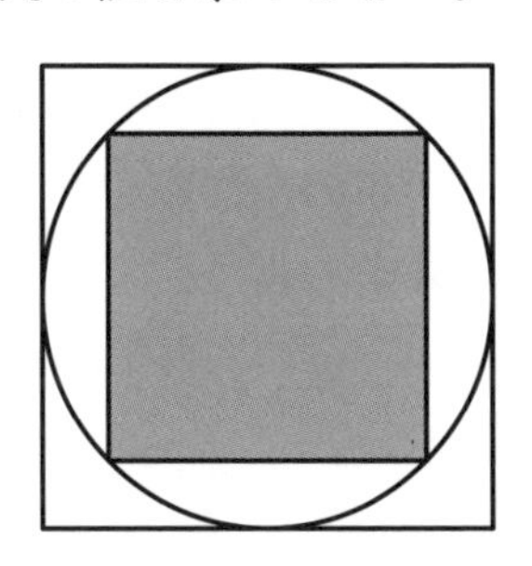

① 円の半径(はんけい)

答え（　　　　cm）

② ぬりつぶした部分の面積

答え（　　　　cm²）

UP!! (3) 下の図は，2つの円と正方形を組み合わせたものである。大きい円の半径が20cmであるとき，次の面積を求めなさい。 （札幌光星中）

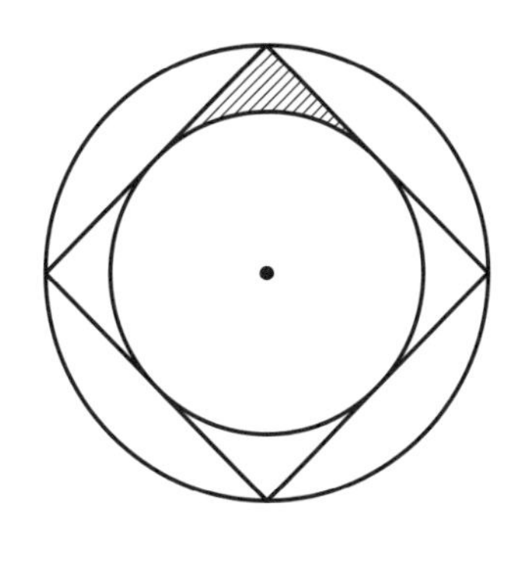

① 正方形の面積

答え（　　　　cm²）

② しゃ線部分の面積

答え（　　　　cm²）

9 三角形と四角形

月　日

例題

次の図のしゃ線部分の面積を求めなさい。四角形ABCDについて，(1)は長方形，(2)は台形である。

(1)

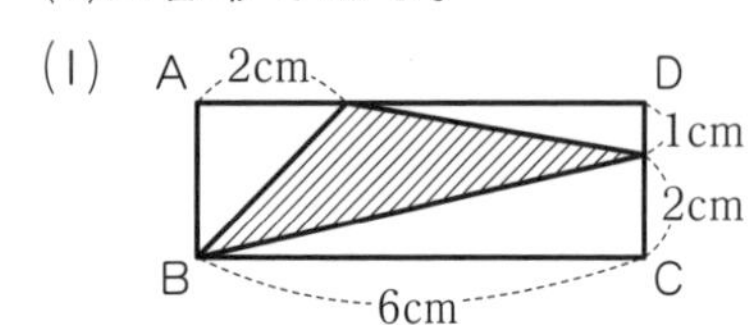

(2)

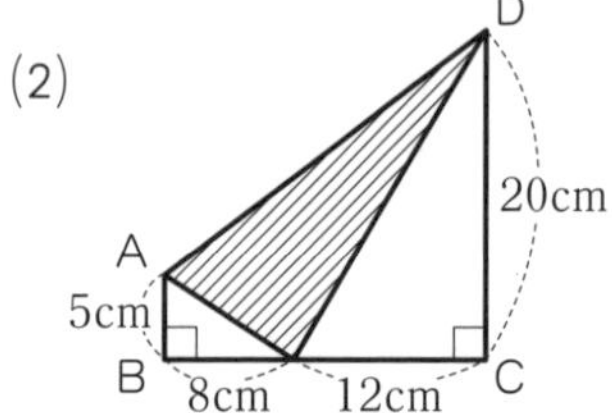

解説

解く手順を確認しましょう。(　　)にはあてはまることばや数を，〔　　〕には式を書きましょう。

(1)

ステップ1 しゃ線部分以外の面積の合計を求めましょう。

(式)〔①　　　　　　　　　〕(cm^2)

ステップ2 長方形の面積を求めましょう。

(式)〔②　　　　　　　　　〕(cm^2)

〔A〕**ステップ3** 長方形の面積からステップ1で求めた面積の合計をひいて，しゃ線部分の面積を求めましょう。

(式)〔③　　　　　　　　　〕(cm^2)

答え（④　　　　cm^2）

(2)

ステップ1 しゃ線部分以外の面積の合計を求めましょう。

(式)〔⑤　　　　　　　　　〕(cm^2)

〔B〕**ステップ2** 台形の面積を求めましょう。

(式)〔⑥　　　　　　　　　〕(cm^2)

〔A〕**ステップ3** 台形の面積からステップ1で求めた面積の合計をひいて，しゃ線部分の面積を求めましょう。

(式)〔⑦　　　　　　　　　〕(cm^2)

答え（⑧　　　　cm^2）

覚えておこう！

〔A〕しゃ線部分の面積を直接求められないときは，
全体の面積からしゃ線部分以外の面積の合計をひいて求める。

〔B〕台形の面積を求める公式

台形の面積＝(上底＋下底)×高さ÷2

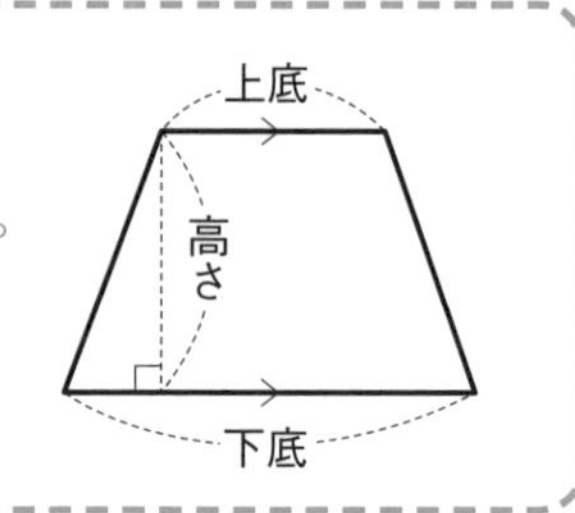

答え　① (2×3＋1×4＋2×6)÷2＝11　② 3×6＝18　③ 18－11＝7　④ 7cm^2
⑤ (5×8＋12×20)÷2＝140　⑥ (5＋20)×20÷2＝250　⑦ 250－140＝110　⑧ 110cm^2

例題

次の図のしゃ線部分の面積を求めなさい。四角形ABCDはいずれも長方形である。

(1)

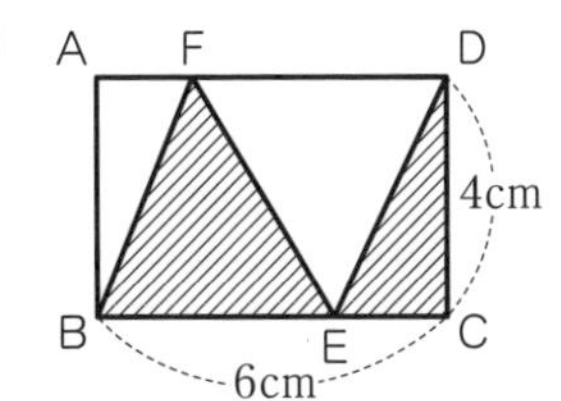

(2)

8cm A G D 6cm B E F C

解説

解く手順を確認しましょう。(　　)にはあてはまることばや数を，〔　　〕には式を書きましょう。

(1)

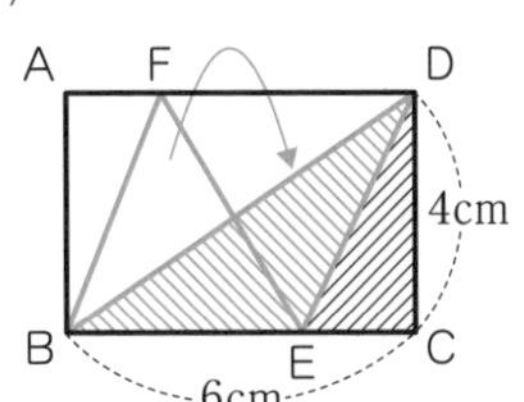

ステップ① 等積変形(とうせきへんけい)をしましょう。

図のように，三角形FBEを三角形DBEに等積変形する。

ステップ② しゃ線部分全体の面積を求めましょう。

(式)〔①　　　　　　　　　　　　〕(cm²)

答え (②　　　　　cm²)

(2)

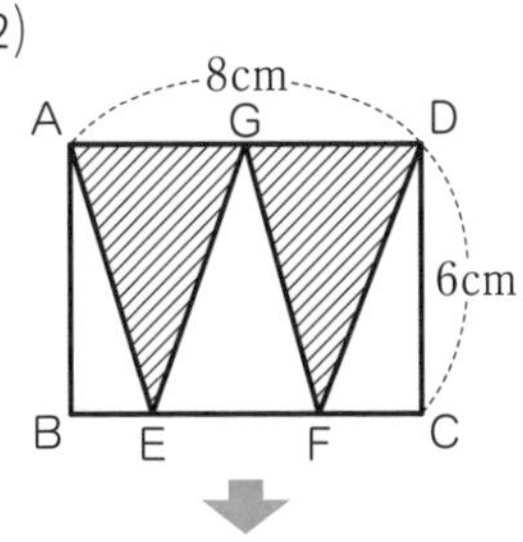

8cm A G D 6cm B C

ステップ① 等積変形をしましょう。

図のように，三角形AEGを三角形ACGに，三角形GFDを三角形GCDに等積変形する。

ステップ② しゃ線部分全体の面積を求めましょう。

(式)〔③　　　　　　　　　　　　〕(cm²)

答え (④　　　　　cm²)

覚えておこう！

- 長方形内の三角形について
  三角形ABCの面積＝三角形DACの面積
  ※底辺(ていへん)と高さの長さが等しい。

図形のなかに平行線がある場合は，等積変形を考える。異(こと)なる形に変形してみると，簡単(かんたん)に面積を求められることがある。三角形の等積変形は，高さと底辺の長さに注意しておこなう。

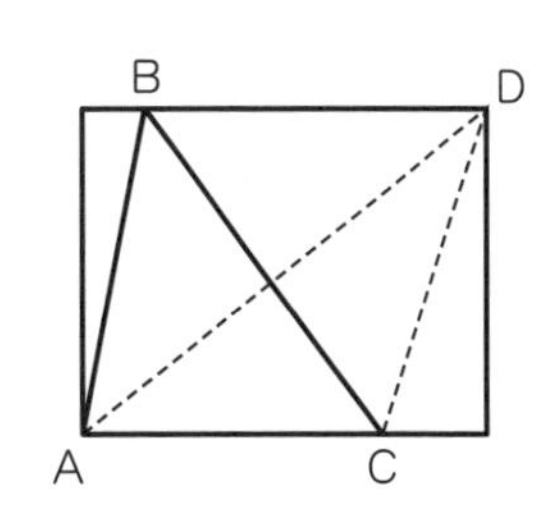

答え ① 6×4÷2＝12 ② 12cm² ③ 8×6÷2＝24 ④ 24cm²

1 次の図で，四角形ABCDと三角形APBはそれぞれ長方形と直角三角形である。次の問いに答えなさい。

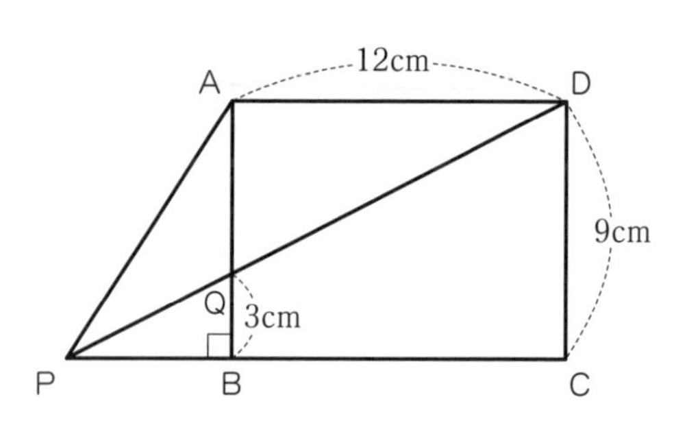

□(1) 三角形APDの面積(めんせき)を求(もと)めなさい。

答え（　　　　cm²）

□(2) 三角形APQの面積を求めなさい。

答え（　　　　cm²）

2 次の図のしゃ線部分の面積を求めなさい。

□(1) 四角形ABCDは長方形

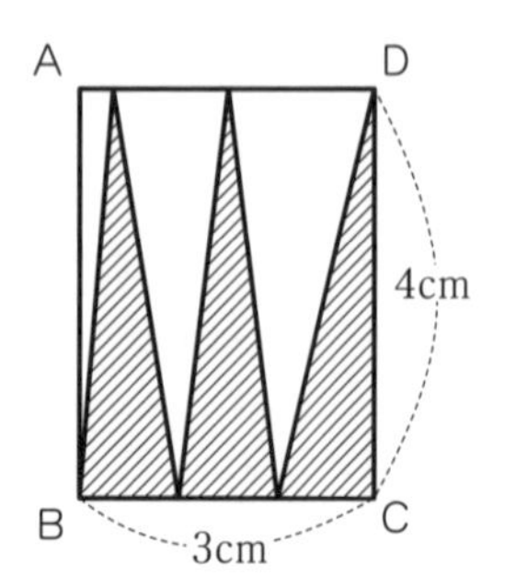

答え（　　　　cm²）

□(2) 三角形ABCが20cm²，三角形AEFが15cm²，四角形BCGDが18cm²

（城西川越中）

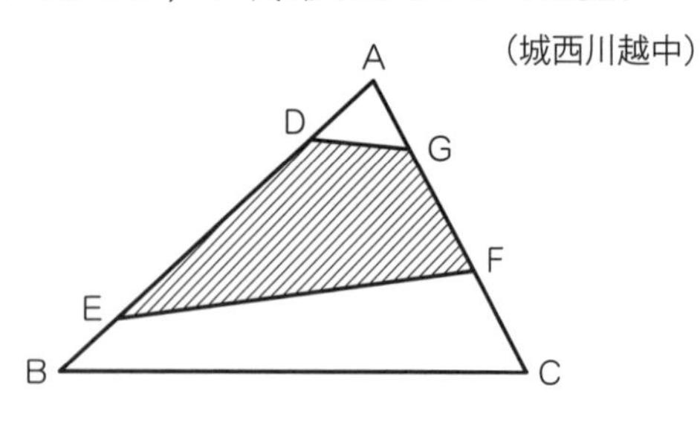

答え（　　　　cm²）

UP!! (3) □ 四角形ABCDは正方形

（茗渓学園中・改）

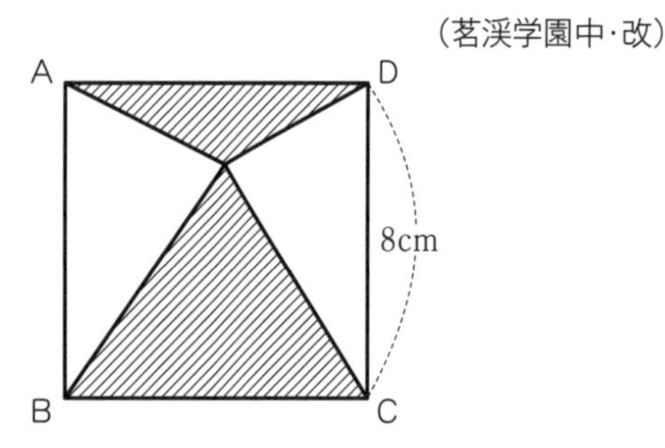

答え（　　　　cm²）

UP!! (4) □

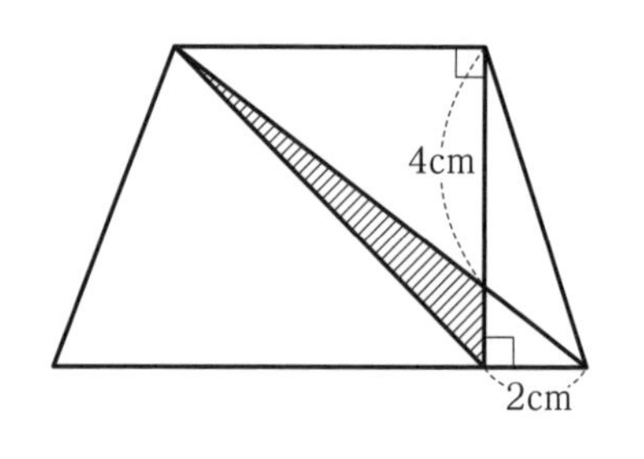

答え（　　　　cm²）

解答は別冊10ページ

10 組み合わせた図形の面積と周の長さ

月　日

例題

右の図のぬりつぶした部分の面積と周の長さを求めなさい。
ただし，円周率は3.14とする。

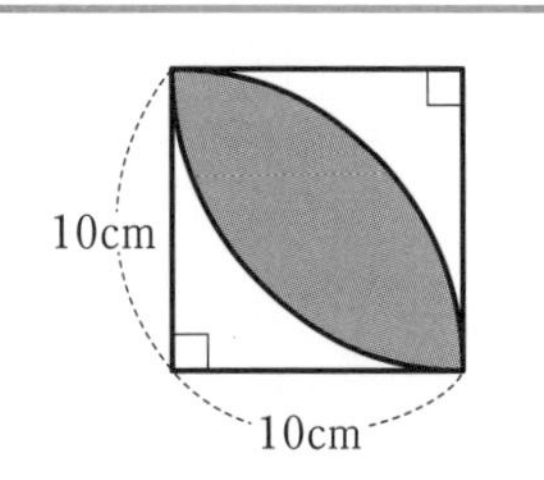

解説 解く手順を確認しましょう。(　　)にはあてはまることばや数を，〔　　〕には式を書きましょう。

この図形は，おうぎ形が2つ重なってできていることに注目する。

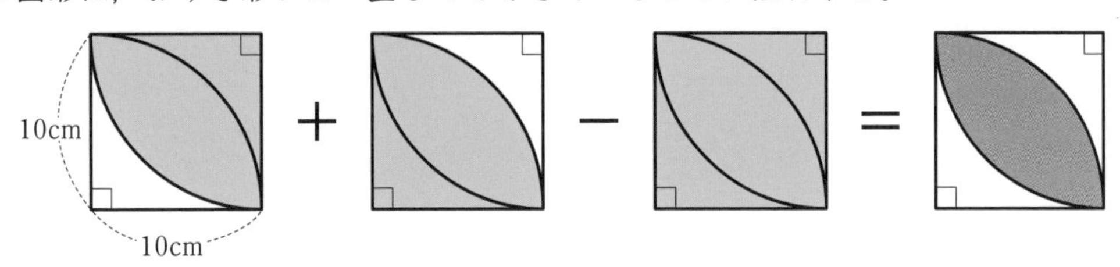

〔A〕 ステップ1 おうぎ形2つの面積を求めましょう。

(式)〔①　　　　　　　　　　　　〕(cm²)

〔B〕 ステップ2 おうぎ形2つの面積から正方形の面積をひきましょう。

(式)〔②　　　　　　　　　　　　〕(cm²)

答え (③　　　　cm²)

〔A〕 ステップ3 ぬりつぶした部分の周の長さ(＝2つのおうぎ形の弧の長さの和)を求めましょう。

この図形の周の長さは，2つのおうぎ形の弧の長さの和である。

(式)〔④　　　　　　　　　　　　〕(cm)

答え (⑤　　　　cm)

覚えておこう！

〔A〕 変わった形の図形の面積や周の長さについては，以下のようにして考える。
どんな図形が組み合わさっているかを判断して面積や周の長さを求める。

〔B〕 右の図において，ぬりつぶした部分の面積は，
(おうぎ形の面積)×2−(正方形の面積)

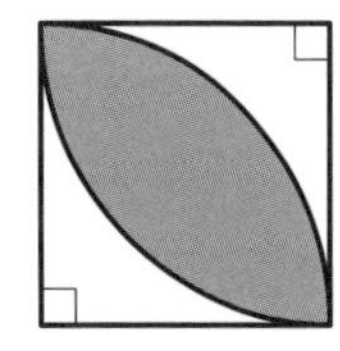

答え
① $10\times10\times3.14\times\frac{90°}{360°}\times2=157$　② $157-100=57$　③ 57cm²
④ $10\times2\times3.14\times\frac{90°}{360°}\times2=31.4$　⑤ 31.4cm

練習問題

1 次の図のぬりつぶした部分の面積を求めなさい。(1), (3), (5)については，ぬりつぶした部分の周の長さも求めなさい。ただし，円周率は3.14とする。

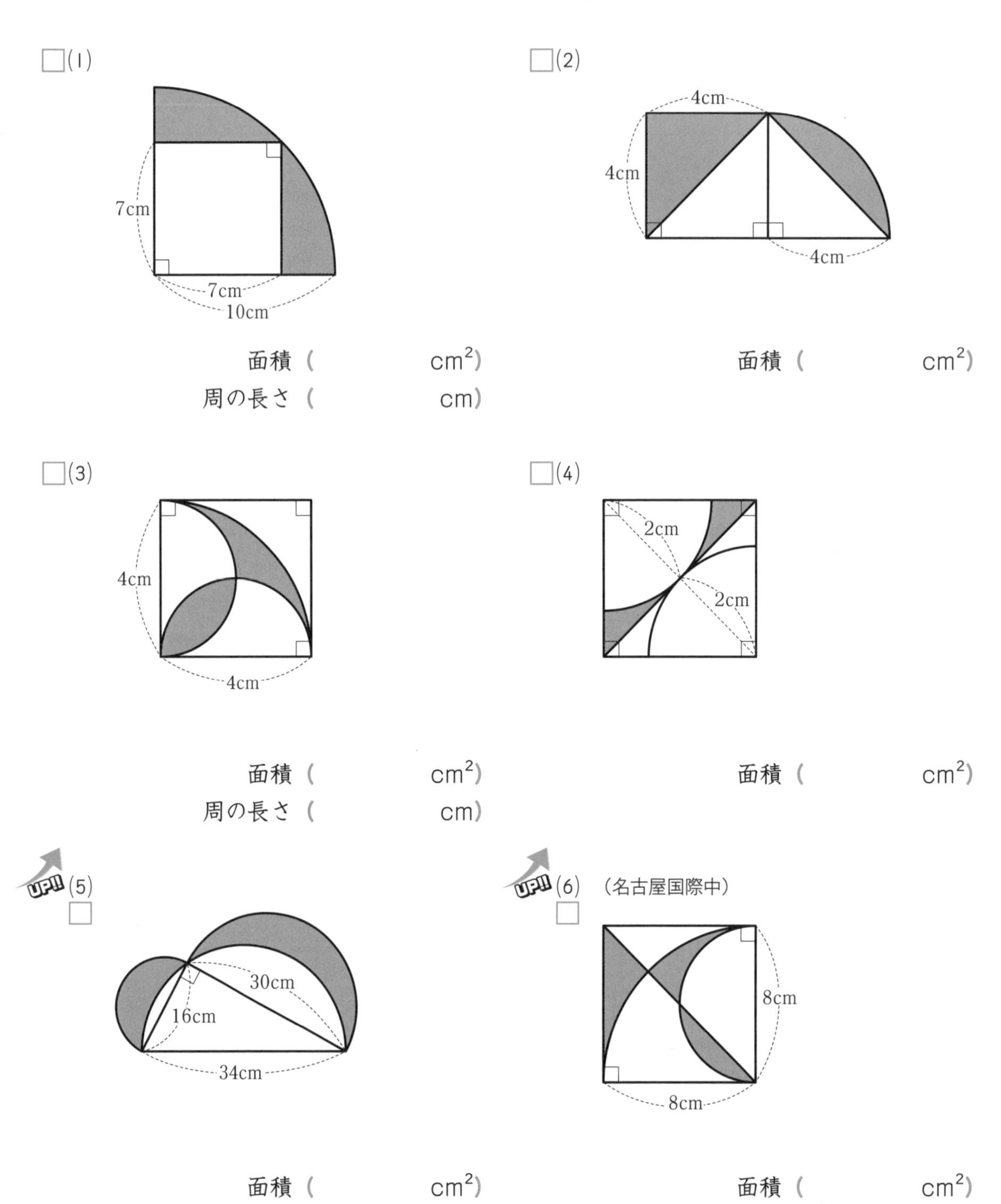

2 次の図のぬりつぶした部分の面積を求めなさい。ただし，正六角形の面積は108cm^2，円周率は3.14とする。

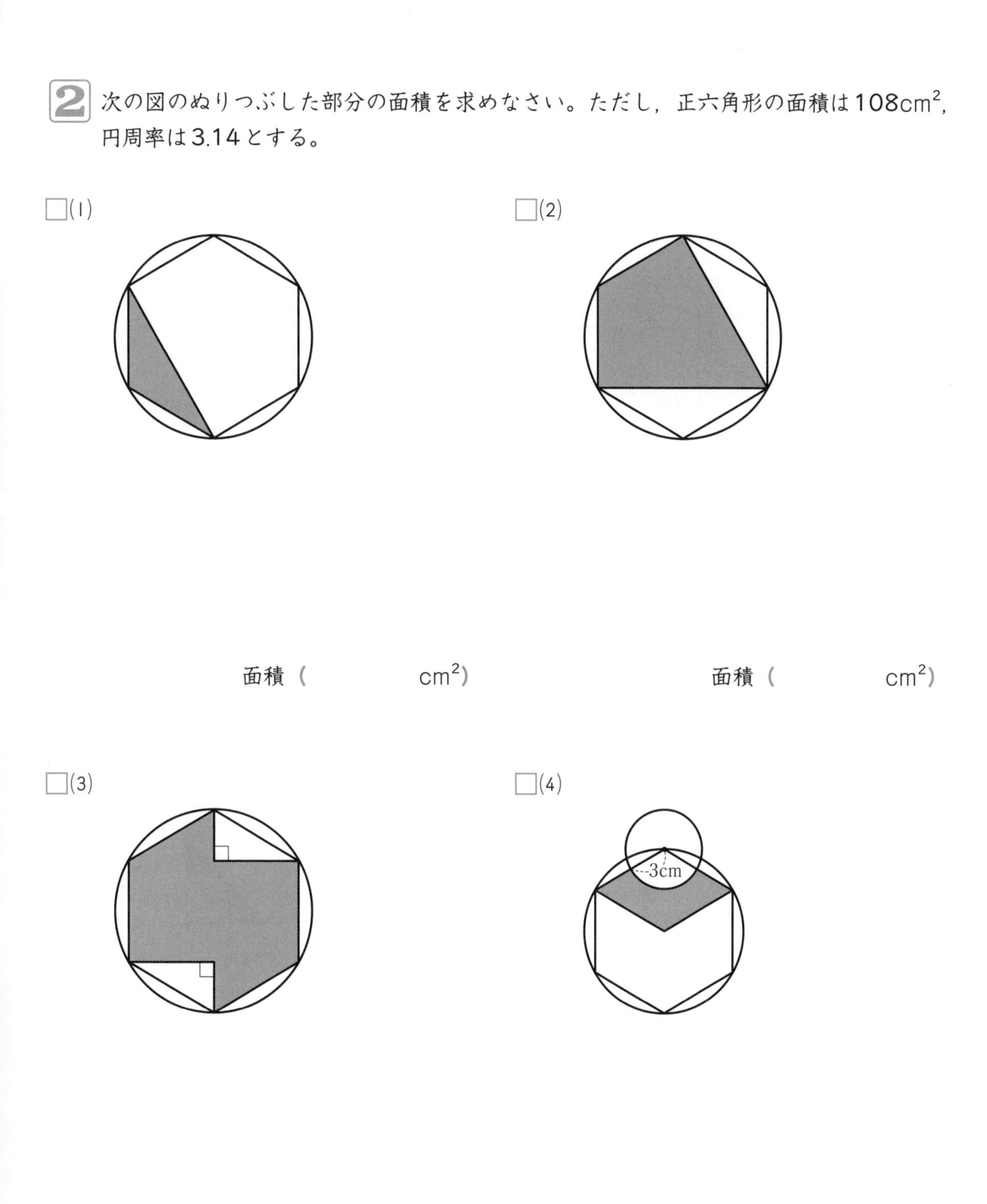

(1) 面積（　　　　cm^2）

(2) 面積（　　　　cm^2）

(3) 面積（　　　　cm^2）

(4) 面積（　　　　cm^2）

解答は別冊11ページ

7~10 まとめ問題

22 ~ 33ページ
解答は別冊12ページ

月　日

1 次の図のぬりつぶした部分の周(しゅう)の長さを求(もと)めなさい。ただし，円周率(えんしゅうりつ)は3.14とする。

□(1)

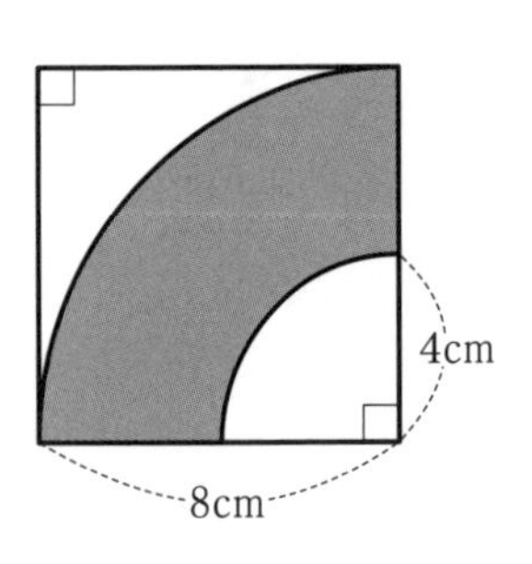

答え（　　　　cm）

□(2)　正六角形

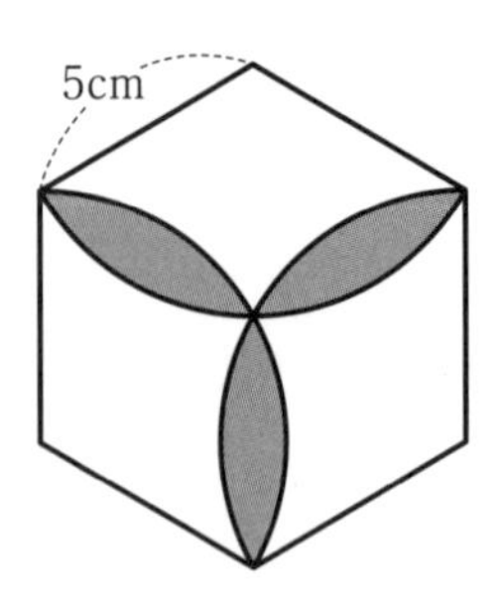

答え（　　　　cm）

2 次の図のぬりつぶした部分の面積(めんせき)を求めなさい。ただし，円周率は3.14とする。

□(1)（明治学院中）

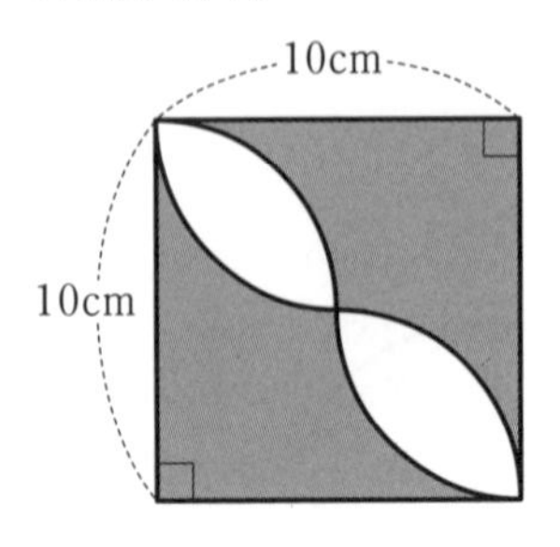

答え（　　　　cm^2）

□(2)（青雲中）

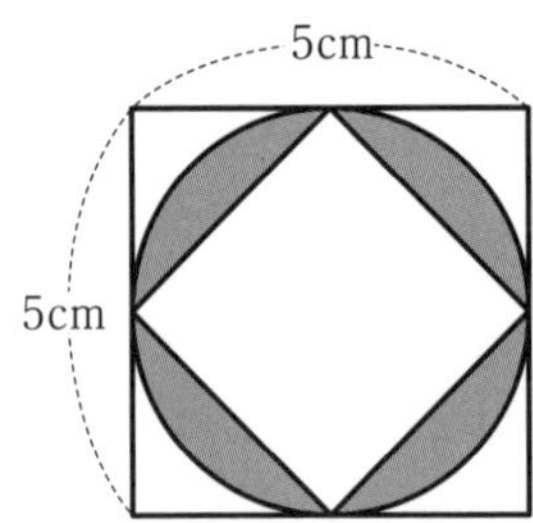

答え（　　　　cm^2）

□(3)

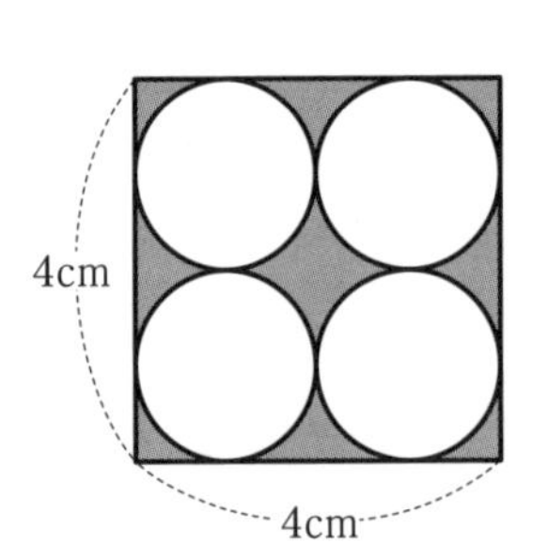

答え（　　　　cm^2）

□(4)

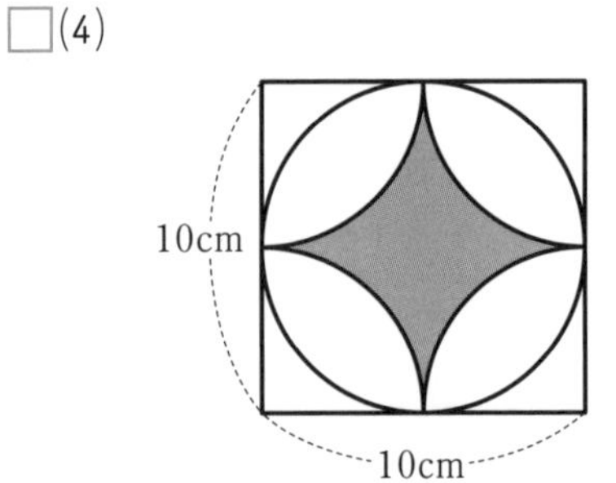

答え（　　　　cm^2）

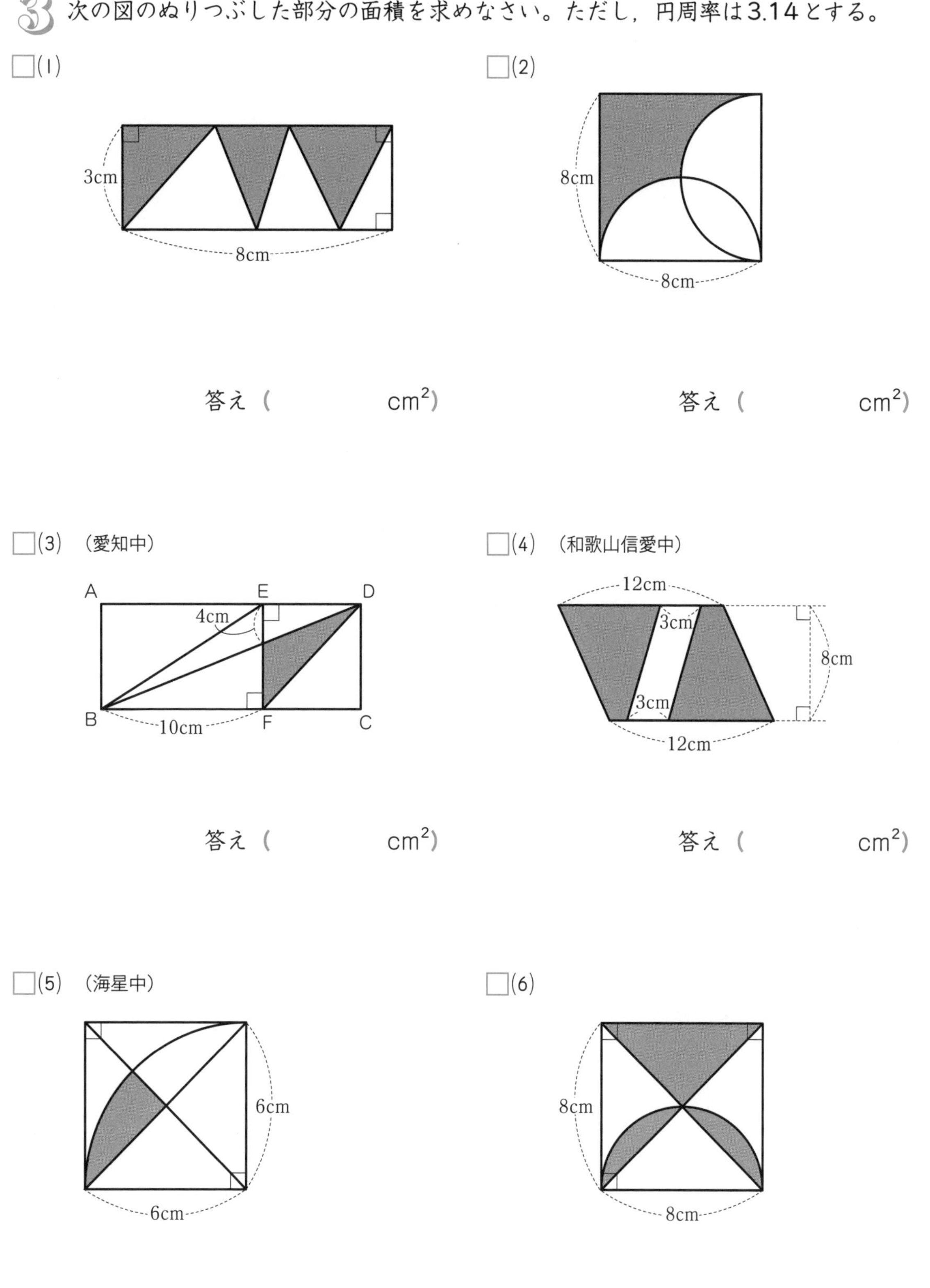
3 次の図のぬりつぶした部分の面積を求めなさい。ただし，円周率は3.14とする。
□(1)
3cm
8cm
答え（ cm²）
□(2)
8cm
8cm
答え（ cm²）
□(3) （愛知中）
A
E
D
4cm
B
10cm
F
C
答え（ cm²）
□(4) （和歌山信愛中）
12cm
3cm
8cm
3cm
12cm
答え（ cm²）
□(5) （海星中）
6cm
6cm
答え（ cm²）
□(6)
8cm
8cm
答え（ cm²）

11 合同な三角形

月　日

例題

次の三角形ア～ウの中から，合同な三角形の組み合わせを答え，辺DFの長さを求めなさい。

ア
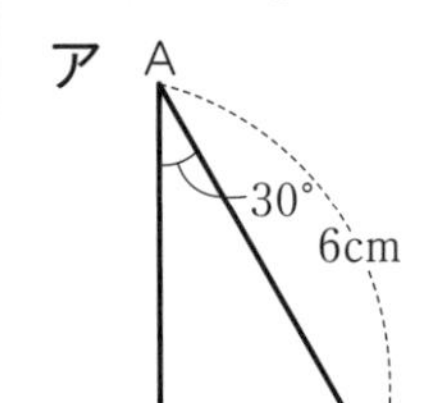

イ
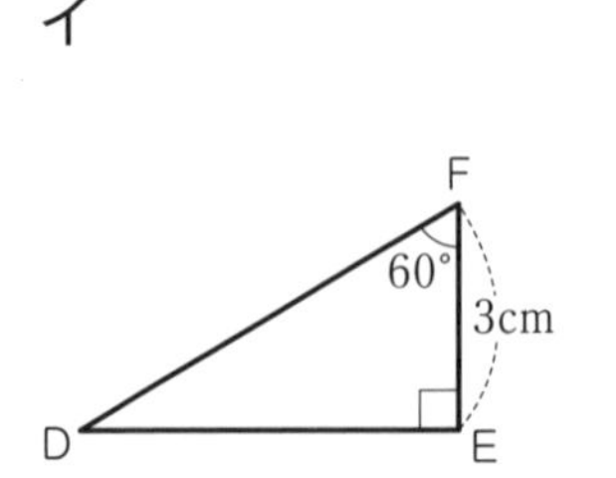

ウ
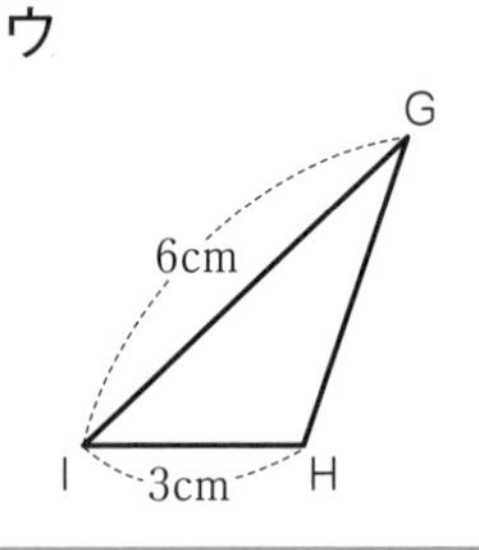

解説　解く手順を確認しましょう。(　　)にはあてはまることばや数を書きましょう。

ステップ❶ アとイ，イとウ，ウとアの共通点を見つけましょう。

ア
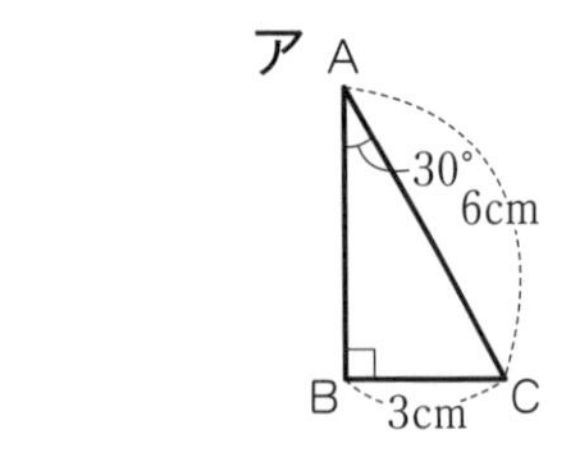

イ　F　60°　3cm　D　E

ウ　G　6cm　I　3cm　H

- アとイの共通点　辺 BC ＝ 辺(①　　　　)
  - 角 B　＝ 角(②　　　　)
  - 角 A　＝ 角(③　　　　)
  - 角 C　＝ 角(④　　　　)
- イとウの共通点　辺 EF ＝ 辺(⑤　　　　)
- ウとアの共通点　辺 GI ＝ 辺(⑥　　　　)
  - 辺 HI ＝ 辺(⑦　　　　)

ステップ❷ 合同な図形を探しましょう。

- (⑧　　　と　　　)は形と大きさが同じなので，(⑨　　　　　)である。

ステップ❸ 対応する辺を見つけましょう。

- ステップ❷より，(⑩　　　と　　　)は合同なので，辺DF＝辺(⑪　　　　　)である。

よって，辺DF＝(⑫　　　　cm)

答え (⑬　　　　cm)

覚えておこう！

- 三角形の合同条件は
  - ①3組の辺の長さがそれぞれ等しい。
  - ②2組の辺とその間の角がそれぞれ等しい。
  - ③1組の辺とその両端の角がそれぞれ等しい。

答え　① EF　② E　③ D　④ F　⑤ HI　⑥ AC　⑦ BC　⑧ アとイ　⑨ 合同　⑩ アとイ　⑪ AC　⑫ 6cm　⑬ 6cm

練習問題

1 次の問いに答えなさい。

□(1) 次の三角形ア～ウの中から，合同な三角形の組み合わせを答えなさい。

ア

イ

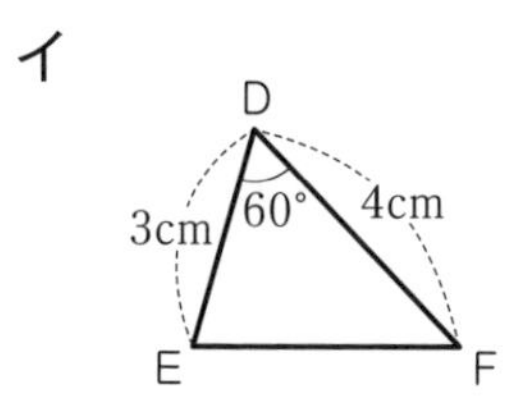

ウ

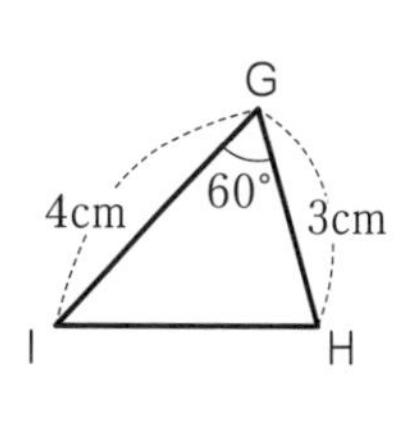

答え（　　と　　）

□(2) 次の図から，合同な三角形を見つけ，あてはまる合同条件を書きなさい。

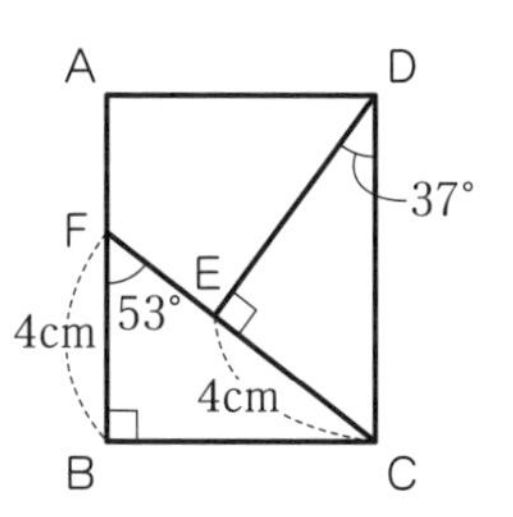

答え（三角形　　　と三角形　　　）
（　　　　　　）

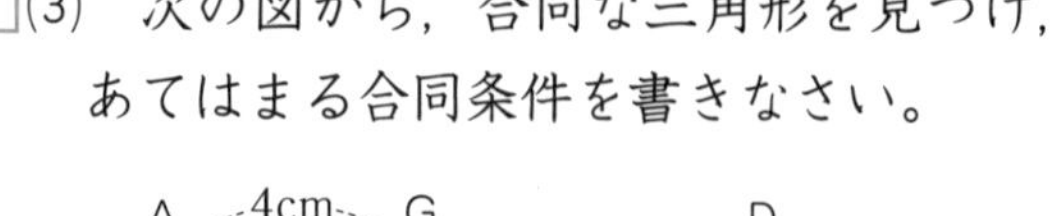

□(3) 次の図から，合同な三角形を見つけ，あてはまる合同条件を書きなさい。

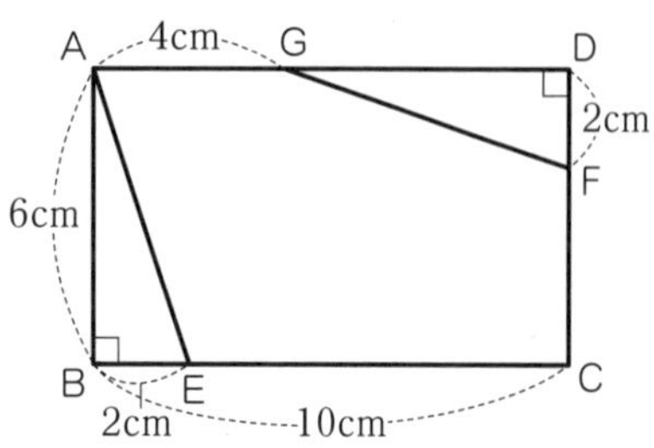

答え（三角形　　　と三角形　　　）
（　　　　　　）

UP!! □(4) 下の図で，アの角の大きさを求めなさい。（梅花中・改）

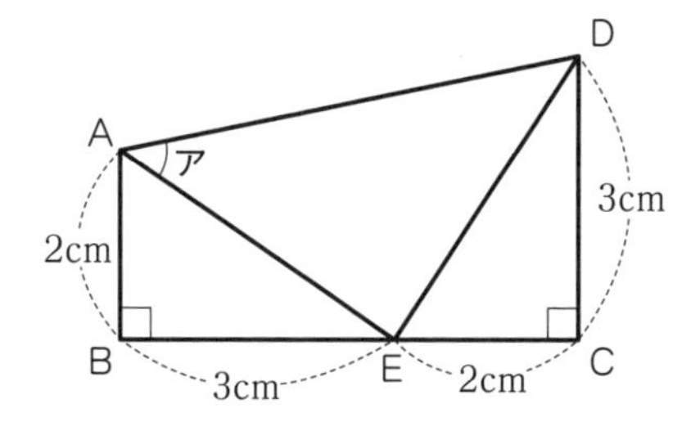

答え（　　　度）

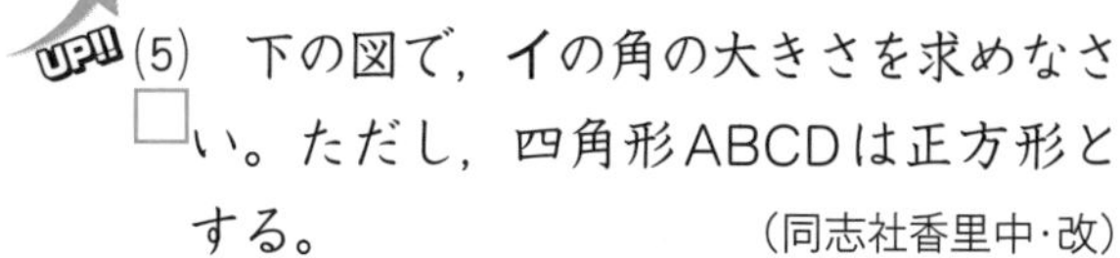

UP!! □(5) 下の図で，イの角の大きさを求めなさい。ただし，四角形ABCDは正方形とする。（同志社香里中・改）

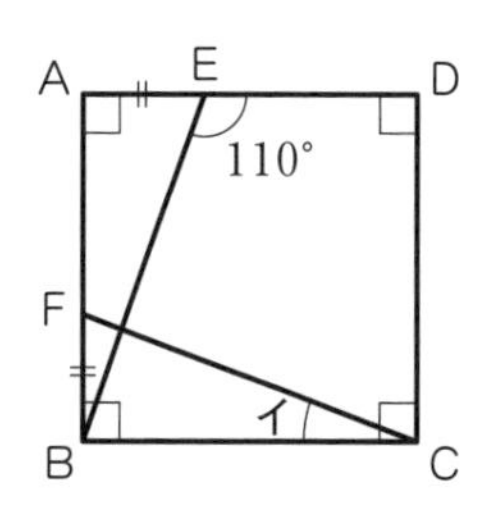

答え（　　　度）

12 相似な三角形

月　日

例題

次の三角形ア～ウの中から，相似な三角形の組み合わせを答え，aの長さを求めなさい。

ア

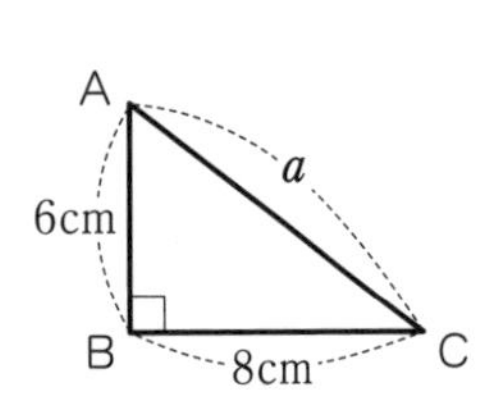

イ

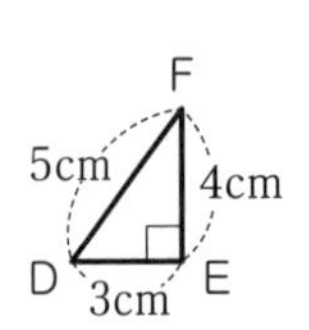

ウ

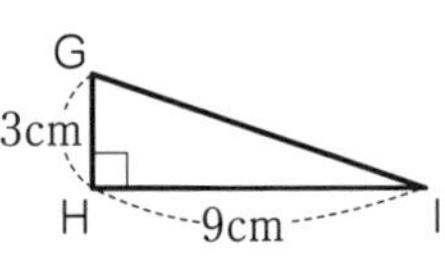

解説　解く手順を確認しましょう。(　　)にはあてはまることばや数を書きましょう。

ステップ① アとイ，イとウ，ウとアの辺の比と角度を比べ相似な三角形を見つけましょう。

ア

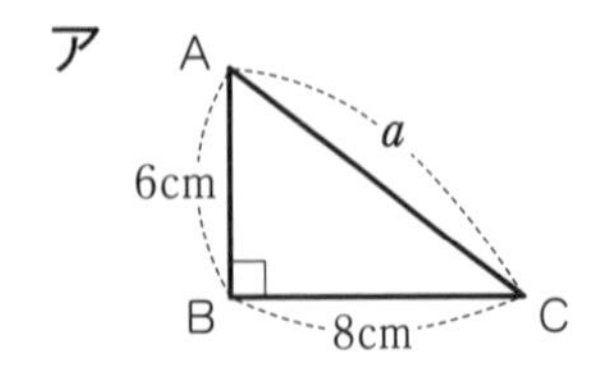

イ　D，3cm，5cm，E，4cm，F

ウ　G，3cm，H，9cm，I

・アとイ

辺 AB：辺 DE＝(①　　：　　)

辺 BC：辺 EF ＝(②　　：　　)

角 B＝角(③　　)

・イとウ

辺 DE：辺 GH＝(④　　：　　)

辺 EF：辺 HI ＝(⑤　　：　　)

角 E＝角(⑥　　)

・ウとア

辺 GH：辺 AB＝(⑦　　：　　)

辺 HI：辺 BC ＝(⑧　　：　　)

角 H＝角(⑨　　)

(⑩　　)組の辺の比と(⑪　　　　)がそれぞれ等しいので，(⑫　　と　　)は相似である。

ステップ② アとイの辺の比を使って，aの長さを求めましょう。

アとイの辺の比は(⑬　　：　　)なので，a：DF＝(⑭　　：　　)となる。

答え (⑮　　と　　，a＝　　　cm)

覚えておこう！

- 三角形の相似条件は、
  ①2組の角がそれぞれ等しい。
  ②2組の辺の比とその間の角がそれぞれ等しい。
  ③3組の辺の比がすべて等しい。

答え　① 2：1　② 2：1　③ E　④ 1：1　⑤ 4：9　⑥ H　⑦ 1：2　⑧ 9：8　⑨ B　⑩ 2　⑪ その間の角　⑫ アとイ　⑬ 2：1　⑭ 2：1　⑮ アとイ，a＝10cm

練習問題

1 次の図で，xの値(あたい)を求めなさい。

□(1)

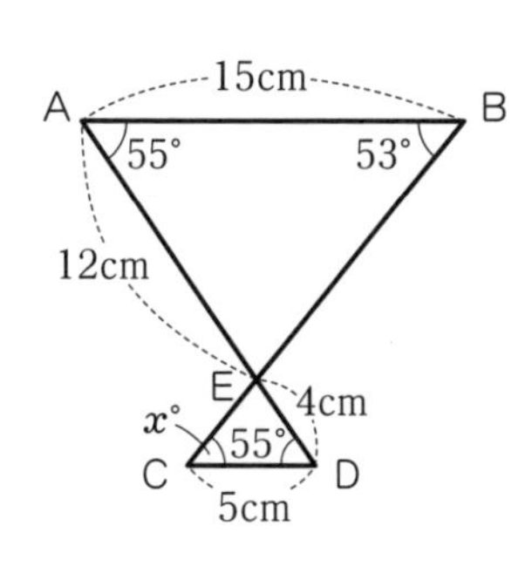

答え（　　　　　）

□(2)

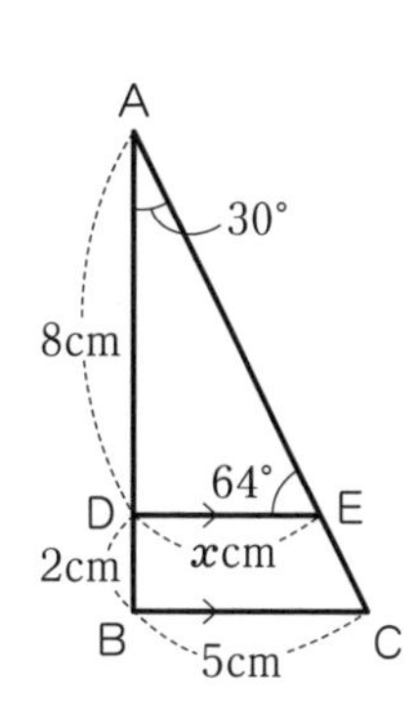

答え（　　　　　）

□(3)

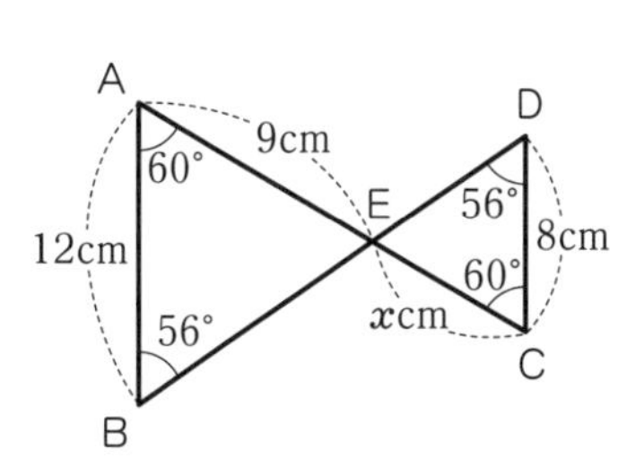

答え（　　　　　）

□(4)

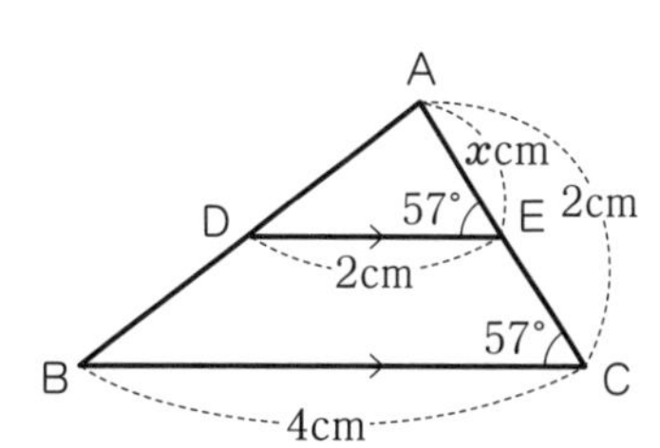

答え（　　　　　）

UP!! (5) 四角形ABCDは長方形
□

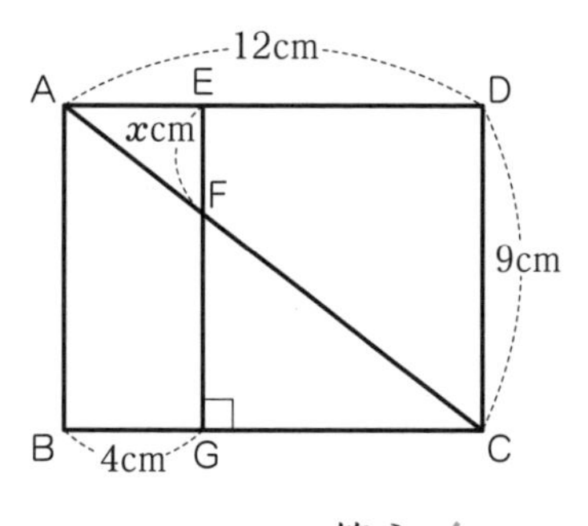

答え（　　　　　）

UP!! (6)
□

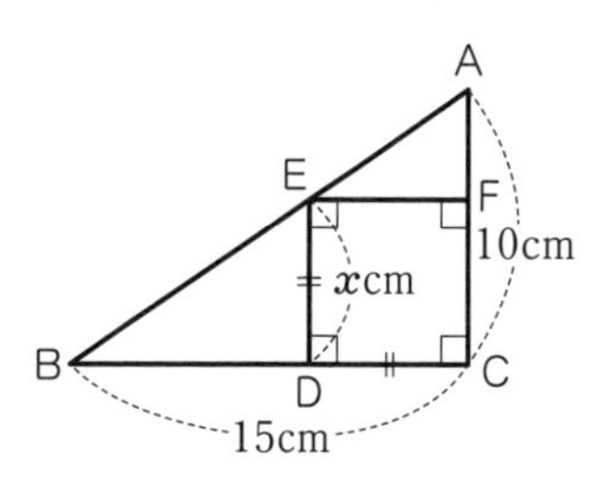

答え（　　　　　）

13 三角形の底辺や高さの比と面積比

月　日

例題

次の図で，しゃ線部分の面積(めんせき)を求(もと)めなさい。

(1)

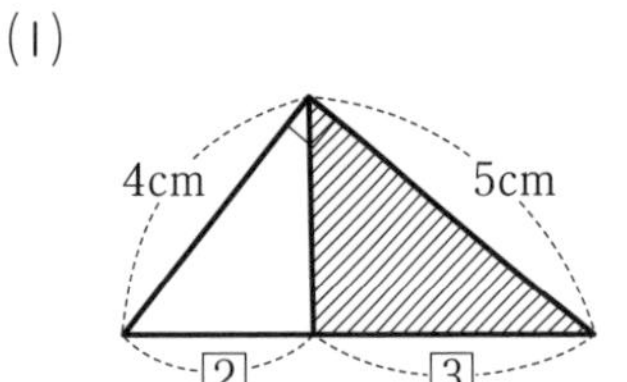

(2)　三角形ABCの面積は$54cm^2$

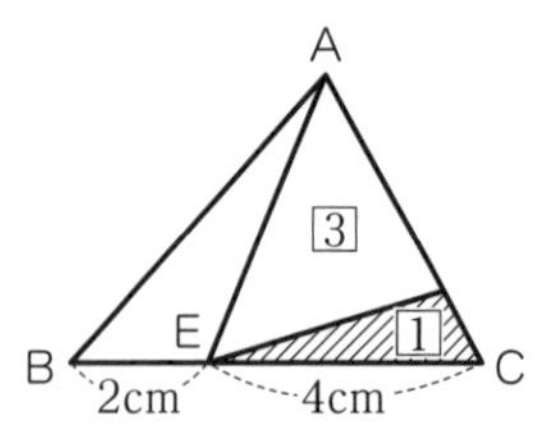

解説

解(と)く手順(てじゅん)を確認(かくにん)しましょう。(　　)にはあてはまることばや数を，〔　　〕には式を書きましょう。

(1)

ステップ❶ 三角形の全体の面積を求めましょう。

(式)〔①　　　　　　　　　　〕(cm^2)

ステップ❷ 底辺(ていへん)の比(ひ)を使って，しゃ線部分の面積を求めましょう。

三角形全体としゃ線部分の三角形は，(②　　　　)が等しい三角形です。底辺の比は，(2＋3)：(③　　　)になります。

(式)〔④　　　　　　　　　　〕(cm^2)

答え(⑤　　　　cm^2)

(2)

ステップ❶ 三角形AECの面積を求めましょう。

三角形ABCの面積と三角形AECの面積の比は，

(2＋4)：(⑥　　　)になります。

(式)〔⑦　　　　　　　　　　〕(cm^2)

ステップ❷ 面積比を使って，しゃ線部分の面積を求めましょう。

(式)〔⑧　　　　　　　　　　〕(cm^2)

答え(⑨　　　　cm^2)

覚えておこう！

- 高さが等しい三角形の面積比は，その底辺の比に等しい。

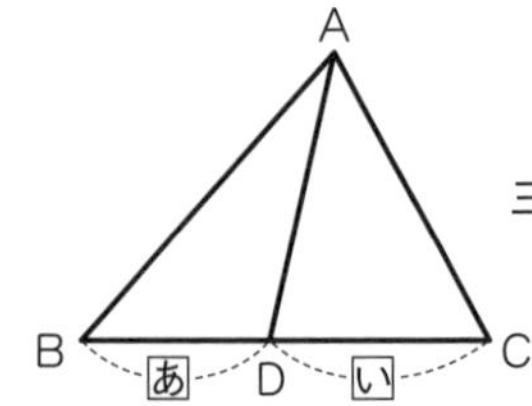

三角形ABD：三角形ADC＝あ：い

答え　① 4×5÷2＝10　② 高さ　③ 3　④ 10÷(2+3)×3＝6　⑤ $6cm^2$　⑥ 4　⑦ 54÷(2+4)×4＝36　⑧ 36÷(3+1)×1＝9　⑨ $9cm^2$

練習問題

1 次の図で，(1)～(4)，(6)はしゃ線部分の面積を，(5)はxの値(あたい)を求めなさい。

□(1)

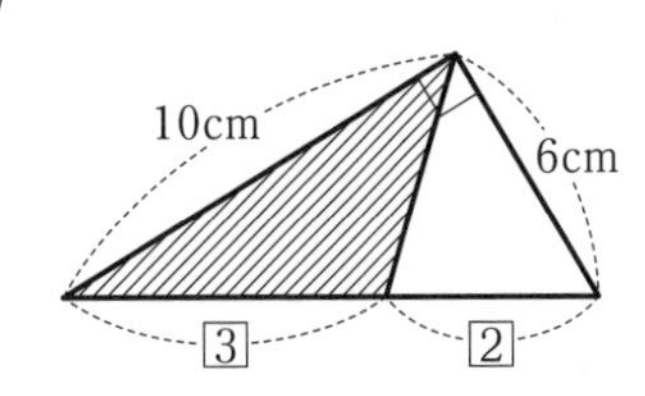

答え（　　　　cm²）

□(2)

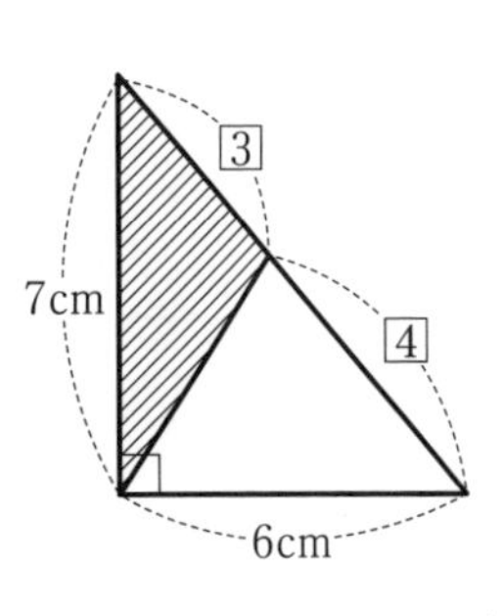

答え（　　　　cm²）

□(3) 三角形ABCの面積は60cm²
三角形ABD：三角形DBE＝1：3

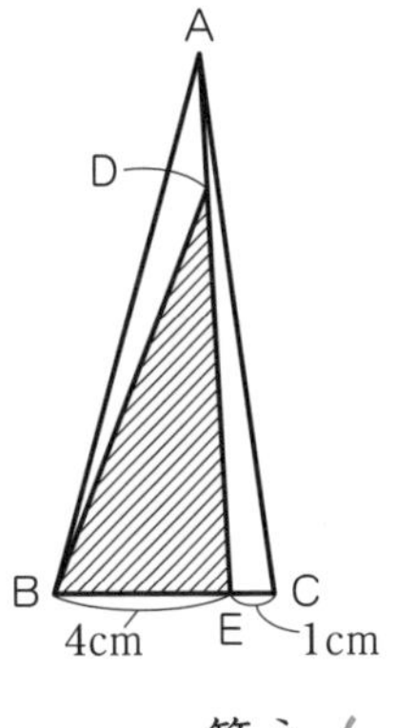

答え（　　　　cm²）

□(4) 三角形ABCの面積は56cm²
三角形ADE：三角形EDC＝3：4

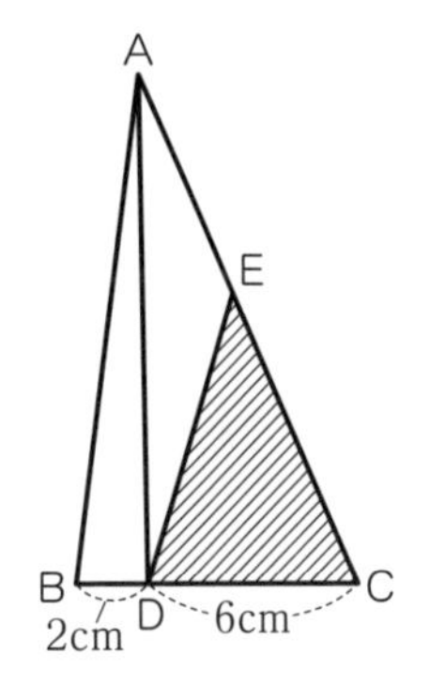

答え（　　　　cm²）

(5) □ 三角形ABEの面積は36cm²
三角形ADCの面積は45cm²

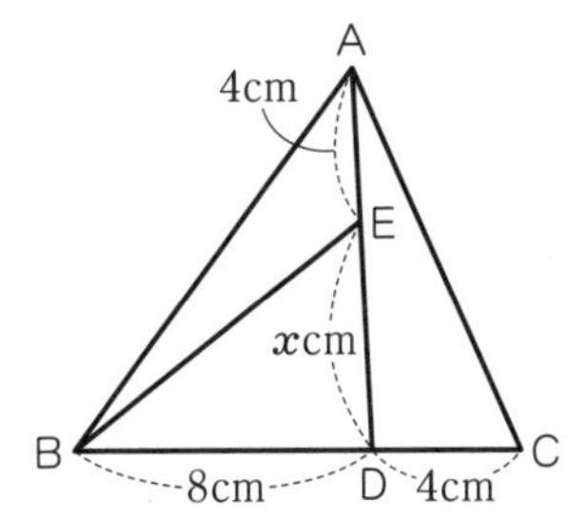

答え（　　　　）

UP!! (6) □ 四角形ABCDは台形，面積は72cm²

A　8cm　D
B　4cm　E　6cm　C

答え（　　　　cm²）

14 相似比と面積（折り返した図形）

月　日

例題

右の図のように長方形ABCDを，BEを折り目として折り返したとき，しゃ線部分の面積を求めなさい。

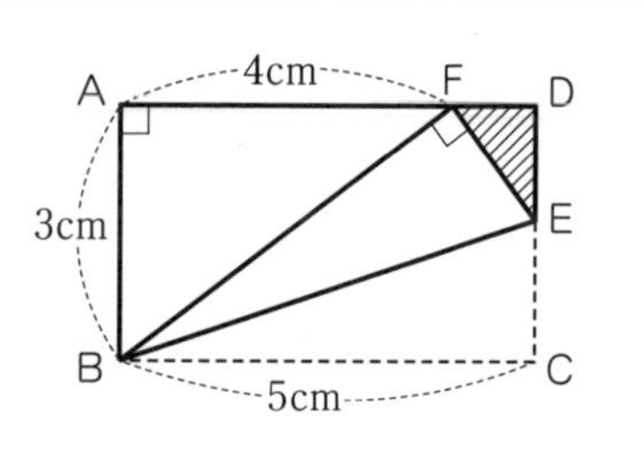

解説　解く手順を確認しましょう。（　　）にはあてはまることばや数を，〔　　〕には式を書きましょう。

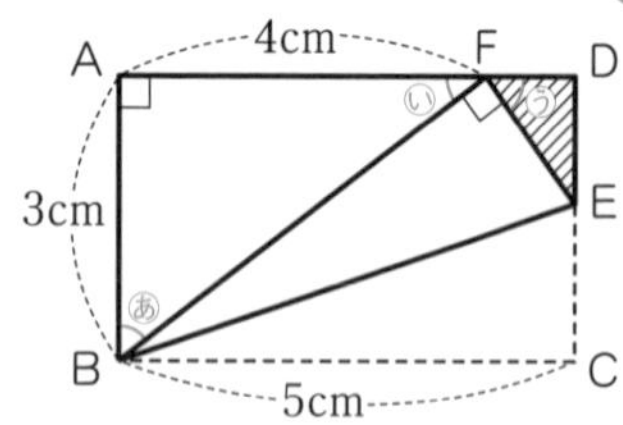

ステップ① 三角形EDFと相似な三角形を見つけましょう。

角Aと角Dは，（①　　　　　度）である。

また，あ＋い＋90°＝（②　　　　°）

い＋う＋90°＝180°

が成り立つので，

〔③　あ＝　　　　〕

よって，三角形EDFと三角形（④　　　　）は相似である。

ステップ② DFの長さを求めましょう。

DF＝〔⑤　　　　〕(cm)

ステップ③ DEの長さを求めましょう。

DF：AB＝DE：AF

（⑥　　：　　）＝DE：4より，

DE＝〔⑦　　　　〕(cm)

ステップ④ しゃ線部分（三角形EDF）の面積を求めましょう。

(式)〔⑧　　　　〕(cm^2)

答え（⑨　　　　cm^2）

覚えておこう！

- 長方形を折り返してできる相似形には次のような関係がある。

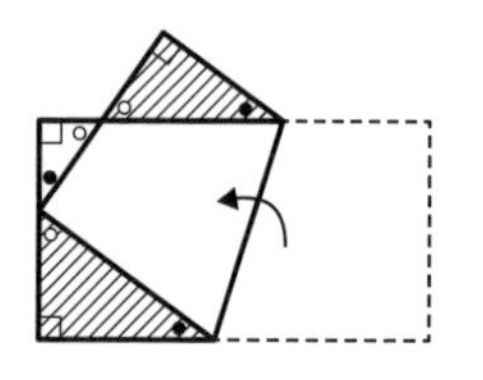

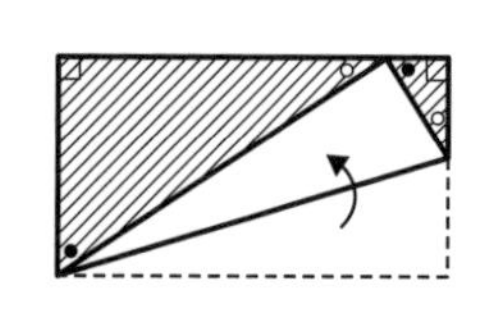

答え　① 90度　② 180°　③ あ＝う　④ FAB　⑤ 5－4＝1　⑥ 1：3　⑦ $1\times\frac{4}{3}=\frac{4}{3}$　⑧ $\frac{4}{3}\times1\div2=\frac{2}{3}$　⑨ $\frac{2}{3}$ cm^2

練習問題

□ **1** 右の図のように正方形ABCDを，EHを折り目として折り返したとき，しゃ線部分の面積を求めなさい。

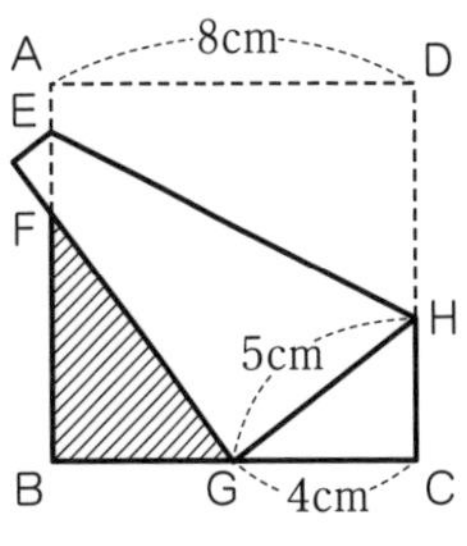

答え（　　　　　cm^2）

2 右の図のように長方形ABCDを，FGを折り目として折り返したとき，次の問いに答えなさい。

□(1)　三角形AEIの面積を求めなさい。

答え（　　　　　cm^2）

□(2)　三角形IGHの面積を求めなさい。

答え（　　　　　cm^2）

UP!! **3** 面積が$40cm^2$である長方形ABCDを，図のようにEDを折り目として折り返したところ，三角形DGFの面積が$5cm^2$で，AGとGDの長さは同じになった。このとき，四角形ABEGの面積を求めなさい。□

（白陵中・改）

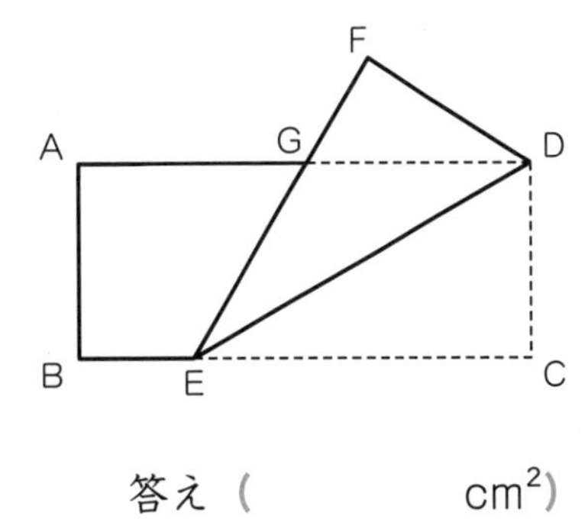

答え（　　　　　cm^2）

解答は別冊17ページ

15 相似比と長さ（かげ）

月　日

例題

(1) 地面に垂直に立てた4cmの棒のかげの長さが3cmであるとき，同じ時刻に同じ場所で木のかげの長さを測ったところ9mあった。この木の高さを求めなさい。

(2) 図のように2m高い位置にある木のかげの長さが10mであるとき，同じ時刻に同じ場所で15cmの棒を垂直に立てると，棒のかげの長さは25cmだった。木の高さを求めなさい。

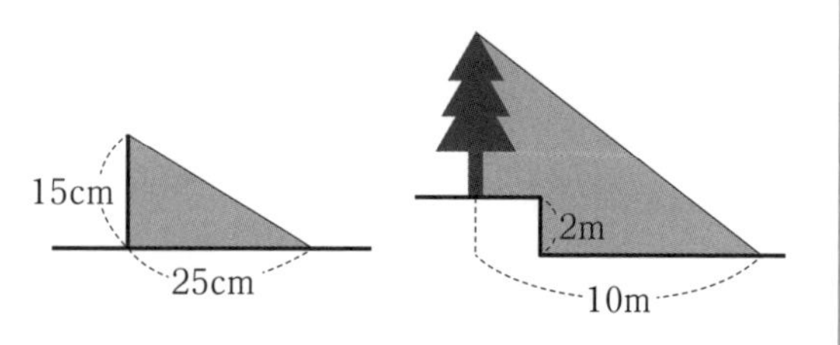

解説 解く手順を確認しましょう。（　）にはあてはまる数を，〔　〕には式を書きましょう。

(1) **ステップ1** 相似比を求めましょう。

右の図の三角形ABCと三角形DEFは相似なので，

（①　　：　　）＝4：□

ステップ2 木の高さを求めましょう。

（式）〔②　　　　　　〕（m）

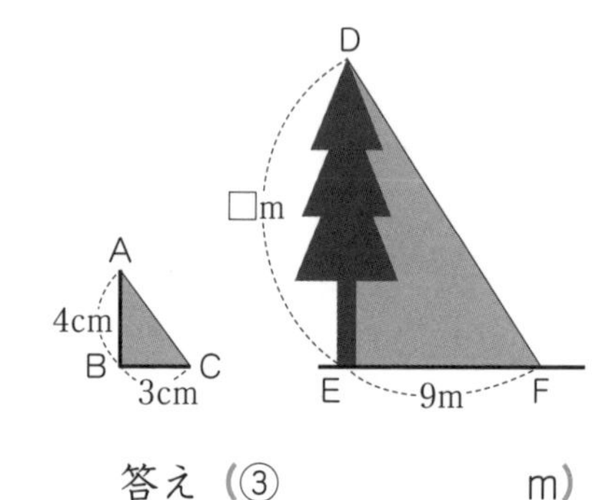

答え（③　　　m）

(2) **ステップ1** 相似比を求めましょう。

右の図の三角形ABCと三角形DFGは相似なので，

（□＋2）：10＝（④　　：　　）

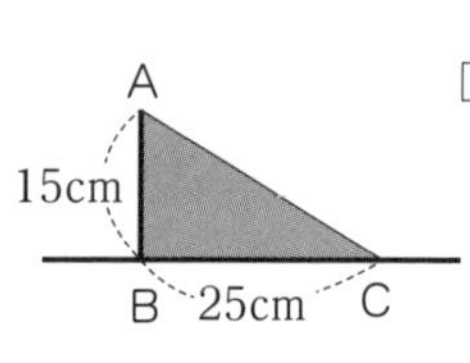

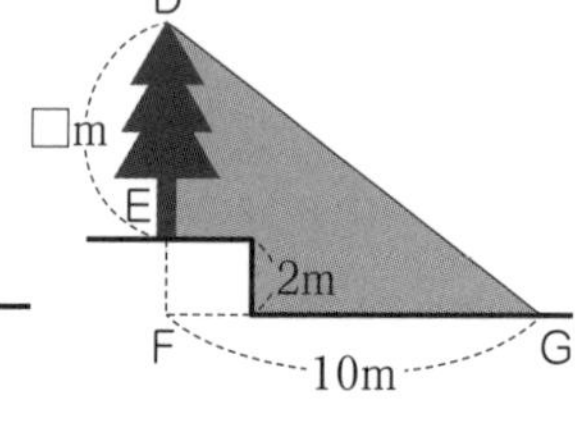

ステップ2 木の高さを求めましょう。

□＋2＝（式）〔⑤　　　　　　〕（m）

□＝（式）〔⑥　　　　　　〕（m）

答え（⑦　　　m）

覚えておこう！

- かげの問題は，三角形の相似を利用する。
  └三角形ABCと三角形DEF

段差のある問題は，段差の分の計算を忘れないようにする。

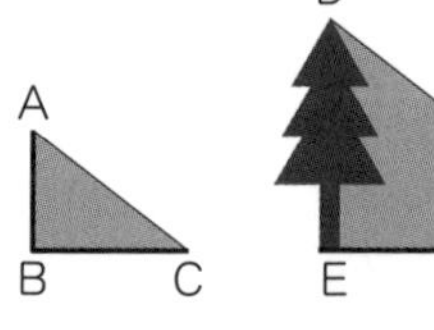

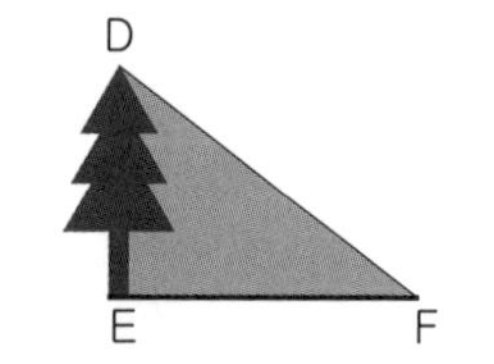

答え ① 3：9　② $9\times\frac{4}{3}=12$　③ 12m　④ 3：5　⑤ $10\times\frac{3}{5}=6$　⑥ 6－2＝4　⑦ 4m

練習問題

□ **1** 地面に垂直に立てた30cmの棒のかげの長さが40cmであるとき，同じ時刻に同じ場所で木のかげの長さを測ったところ，地面より1m高い土地の4mのところまでかげができた。この木の高さを求めなさい。

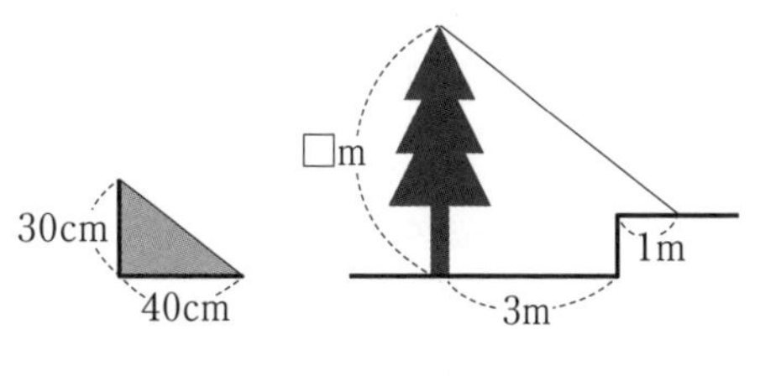

答え（　　　　　m）

□ **2** 右の図のように，身長1.5mの人のかげが4.5mのとき，3mはなれた木のかげのてっぺんがちょうど重なった。木の高さを求めなさい。

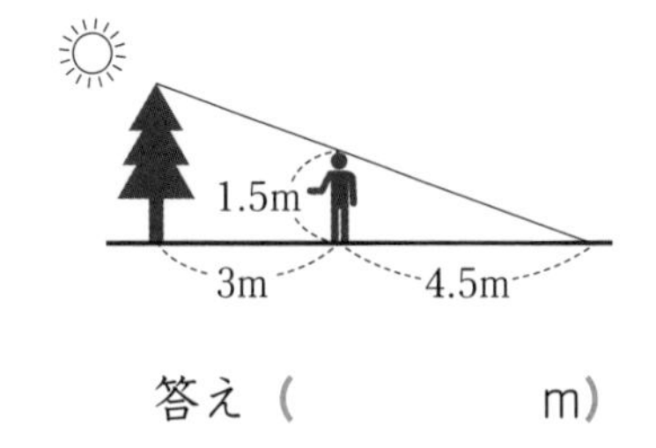

答え（　　　　　m）

3 花子さんは，三角形ABCの辺ABの長さを1としたときの角Aの大きさと辺BCの長さの関係を調べ，右の図のようにまとめた。

（桐蔭学園中）

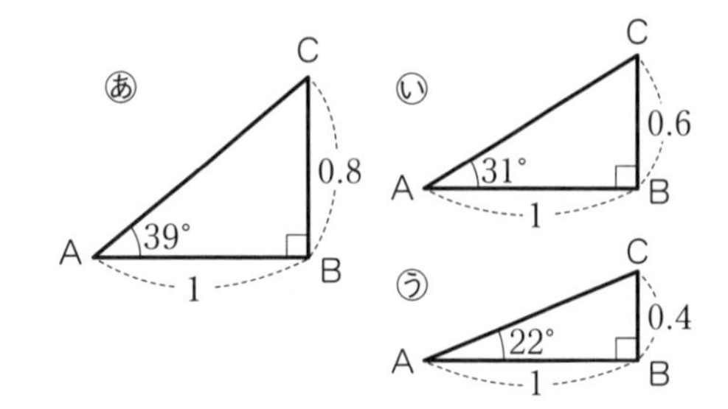

□(1) 木から5mはなれた地点から，木のてっぺんを見上げたとき，見上げた角度は39°であった。花子さんの目の高さは1.4mとして，木の高さを求めなさい。

答え（　　　　　m）

□(2) 次に花子さんは，右の図のように木から3.2mはなれた校舎の屋上のはしから(1)の木のてっぺんを見下ろした。見下ろした角度は68°であった。校舎の高さを求めなさい。

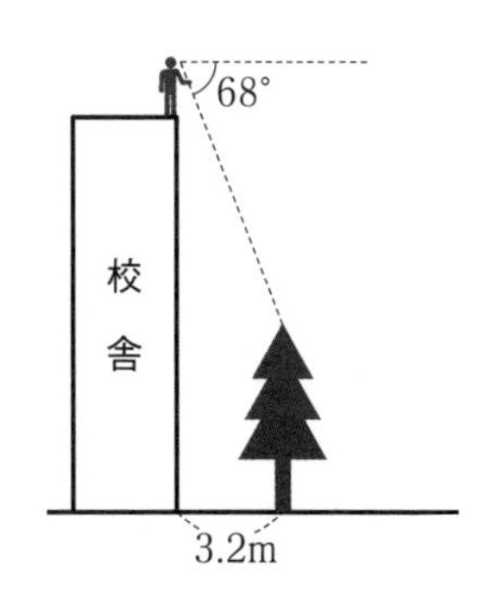

答え（　　　　　m）

解答は別冊17ページ

16 面積比と相似

月　日

例題

次の図の台形ABCDにおいて，辺ACと辺BDの交点をEとする。

(1) xの値を求めなさい。

(2) 三角形EADの面積が12cm²のとき，三角形ECBの面積を求めなさい。

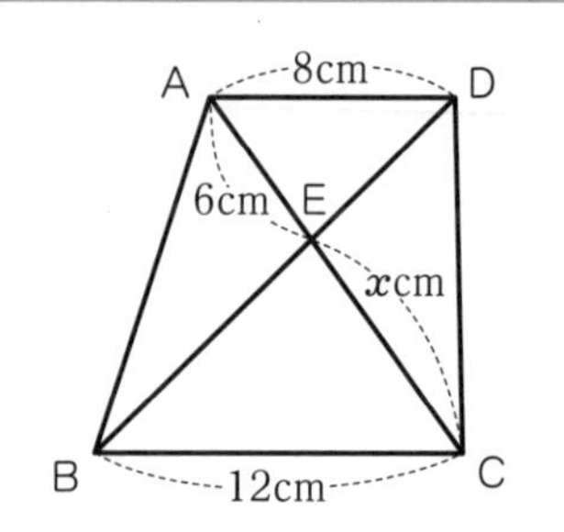

解説

解く手順を確認しましょう。(　　)にはあてはまることばや数を，〔　　〕には式を書きましょう。

(1)

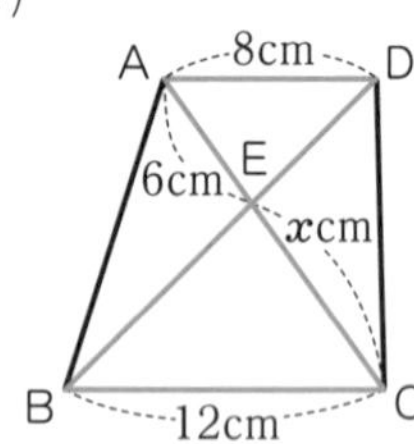

ステップ1 台形の中にある2つの相似な三角形を見つけましょう。

辺ADと辺BCは平行より，

角EAD＝角(①　　　　)，角EDA＝角(②　　　　)なので，

三角形EADと三角形ECBは(③　　　　)である。

ステップ2 ステップ1で見つけた相似を利用してAE：ECを求めましょう。

三角形EADと三角形ECBは相似であることから，

AD：CB＝AE：(④　　　　)なので，

8：12＝6：(⑤　　　　)

答え　x＝(⑥　　　　)

(2)  **ステップ1** 三角形EAD：三角形ECBの面積比をヒントにしましょう。

三角形EAD：三角形ECB＝4：(⑦　　　　)なので，

4：(⑦　　　　)＝12：(⑧　　　　)

答え (⑨　　　　cm²)

覚えておこう！

- 台形ABCDにおいて，対角線で4つに分けられた三角形の面積比

三角形EAD：三角形ECB：三角形ECD：三角形EBA

$=a\times a:b\times b:a\times b:a\times b$

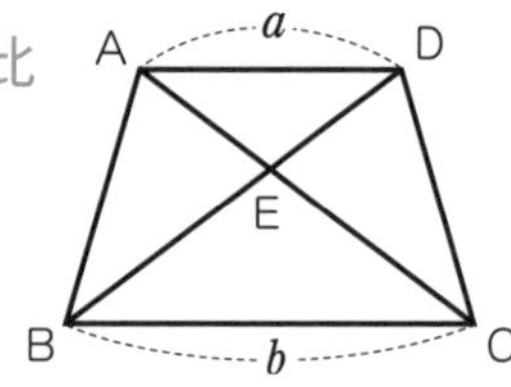

答え　① ECB　② EBC　③ 相似　④ CE　⑤ x
⑥ 9　⑦ 9　⑧ 27　⑨ 27cm²

練習問題

1 次の図で，xの値を求めなさい。ただし，四角形ABCDは台形である。

□(1)

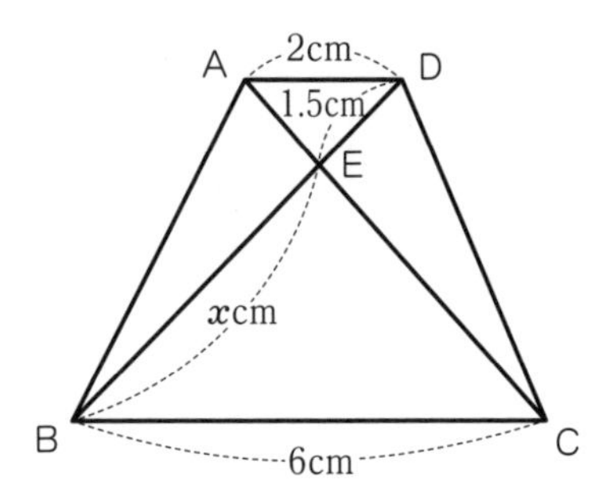

答え（　　　　　）

□(2)

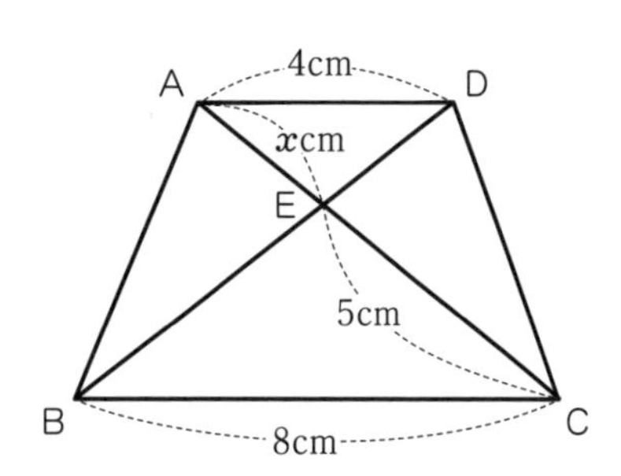

答え（　　　　　）

□(3)

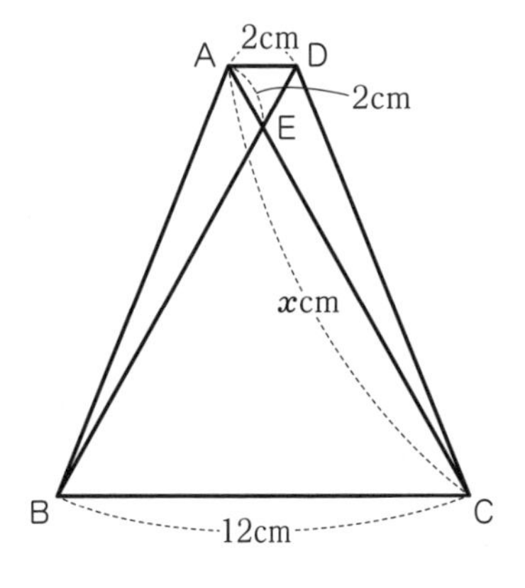

答え（　　　　　）

□(4)

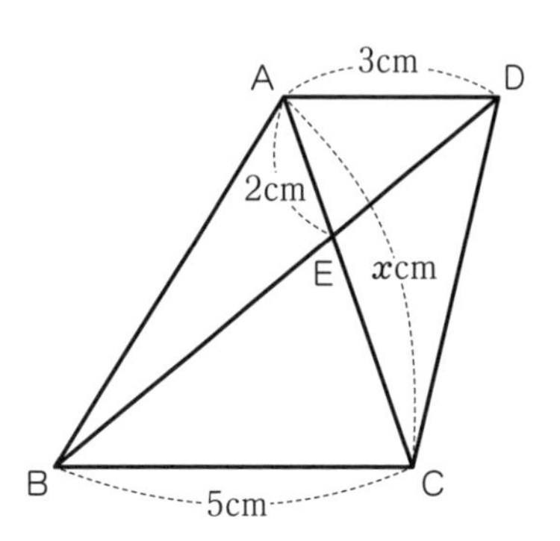

答え（　　　　　）

解答は別冊18ページ

17 ダイヤグラムにおける相似比の利用

月　日

例題

Aさんは，10時ちょうどに家を出発して，歩いて600m先の学校に向かった。
Aさんのお兄さんは，6分後に家を出発し，自転車で学校に向かった。グラフは二人の位置と時間の関係を表したものである。Aさんのお兄さんがAさんに追いついたのは，家から何mの地点か。

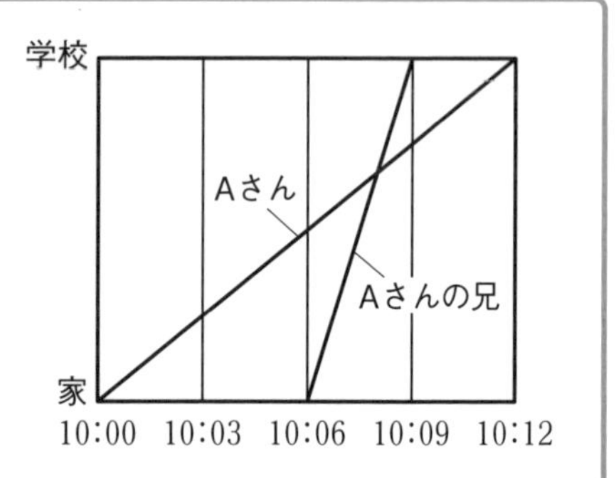

解説　解く手順を確認しましょう。（　）にあてはまる数を書きましょう。

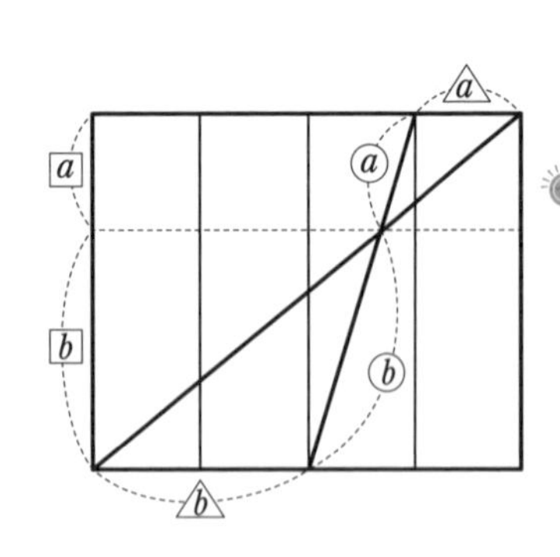

ステップ① 相似な三角形を見つけましょう。

左のように，上下に相似な三角形ができている。

ステップ② きょりを求めるので，縦軸に相似比を移しましょう。

縦軸はきょりを表している。三角形の比は，グラフの横軸の目盛りから調べることができる。△aと△bに注目する。

$a : b =$（①　　）:（②　　）

ステップ③ 比から考えて，きょりを求めましょう。

（式）$600 \times \dfrac{（③\quad）}{（④\quad）+（⑤\quad）} =$（⑥　　）(m)

答え（⑦　　m）

覚えておこう！

- ダイヤグラムの問題は，相似比を利用して解く。
- きょりを求めるときは相似比を縦軸に，時間を求めるときは相似比を横軸に移す。

［二人がすれちがう地点］
縦軸XYを$\boxed{a}:\boxed{b}$に分ける。

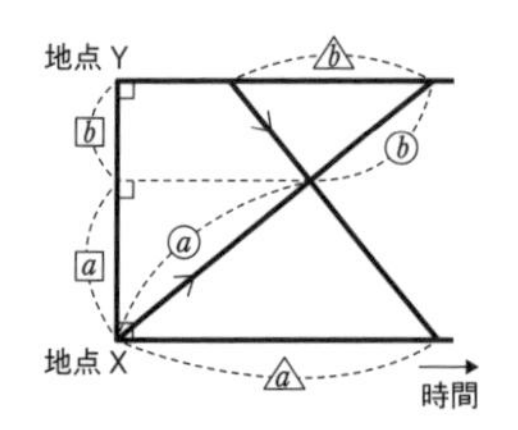

［二人が出会う時間］
横軸XYを$\boxed{a}:\boxed{b}$に分ける。

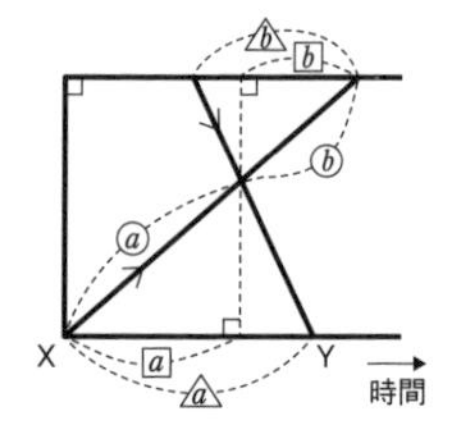

［追いつく地点］
縦軸XYを$\boxed{a}:\boxed{b}$に分ける。

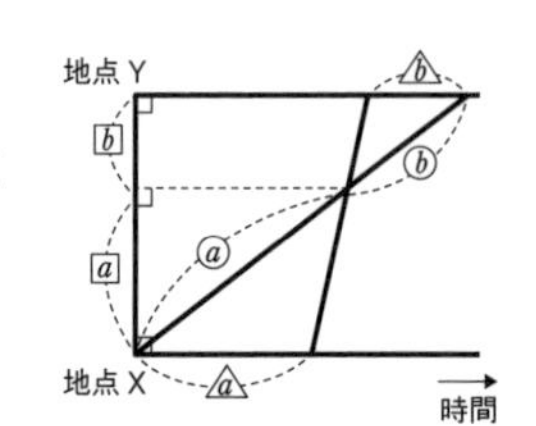

［追いつく時間］
横軸XYを$\boxed{a}:\boxed{b}$に分ける。

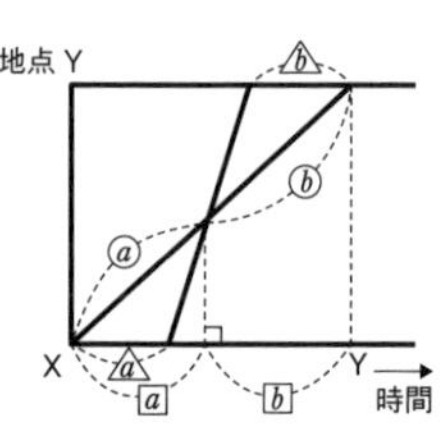

答え　① 1　② 2　③ 2　④⑤ 1，2（順不同）　⑥ 400　⑦ 400m

練習問題

1 次の問題に答えなさい。

□(1)

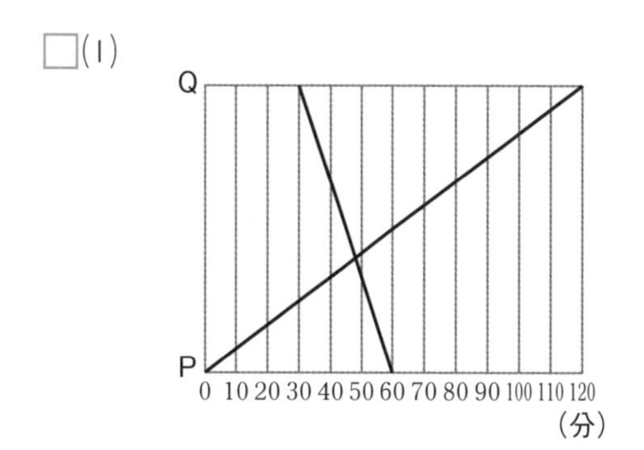

4500mのジョギングコースPQを，AさんはPからQへ歩き，BさんはQからPへ走っている。グラフは，二人がそれぞれ進むきょりと時間の関係を表している。AさんとBさんがすれちがうのは，P地点から何mの場所か。

答え（　　　　　m）

□(2)

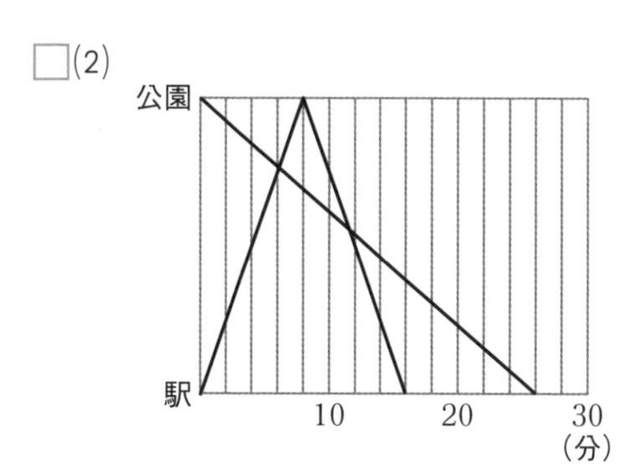

公園と駅の間は，900mはなれている。Aさんが駅と公園の間を往復し，Bさんが公園から駅に行く間に，二人は2回すれちがった。2回目にすれちがった場所は，公園からどれだけはなれているか。

答え（　　　　　m）

□(3)

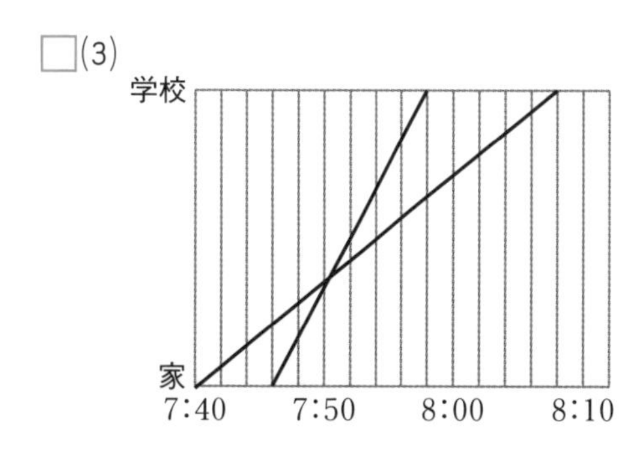

Aさんは7時40分に家を出て，一定の速さで学校に向かった。その後，忘れ物に気づいたAさんのお兄さんが，Aさんを追いかけて忘れ物をわたし，そのまま学校へ向かった。Aさんのお兄さんがAさんに追いついたのは，何時何分何秒か。ただし，忘れ物をわたす時間は考えないものとする。

答え（　　　　　　　）

□(4)

Q
P
Aさん
Bさん
1:00
2:30

AさんとBさんは，それぞれ車に乗って20kmはなれたP地点とQ地点の間の道を移動した。

① AさんとBさんが初めてすれちがうのは，P地点から何kmのところか。

② AさんとBさんが2回目にすれちがうのは，何時何分か。

①答え（　　　　　km）

②答え（　　　　　　）

11～17 まとめ問題

36～49ページ
解答は別冊19ページ

月　日

1 次の図の角の大きさを求めなさい。

□(1) 角xの大きさ

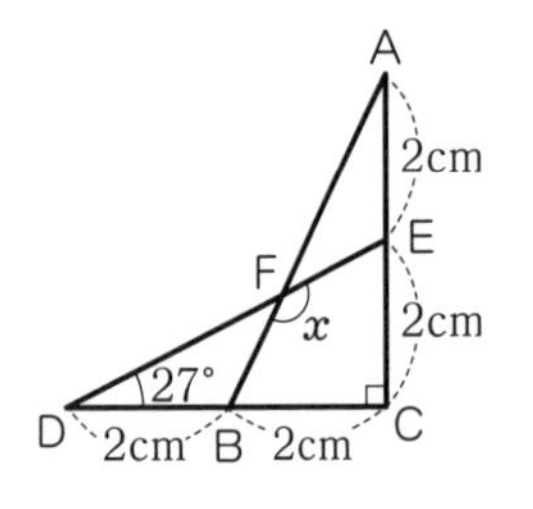

答え（　　　度）

□(2) 角xの大きさ　（梅花中）

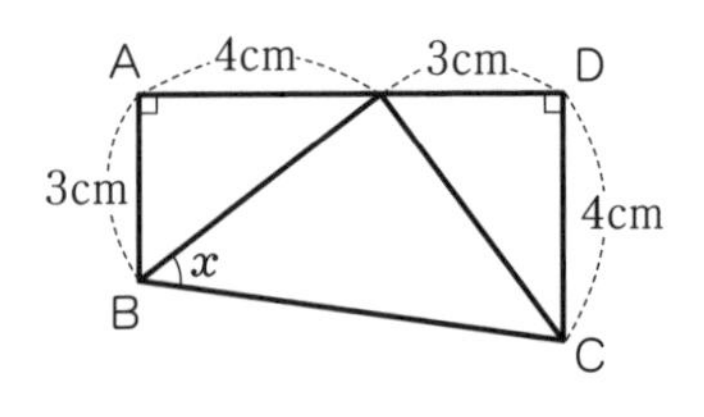

答え（　　　度）

2 次のしゃ線部分の面積を求めなさい。

□(1) 三角形ABCが64cm^2，点Dは，辺BCを3：5に，点Eは辺ADを5：3にわけるときの三角形ABEの面積

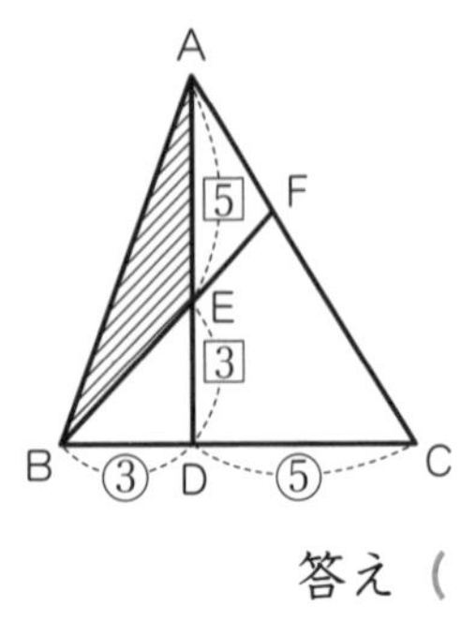

答え（　　　cm^2）

□(2) 横13cm，たて8cmの長方形ABCDを，点Iが辺ADの延長線上にくるように直線EFで折り返し，EI＝10cmになったときの四角形EFGDの面積

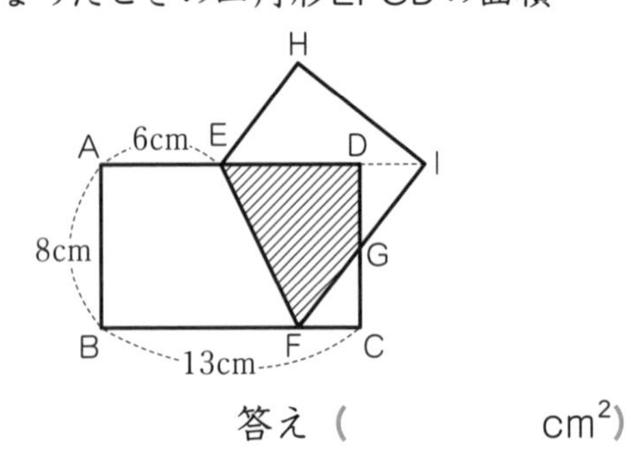

答え（　　　cm^2）

□(3) 三角形ABEと台形AECDの面積がともに21cm^{2}になるときの五角形FGECDの面積

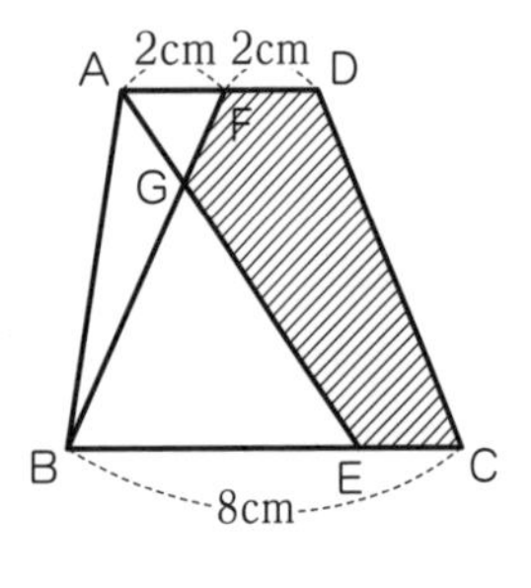

答え（　　　cm^2）

□(4) 四角形FGDHの面積　（明治学院中）

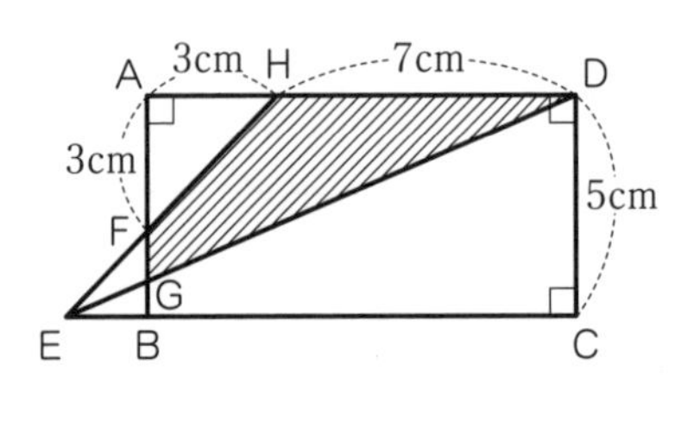

答え（　　　cm^2）

3 次の辺の長さを求めなさい。

□(1) FEが辺ADと平行であるときのAGの長さ（品川女子学院中）

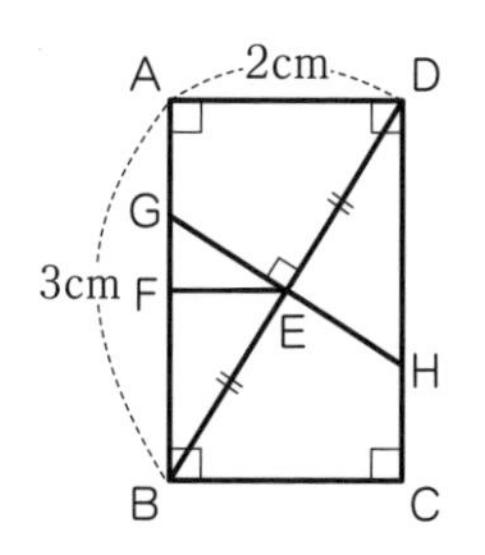

答え（　　　　cm）

□(2) 図は三角形ABCの面積を5等分したもので，辺BCが27cmのときのBFの長さ（金蘭千里中）

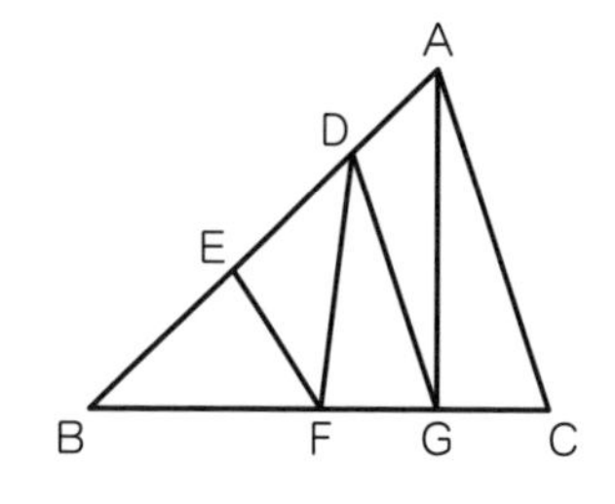

答え（　　　　cm）

□4 30cmのぼうを地面に垂直に立てたところ，そのかげの長さは30cmであった。同じ時刻に同じ場所で，図のような木のかげの長さを測ったところ，木の根元より2m低い土地の5mのところまでかげができた。この木の高さを求めなさい。

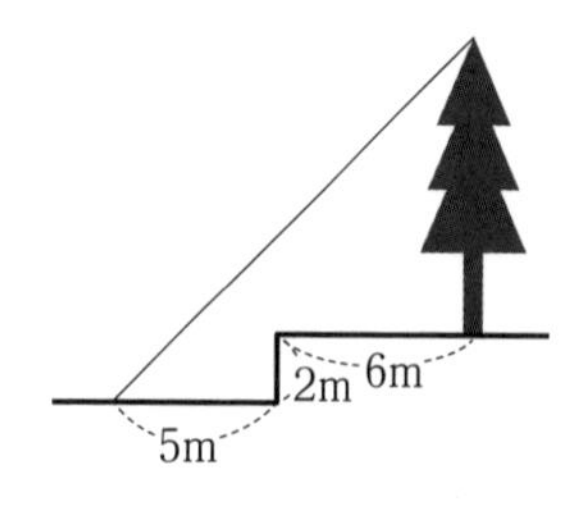

答え（　　　　m）

5 AさんとBさんがいる地点Pから2400mはなれた本屋まで，Aさんは自転車で，Bさんは歩いて移動する。Aさんは10時に出発し，12分で本屋に着き，6分本屋で買い物をした後，行きと同じ速さで地点Pへもどった。Bさんは，10時に出発し，36分かけて本屋に着いた。右の図は，2人の位置と時間の関係を表したものである。このとき，次の問いに答えなさい。

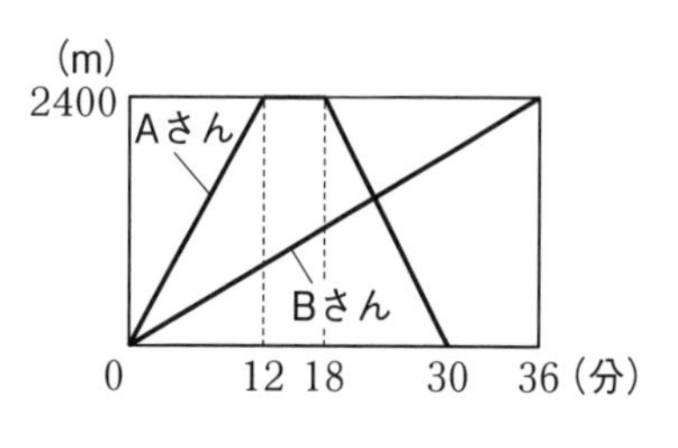

□(1) AさんとBさんが出会った場所は，地点Pから何mはなれているか求めなさい。

答え（　　　　m）

□(2) AさんとBさんが出会った時刻を求めなさい。

答え（　　時　　分　　秒）

18 平行移動

月 日

例題

右の図のように直角二等辺三角形Aと長方形Bがある。Aが矢印の向きに毎秒2cm動くとき，次の問いに答えなさい。

(1) 動き始めてから4秒後にAとBが重なっている部分の面積は何cm^2か求めなさい。

(2) 動き始めてから6秒後にAとBが重なっている部分の面積は何cm^2か求めなさい。

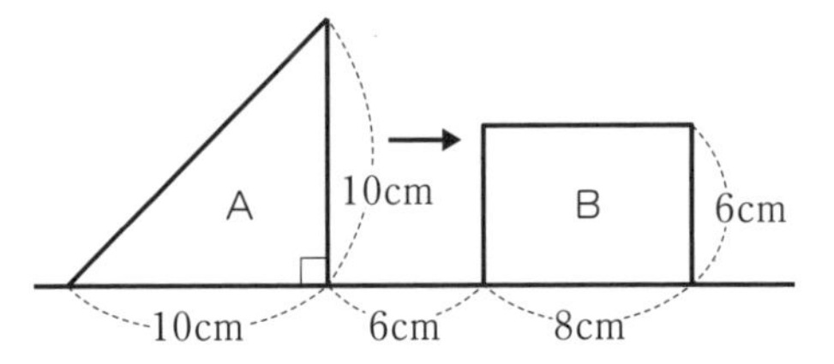

解説 解く手順を確認しましょう。(　　)にはあてはまることばや数を，〔　　〕には式を書きましょう。

(1)

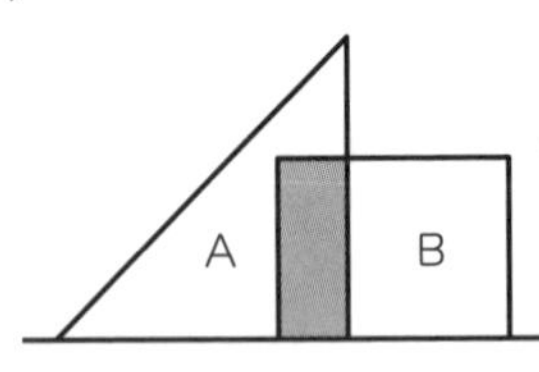

ステップ① 直角二等辺三角形Aが何cm動いたか求めましょう。

(式)〔①　　　　〕(cm)

ステップ② AとBが重なった部分の底辺の長さを求めましょう。

(式)〔②　　　　〕(cm)

ステップ③ 重なった部分の長方形の面積を求めましょう。

(式)〔③　　　　〕(cm^2)

答え (④　　　　cm^2)

(2)

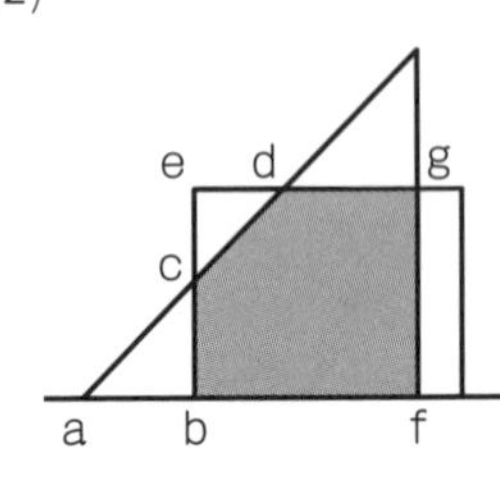

ステップ① 直角二等辺三角形Aが何cm動いたか求めましょう。

(式)〔⑤　　　　〕(cm)

ステップ② AとBが重なった部分の底辺の長さを求めましょう。

(式)〔⑥　　　　〕(cm)

ステップ③ bc，ceの長さを求めましょう。

三角形cabは(⑦　　　　)であるから，

bcの長さは，(式)〔⑧　　　　〕(cm)

ceの長さは，(式)〔⑨　　　　〕(cm)

ステップ④ 正方形ebfgの面積から直角二等辺三角形cdeの面積をひきましょう。

(式)〔⑩　　　　〕(cm^2)

答え (⑪　　　　cm^2)

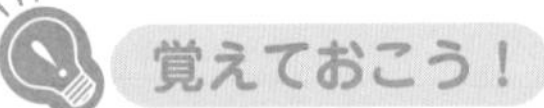

- 図形を平行移動して重ねる問題では，
  - ①何cm動いたか
  - ②重なった部分の長さは何cmか

  に注目する。

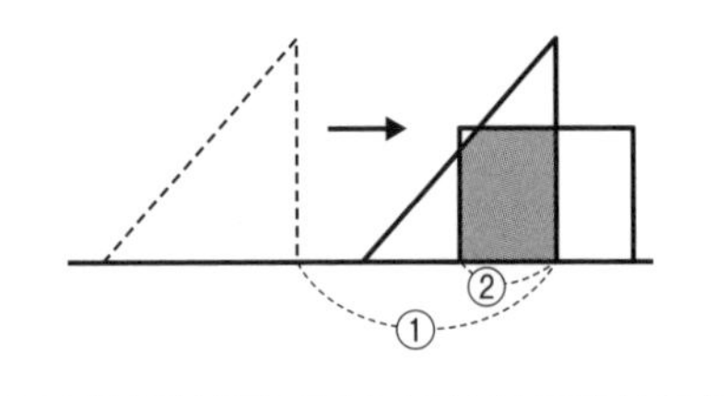

答え ① 2×4＝8 ② 8－6＝2 ③ 2×6＝12 ④ $12cm^2$ ⑤ 2×6＝12 ⑥ 12－6＝6 ⑦ 直角二等辺三角形 ⑧ 10－6＝4 ⑨ 6－4＝2 ⑩ 6×6－2×2÷2＝34 ⑪ $34cm^2$

練習問題

1 次の問いに答えなさい。

□(1) 直角三角形ABCを，下の図の位置から直角三角形DEFの位置まで，矢印の方向に12cmだけ移動させた。このとき，ぬりつぶした部分の面積を求めなさい。（カリタス女子中）

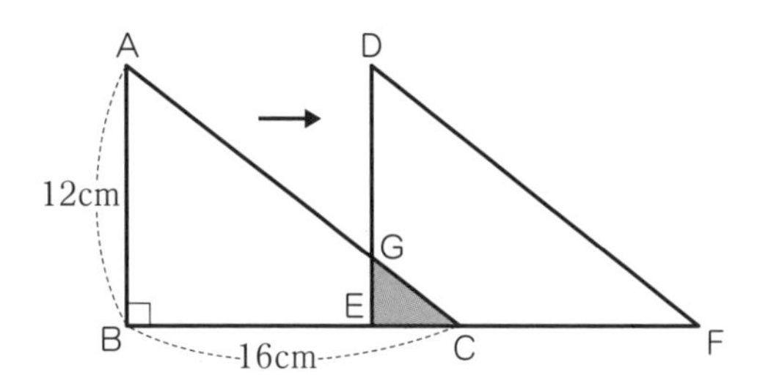

答え（　　　　cm²）

□(2) 右の図のように8cmはなれて直角二等辺三角形A，Bがある。Bが矢印の向きに毎秒2cm動くとき，動き始めてから6秒後に2つの三角形が重なっている部分の面積を求めなさい。

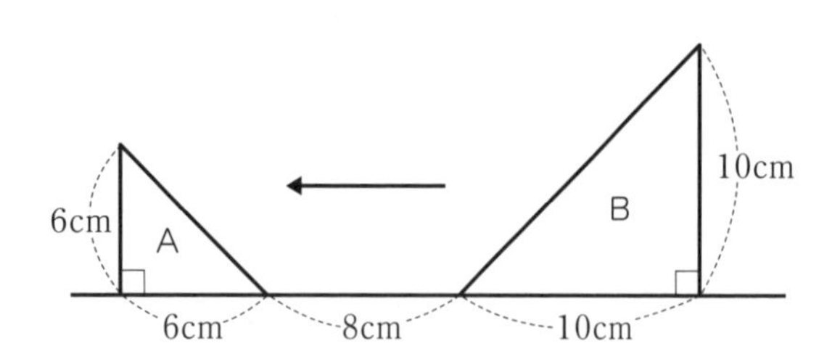

答え（　　　　cm²）

2 下の図のように直線上に直角三角形Aと長方形Bがある。Aが直線上を毎秒2cmの速さで右に移動していくとき，次の問いに答えなさい。（神戸国際中･改）

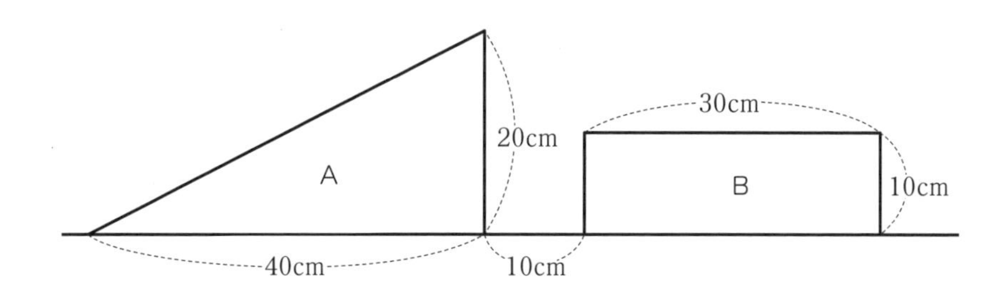

UP!! (1) 重なっている部分が長方形となるのは何秒後から何秒後までか求めなさい。

答え（　　　秒後から　　　秒後まで）

UP!! (2) 動き始めてから15秒後に重なっている部分の面積を求めなさい。

答え（　　　　cm²）

19 回転移動，転がり移動

月　日

例題

右の図のような長方形ABCDがある。この長方形を，直線ℓ上ですべらないように転がしていき，再び辺ABが直線上に来たら転がすのをやめる。このとき，点Aが動いた長さを求めなさい。ただし，円周率は3.14とする。

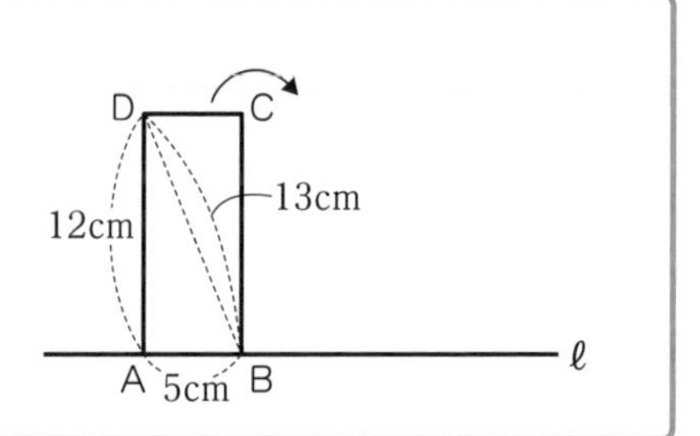

解説

解く手順を確認しましょう。(　　)にはあてはまる数を，〔　　〕には式を書きましょう。

ステップ① 転がる様子の図を実際にかいてみましょう。

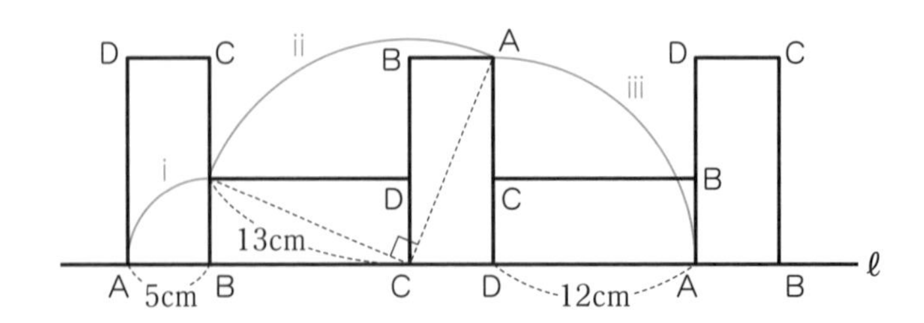

ステップ② iの長さを求めましょう。

(式)〔①　　　　　　　　　　〕(cm)

ステップ③ iiの長さを求めましょう。

(式)〔②　　　　　　　　　　〕(cm)

ステップ④ iiiの長さを求めましょう。

(式)〔③　　　　　　　　　　〕(cm)

ステップ⑤ すべての長さをたし合わせましょう。

(式)〔④　　　　　　　　　　〕(cm)

答え（⑤　　　　　cm）

覚えておこう！

- 長方形が直線上を1回転したときに1つの頂点が動いた長さは，転がった様子の図を実際にかき，おうぎ形をつくって考える。

答え　① $5\times2\times3.14\times\frac{90°}{360°}=7.85$　② $13\times2\times3.14\times\frac{90°}{360°}=20.41$　③ $12\times2\times3.14\times\frac{90°}{360°}=18.84$　④ $7.85+20.41+18.84=47.1$　⑤ 47.1cm

練習問題

1 次の問いに答えなさい。ただし，円周率は3.14とする。

□(1) 下の図のような正三角形がある。この正三角形を直線上に，すべらないように1回転させる。このとき，点Aが動いた長さを求めなさい。

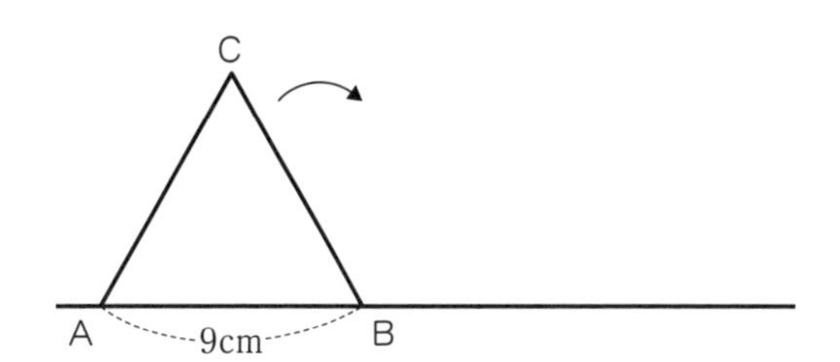

答え（　　　　cm）

□(2) 下の図で長方形ABCDは，AB＝4cm，BC＝3cm，AC＝5cmである。この長方形を図のように点Cを中心に90°回転させると長方形EFCGになる。このとき，図のしゃ線部分の面積は何cm^2か求めなさい。（滝川中）

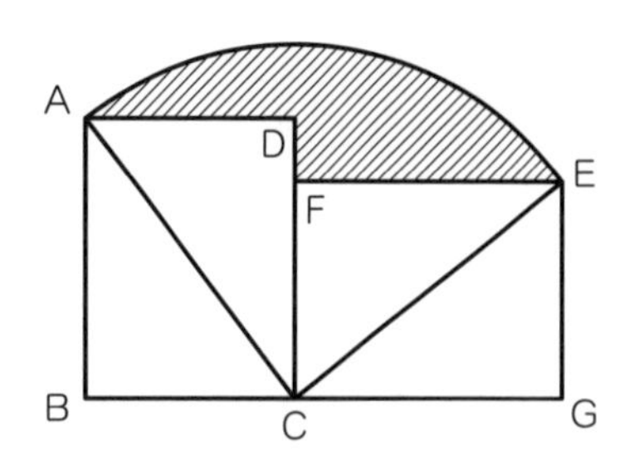

答え（　　　　cm^2）

2 右の図のような長方形がある。2つの円P，Qはどちらも半径(はんけい)2cmで，円Pはこの長方形の外側(そとがわ)を，円Qはこの長方形の内側(うちがわ)を，それぞれ辺にそってすべらないように1周する。このとき，次の問いに答えなさい。ただし，円周率は3.14とする。

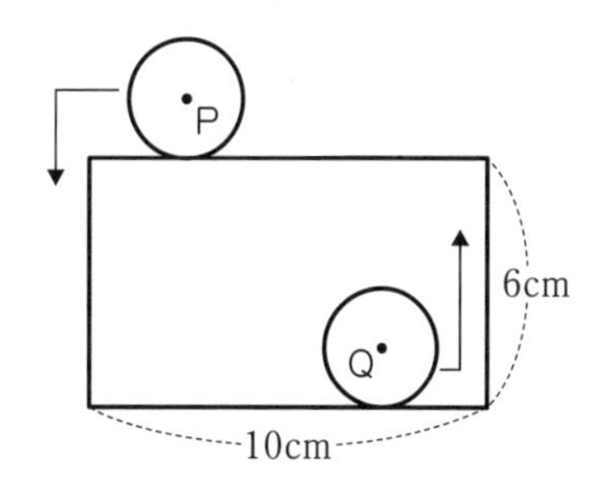

UP!! (1) □円Pの中心がえがく線の長さを求めなさい。

答え（　　　　cm）

UP!! (2) □円Qの中心がえがく線の長さを求めなさい。

答え（　　　　cm）

解答は別冊23ページ

20 点の移動と面積（図形上を動く点）

月　日

例題

右の図のような長方形ABCDの辺の上を動く点Pがある。点PはCを出発してC→D→A→Bの順に毎秒1cmの速さで進んでいく。このときにできる三角形BCPについて，次の問いに答えなさい。

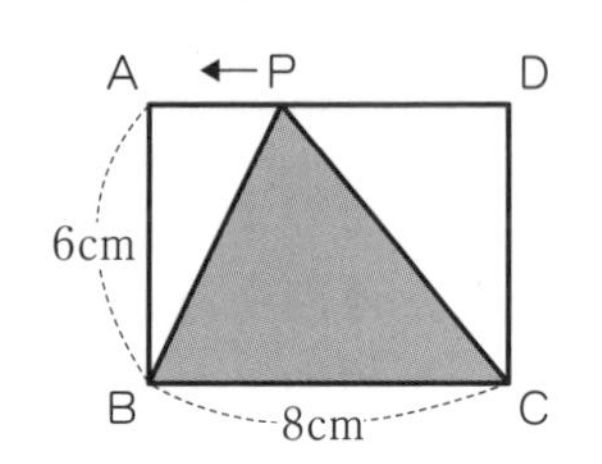

(1)　点PがCを出発してから5秒後の面積を求めなさい。

(2)　三角形BCPが2回目に二等辺三角形になるのは，点PがCを出発してから何秒後か求めなさい。

解説

解く手順を確認しましょう。(　　)にはあてはまる数を，〔　　〕には式を書きましょう。

(1)

ステップ1 CPの長さを求めましょう。

点Pは毎秒1cmの速さで動くので，CPの長さは

(式)〔①　　　　〕(cm)

ステップ2 三角形BCPの面積を求めましょう。

(式)〔②　　　　〕(cm^2)

答え (③　　　　cm^2)

(2) 〔A〕 **ステップ1** 三角形BCPが二等辺三角形になる場合を考えましょう。

点Pが動くとき，三角形BCPが二等辺三角形になるのは3通りある。2回目に二等辺三角形になるのは，辺BCが底辺になるときである。

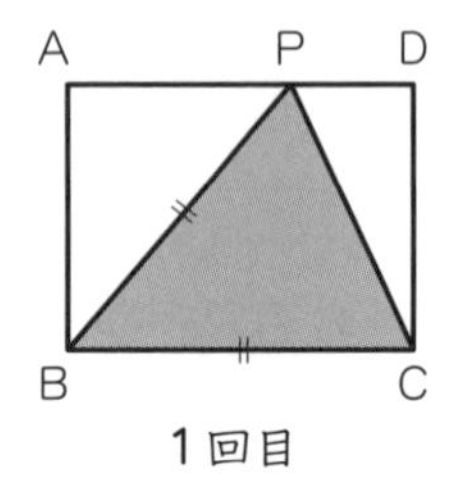

1回目

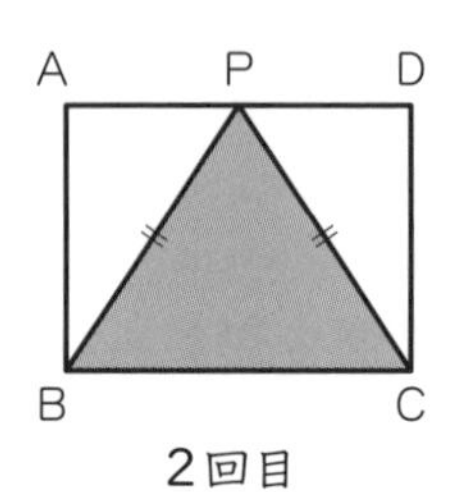

2回目

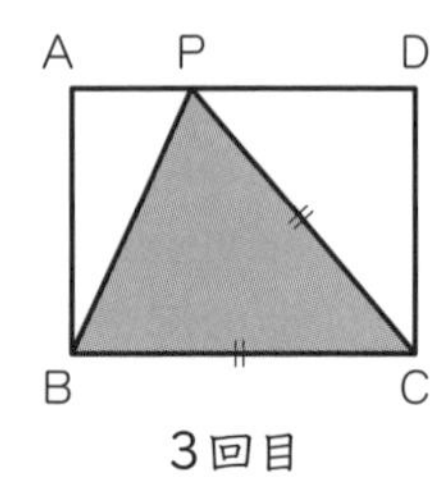

3回目

ステップ2 点Pの位置を求めましょう。

底辺がBCなので，点Pの位置は辺ADの中点になる。

よって，DPの長さは，(式)〔④　　　　〕(cm)

〔B〕 **ステップ3** 点Pが動いた時間を求めましょう。

(式)〔⑤　　　　〕(秒後)

答え (⑥　　　　秒後)

覚えておこう！

〔A〕 点が動くにつれてさまざまな形ができる。

直角三角形や二等辺三角形などいろいろな形をとる。等しい辺や底辺に注目する。

〔B〕 点が動いた時間は動いた長さと速さのわり算で求める。

動いた時間＝動いた長さ÷速さ

答え　① 1×5＝5　② 8×5÷2＝20　③ 20cm^2　④ 8÷2＝4　⑤ (6＋4)÷1＝10　⑥ 10秒後

練習問題

1 右の図のような長方形ABCDの辺の上を動く点Pがある。点PはBを出発してB→C→D→Aの順に毎秒2cmの速さで進んでいく。このときにできる三角形ABPについて，次の問いに答えなさい。

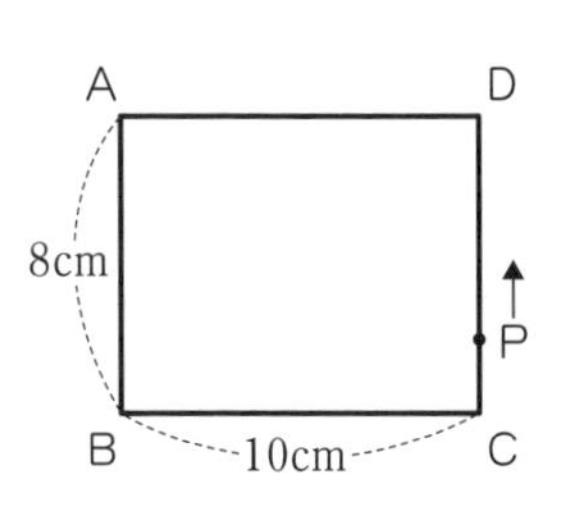

□(1) 点PがBを出発してから11秒後の面積を求めなさい。

答え（　　　　　cm^2）

□(2) 三角形ABPが2回目に二等辺三角形になるのは，点PがBを出発してから何秒後か求めなさい。

答え（　　　　　秒後）

2 次の図のような長方形ABCDの辺の上を動く点Pがある。点PはAを出発して一定の速さでA→B→C→Dの順で移動する。グラフは，そのときの三角形APDの面積と時間の関係（かんけい）を表したものである。このとき，次の問いに答えなさい。（大手前丸亀中）

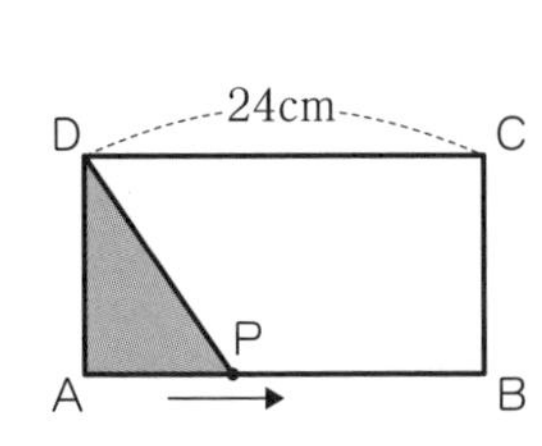

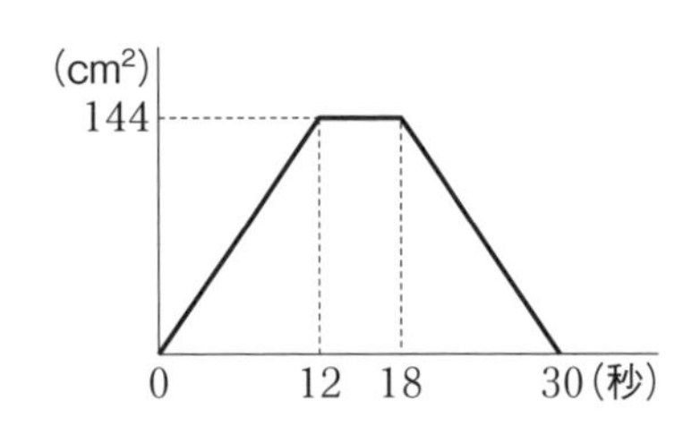

□(1) 点Pが動く速さは毎秒何cmか求めなさい。

答え（毎秒　　　　　cm）

□(2) 辺BCの長さは何cmか求めなさい。

答え（　　　　　cm）

UP!! (3) 三角形APDの面積が$48cm^2$になるのは何秒後と何秒後か求めなさい。
□

答え（　　　　　秒後，　　　　　秒後）

21 点の移動と面積（まきつけ）

月　日

例題

一辺6cmの正三角形の頂点Aに9cmの糸をつなぎ，糸の先たんを点Dとする。この糸をゆるまないように引っ張りながら時計回りにまきつける。糸は正三角形の中には入らないものとして，次の問いに答えなさい。ただし初めの糸の位置は図の通りとし，円周率は3.14とする。

(1)　点Dが動いた長さを求めなさい。

(2)　糸ADが通過する面積を求めなさい。

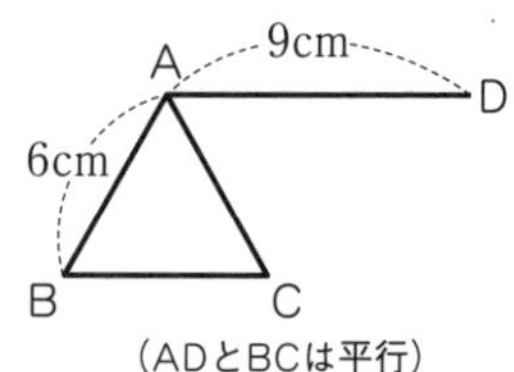

（ADとBCは平行）

解説　解く手順を確認しましょう。（　）にはあてはまる数を，〔　〕には式を書きましょう。

(1)

〔A〕ステップ1 点Dが動いた範囲をかいてみましょう。

左の図のように，おうぎ形2つを組み合わせた形になる。

おうぎ形アの半径は，（①　　　cm），おうぎ形イの半径は，（②　　　cm）

ステップ2 おうぎ形の中心角の大きさを求めましょう。

おうぎ形アの中心角は，（③　　　），おうぎ形イの中心角は，（④　　　）

〔B〕ステップ3 おうぎ形の弧の長さを求めましょう。

おうぎ形アの弧の長さ：(式)〔⑤　　　〕(cm)

おうぎ形イの弧の長さ：(式)〔⑥　　　〕(cm)

ステップ4 点Dが動いた長さを求めましょう。

(式)〔⑦　　　〕(cm)

答え（⑧　　　cm）

(2) **〔B〕ステップ1** おうぎ形の面積を求めましょう。

おうぎ形アの面積：(式)〔⑨　　　〕(cm^2)

おうぎ形イの面積：(式)〔⑩　　　〕(cm^2)

ステップ2 糸ADが通過する面積を求めましょう。

(式)〔⑪　　　〕(cm^2)

答え（⑫　　　cm^2）

覚えておこう！

〔A〕糸をまきつける問題は，おうぎ形の半径が変わる点に注意（糸と一辺が重なるとき）

〔B〕おうぎ形の弧の長さと面積を求める式を確かめる

答え　① 9cm　② 3cm　③ 60°　④ 120°　⑤ $9\times2\times3.14\times\frac{60°}{360°}=9.42$　⑥ $3\times2\times3.14\times\frac{120°}{360°}=6.28$　⑦ $9.42+6.28=15.7$　⑧ 15.7cm　⑨ $9\times9\times3.14\times\frac{60°}{360°}=42.39$　⑩ $3\times3\times3.14\times\frac{120°}{360°}=9.42$　⑪ $42.39+9.42=51.81$　⑫ 51.81cm^2

練習問題

□ **1** 牧場(ぼくじょう)内に，一辺の長さが1mの正方形のさくがあり，1つの頂点から長さ2mのひもでつながれた馬がいる。この馬はさくの中に入ることはできないが，ひもでつながれた範囲(はんい)でさくの外を自由に動き回ることができる。このとき，馬の動くことができる範囲の面積を求めなさい。ただし，円周率は3.14とする。

（國學院大學久我山中）

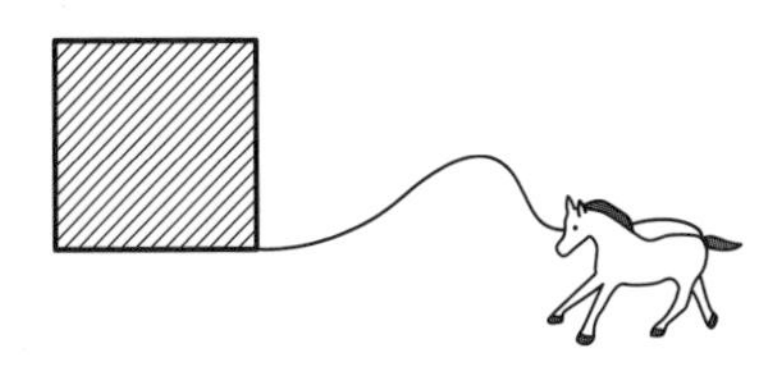

答え（　　　　m^2）

□ **2** 一辺12cmの正方形ABCDの辺AD上に16cmの糸をつなぎ，糸の先たんを点Eとする。この糸をゆるまないように引っ張りながら時計回りに正方形ABCDにまきつける。糸は正方形の中には入らないものとして，糸EFが通過する面積を求めなさい。ただし，初めの糸の位置は図の通りとし，円周率は3.14とする。

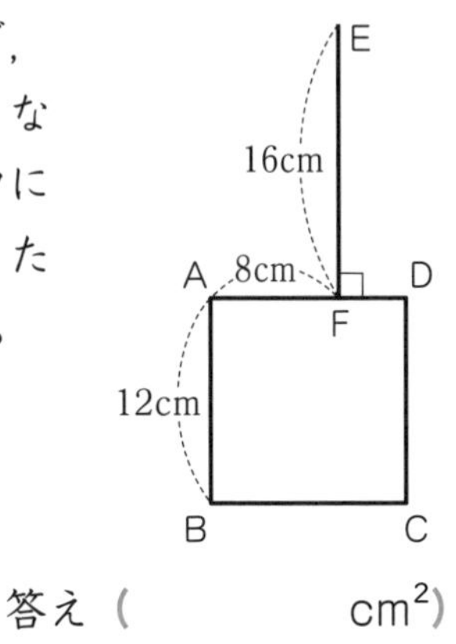

答え（　　　　cm^2）

3 一辺3cmの正方形BCDEの上に正三角形ABEをおく。頂点Cに9cmの糸をつなぎ，糸の先たんを点Fとする。この糸をゆるまないように引っ張りながら時計回りに図形にまきつける。糸は図形の中には入らないものとして，次の問いに答えなさい。ただし，初めの糸の位置は図の通りとし，円周率は3.14とする。

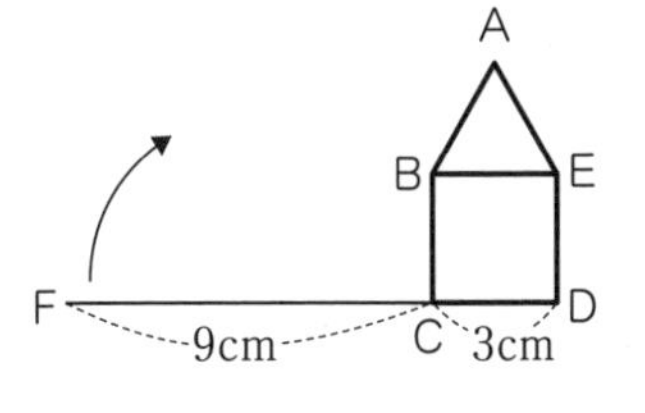

UP!! (1) 点Fが動いた長さを求めなさい。
□

答え（　　　　cm）

UP!! (2) 糸FCが通過する面積を求めなさい。
□

答え（　　　　cm^2）

18~21 まとめ問題

52 ~ 59ページ
解答は別冊25ページ

月　日

1 次の問いに答えなさい。ただし，円周率は3.14とする。

□(1) 直角三角形ABCを右の図のように直角三角形DEFと重なるように移動させたとき，ぬりつぶした部分の面積を求めなさい。

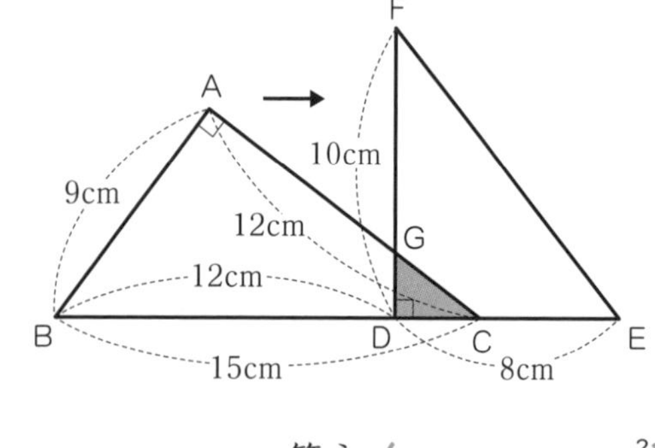

答え（　　　cm²）

□(2) 正方形ABCDは毎秒1cmの速さで，右方向に動く。動き始めて，8秒後の正方形ABCDと台形EFGHの重なった部分の面積を求めなさい。

（西武学園文理中・改）

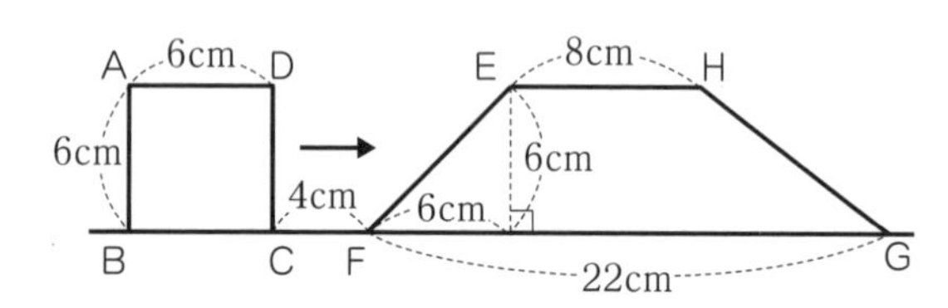

答え（　　　cm²）

□(3) 2つの直角二等辺三角形アとイがある。アを動かさず，イを左方向に毎秒1cmの速さで動かすとき，動き始めて5秒後に2つの三角形が重なった部分の面積を求めなさい。

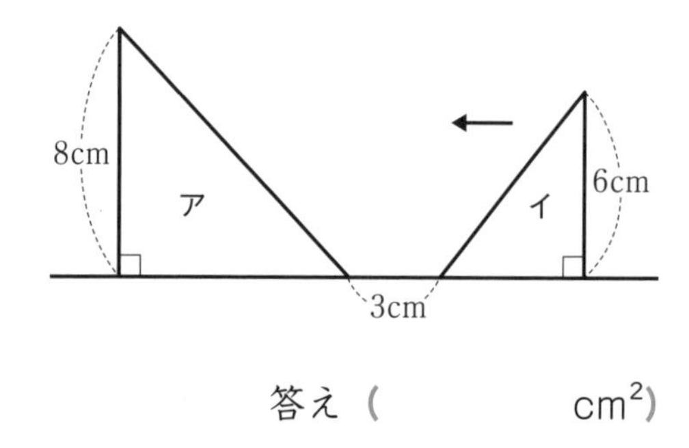

答え（　　　cm²）

□(4) 長方形ABCDの周りを円Pが1周したとき，円Pの中心が動いた長さを求めなさい。

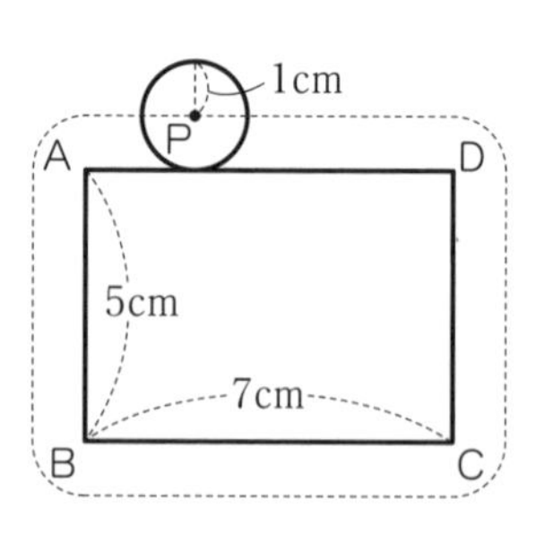

答え（　　　cm）

2 次の問いに答えなさい。ただし，円周率は3.14とする。

□(1)　点Pは毎秒1cmの速さで，長方形ABCDの辺上を，AからDまで進み，点Qは毎秒3cmの速さで点Pと同時にAを出発してBを通りCまで進む。点PがAを出発してから8秒後の図形ABQPの面積を求めなさい。

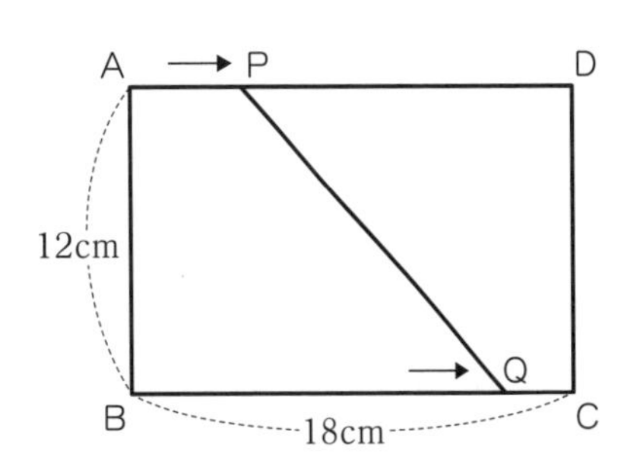

答え（　　　　cm²）

□(2)　点Pは毎秒2cmの速さで，長方形ABCDの辺上を，Aを出発してBを通りCまで進む。三角形APDの面積が42cm²になるのは，出発してから何秒後か求めなさい。

（大手前丸亀中・改）

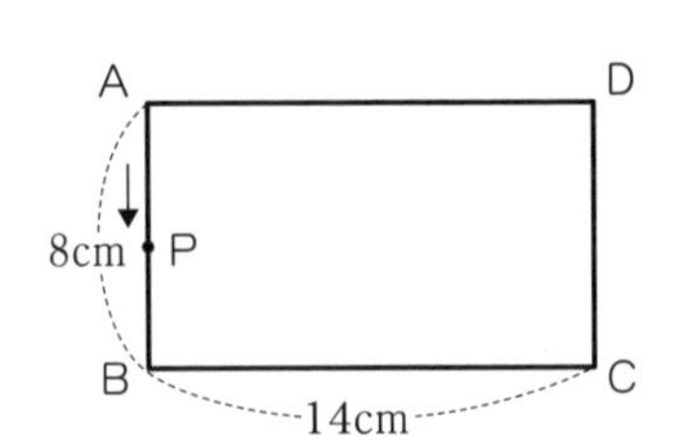

答え（　　　　秒後）

□(3)　右の図のように，点Pに長さ20mのひもで犬がつながれているとき，この犬が動ける範囲（はんい）の面積を求めなさい。

（茨城中・改）

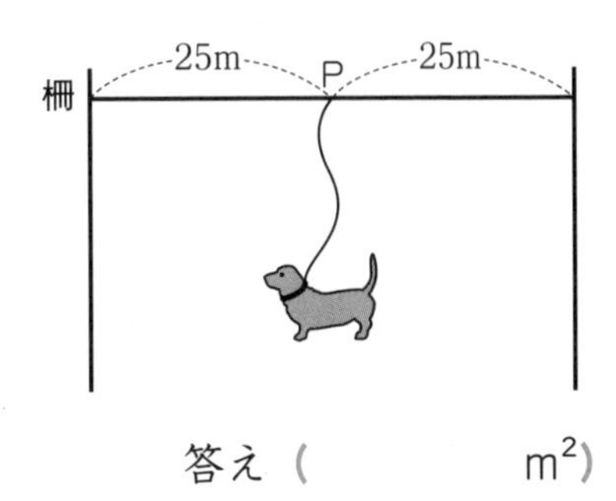

答え（　　　　m²）

□(4)　一辺（いっぺん）の長さが10cmの正方形の1つの頂点（ちょうてん）に12cmのひもをつけたとき，正方形の外側（そとがわ）で先たんPが届（とど）く範囲の面積を求めなさい。

（帝塚山中・改）

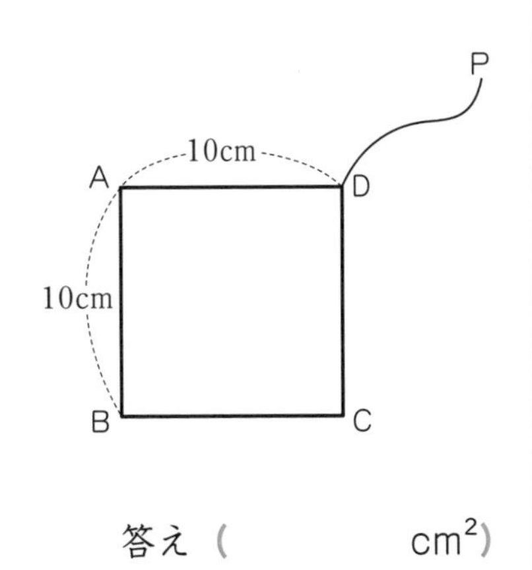

答え（　　　　cm²）

22 立方体・直方体の表面積

月　日

例題 次の立体図形の表面積を求めなさい。

(1) 一辺8cmの立方体

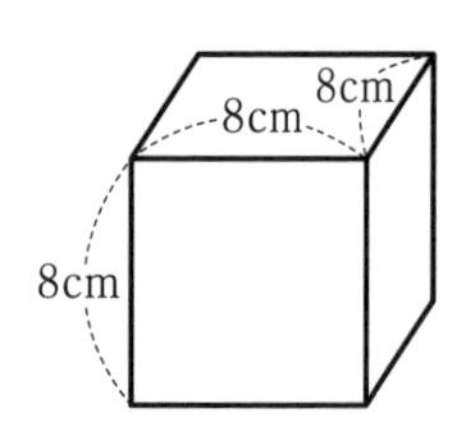

(2) 縦4cm，横8cm，高さ5cmの直方体

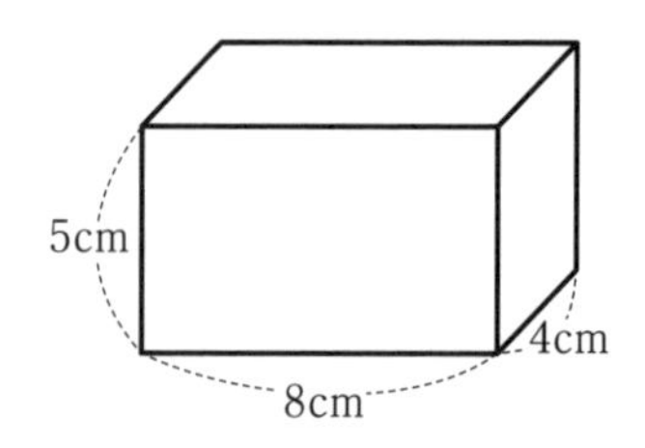

解説 解く手順を確認しましょう。（　）にはあてはまる数を，〔　〕には式を書きましょう。

(1) **ステップ1** 1つの面の面積を求めましょう。

(式)〔①　　　　〕(cm^2)

ステップ2 立方体の表面積を求めましょう。

(式)〔②　　　　〕(cm^2)

答え（③　　　cm^2）

(2) **ステップ1** 縦×横の面2つの面積を求めましょう。

(式)〔④　　　　〕(cm^2)

ステップ2 横×高さの面2つの面積を求めましょう。

(式)〔⑤　　　　〕(cm^2)

ステップ3 高さ×縦の面2つの面積を求めましょう。

(式)〔⑥　　　　〕(cm^2)

ステップ4 すべての面積をたしあわせましょう。

(式)〔⑦　　　　〕(cm^2)

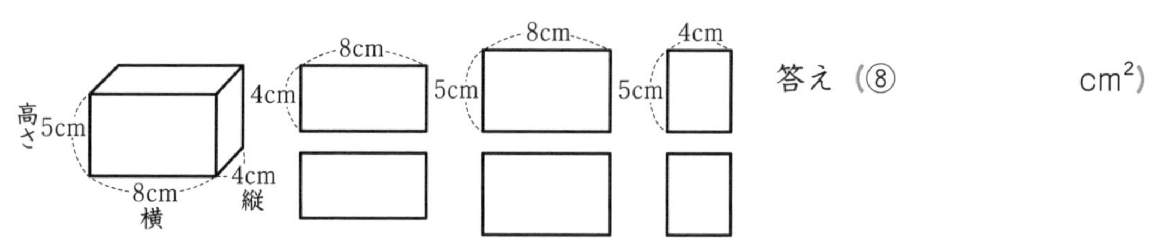

答え（⑧　　　cm^2）

覚えておこう！

- 立方体の表面積＝一辺×一辺×6
- 直方体の表面積＝縦×横×2＋横×高さ×2＋高さ×縦×2

答え　① 8×8＝64　② 64×6＝384　③ 384cm^2　④ 4×8×2＝64　⑤ 8×5×2＝80　⑥ 5×4×2＝40　⑦ 64＋80＋40＝184　⑧ 184cm^2

練習問題

 次の立方体や直方体の表面積を求めなさい。

□(1)

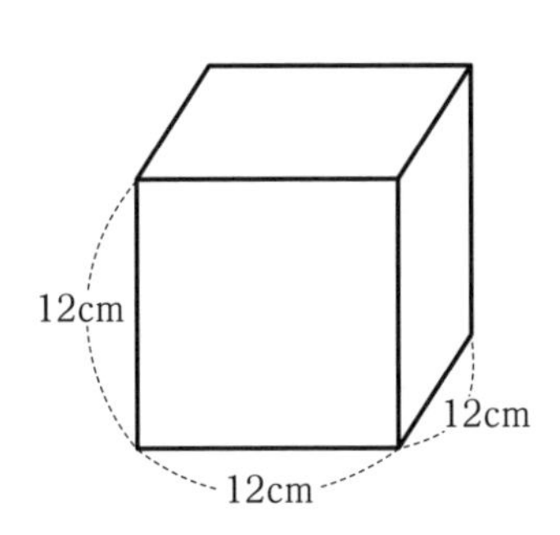

答え（　　　　　cm²）

□(2)

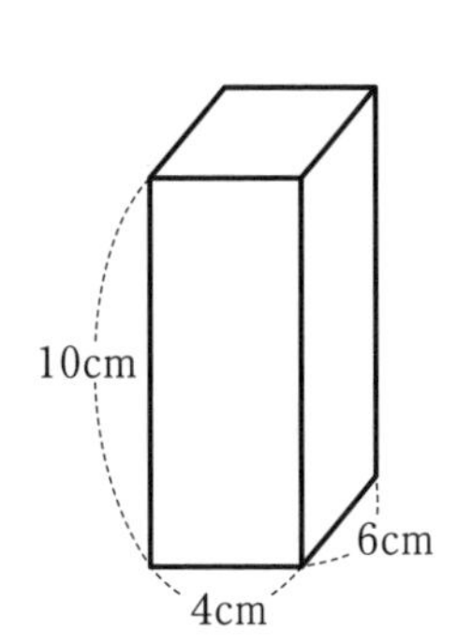

答え（　　　　　cm²）

□(3)

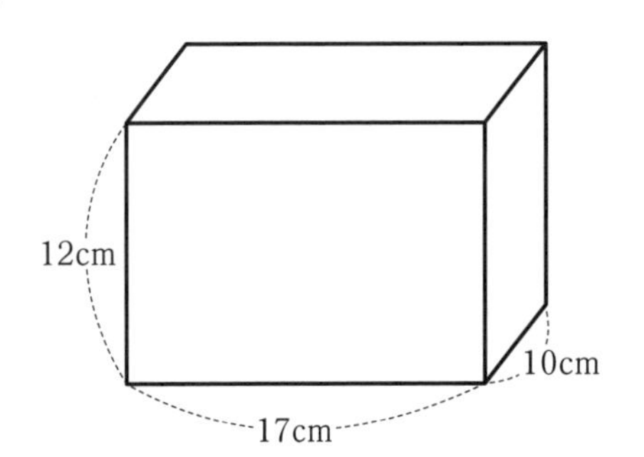

答え（　　　　　cm²）

□(4)

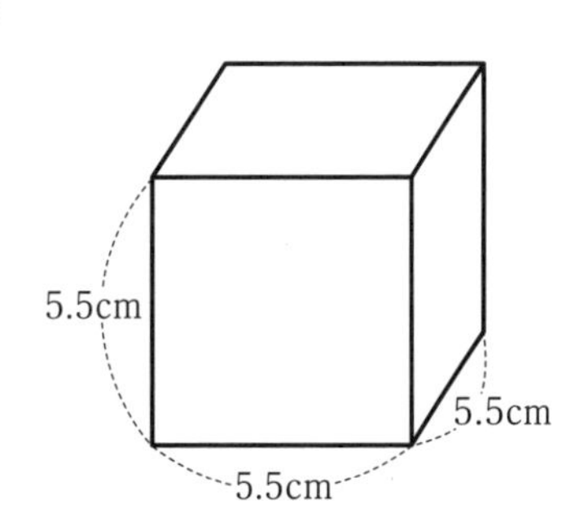

答え（　　　　　cm²）

解答は別冊27ページ

23 立方体・直方体の体積

例題 次の立体図形の体積を求めなさい。

(1) 一辺6cmの立方体

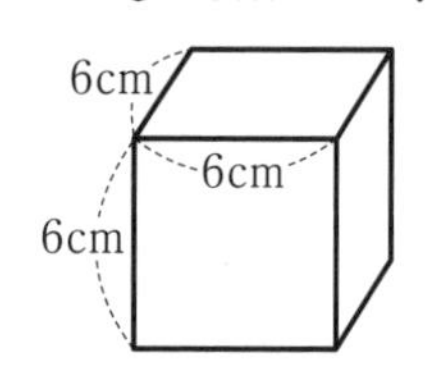

(2) 縦6cm，横7cm，高さ4cmの直方体

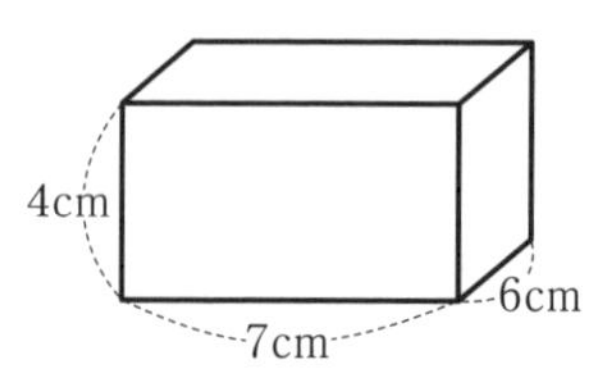

(3) 一辺4mの立方体

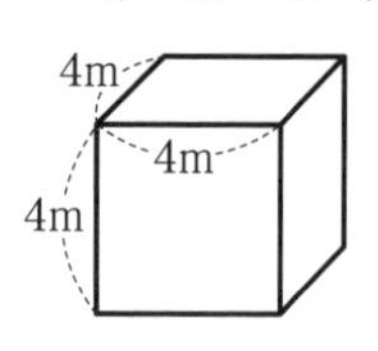

(4) 縦7m，横10m，高さ3mの直方体

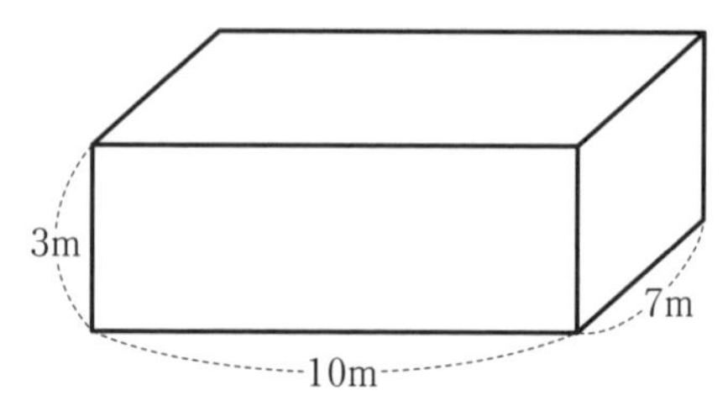

解説 解く手順を確認しましょう。(　　)にはあてはまる数を，〔　　〕には式を書きましょう。

(1) ステップ❶ 体積を求めましょう。

(式)〔①　　　　〕(cm^3)

答え (②　　　　cm^3)

(2) ステップ❶ 体積を求めましょう。

(式)〔③　　　　〕(cm^3)

答え (④　　　　cm^3)

(3) ステップ❶ 体積を求めましょう。

(式)〔⑤　　　　〕(m^3)

答え (⑥　　　　m^3)

(4) ステップ❶ 体積を求めましょう。

(式)〔⑦　　　　〕(m^3)

答え (⑧　　　　m^3)

覚えておこう！

- 立方体の体積の求め方

  (一辺)×(一辺)×(一辺)

- 直方体の体積の求め方

  (縦)×(横)×(高さ)

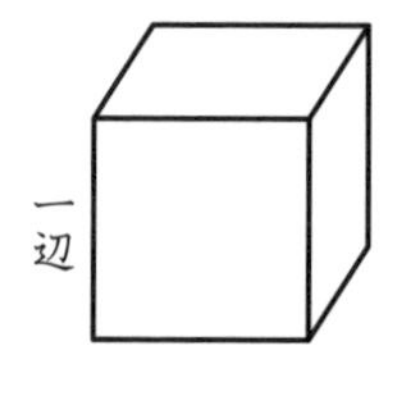

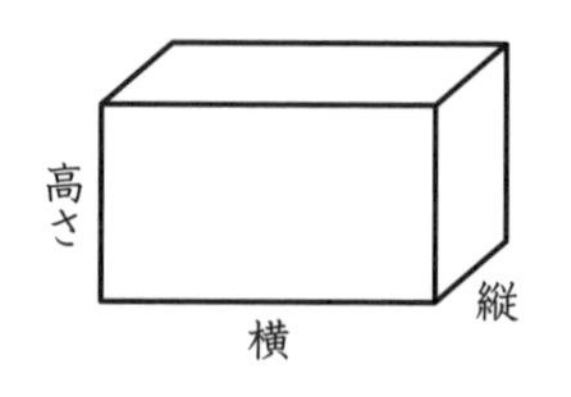

答え ① 6×6×6＝216　② 216cm^3　③ 6×7×4＝168　④ 168cm^3　⑤ 4×4×4＝64　⑥ 64m^3　⑦ 7×10×3＝210　⑧ 210m^3

練習問題

1 次の立方体や直方体の体積を求めなさい。

□(1)

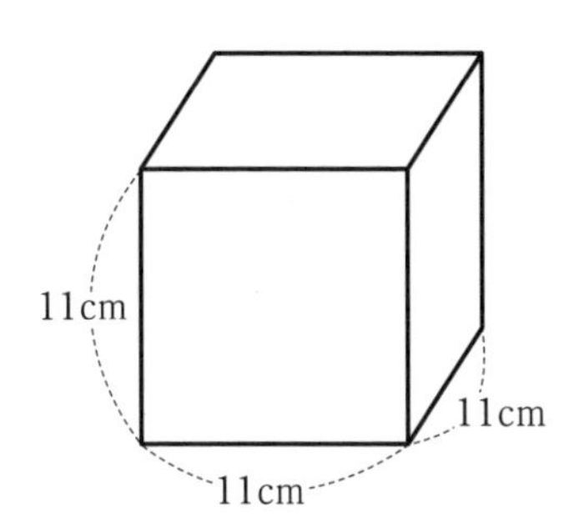

答え（　　　　　cm^3）

□(2)

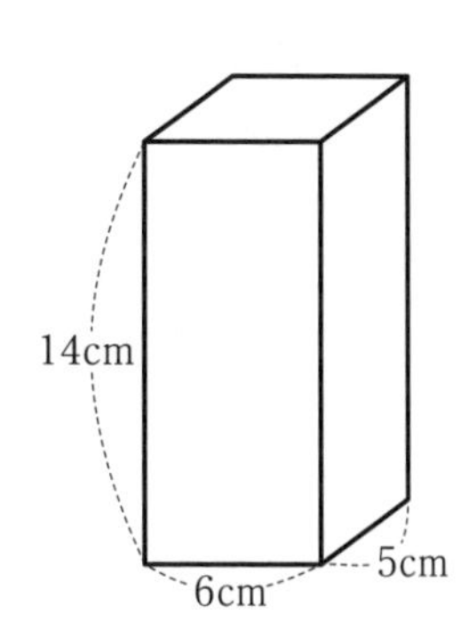

答え（　　　　　cm^3）

□(3)

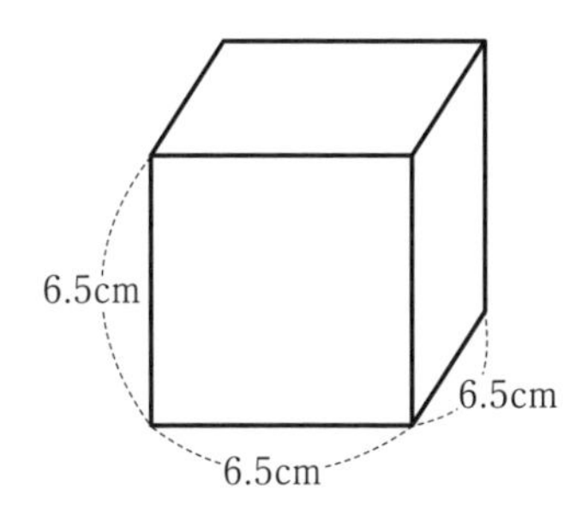

答え（　　　　　cm^3）

□(4)

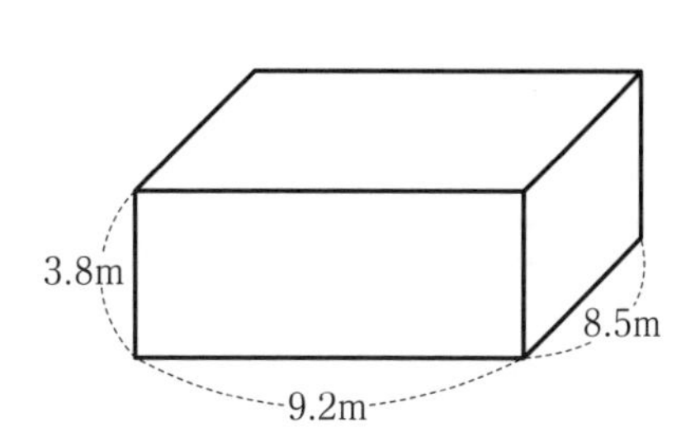

答え（　　　　　m^3）

24 角柱の表面積

月　日

例題

次の図の三角柱の表面積を求めなさい。

(1)

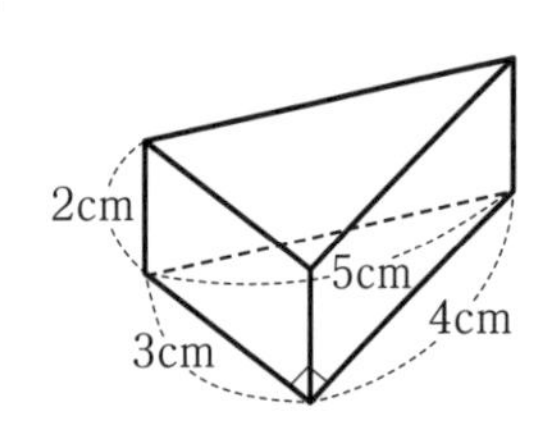

(2) 底面の三角形の高さは2cm

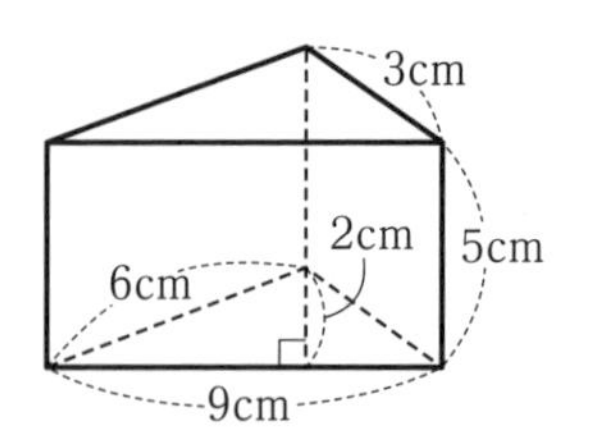

解説　解く手順を確認しましょう。(　　)にはあてはまることばや数を，〔　　〕には式を書きましょう。

(1) **ステップ❶** 底面の三角形の面積（底面積）を求めましょう。

(式)〔①　　　　　　　　〕(cm^2)

〔A〕**ステップ❷** 側面積を求めましょう。

それぞれの側面は，縦の長さが三角柱の(②　　　　)，横の長さが底面の三角形の3辺の長さになっている(③　　　　)である。

よって，側面全体は，縦の長さが三角柱の(②)，横の長さが底面の三角形の3辺の長さの合計になっている(③)と考えられる。したがって，側面積を求めると，

(式)〔④　　　　　　　　〕(cm^2)

〔B〕**ステップ❸** 三角柱の表面積を求めましょう。

三角柱の表面積は，ステップ❶で求めた底面の三角形の面積2つ分と，ステップ❷で求めた側面積からなる。

(式)〔⑤　　　　　　　　〕(cm^2)

答え (⑥　　　　cm^2)

(2) **ステップ❶** 底面の三角形の面積（底面積）を求めましょう。

(式)〔⑦　　　　　　　　〕(cm^2)

〔A〕**ステップ❷** (1)と同じように，側面全体の面積を求めましょう。

(式)〔⑧　　　　　　　　〕(cm^2)

〔B〕**ステップ❸** 底面の三角形が2つあることに注意して，三角柱の表面積を求めましょう。

(式)〔⑨　　　　　　　　〕(cm^2)

答え (⑩　　　　cm^2)

覚えておこう！

〔A〕角柱の側面積＝底面の周りの長さ×角柱の高さ

〔B〕角柱の表面積＝底面積×２＋側面積

答え　① 3×4÷2＝6　② 高さ　③ 長方形　④ 2×(3＋4＋5)＝24　⑤ 6×2＋24＝36　⑥ 36cm^2　⑦ 9×2÷2＝9　⑧ 5×(6＋3＋9)＝90　⑨ 9×2＋90＝108　⑩ 108cm^2

練習問題

1 次の角柱の表面積を求めなさい。

□(1) （三重中・改）

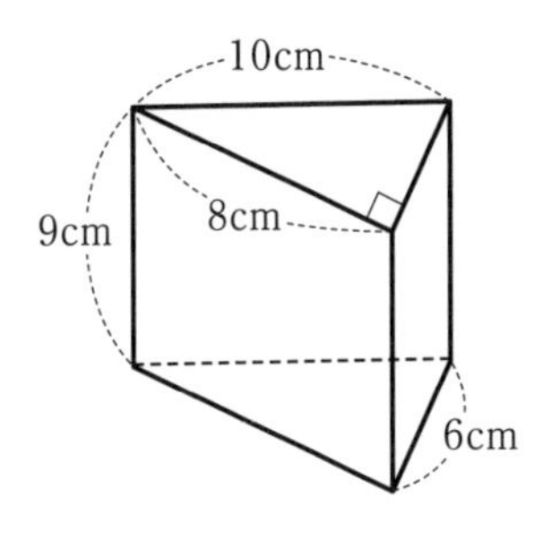

答え（　　　　　cm²）

□(2) 底面は三角形 （筑紫女学園中・改）

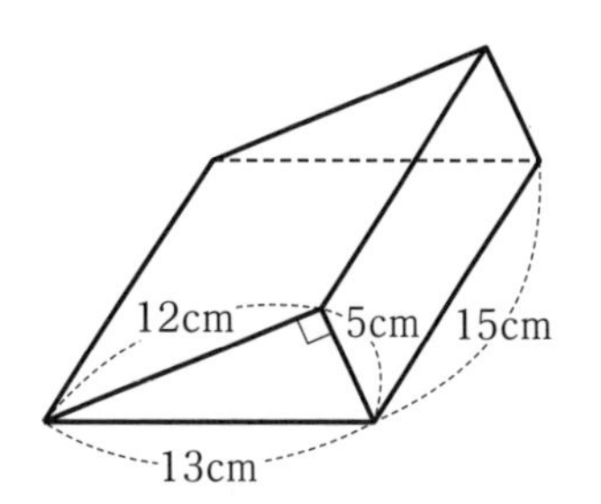

答え（　　　　　cm²）

□(3) 底面は平行四辺形

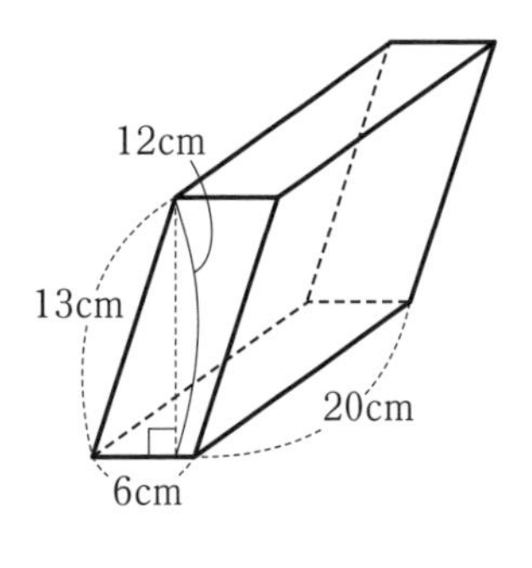

答え（　　　　　cm²）

□(4) 直方体を図のように切ったときにできた左側の台形を底面とする四角柱

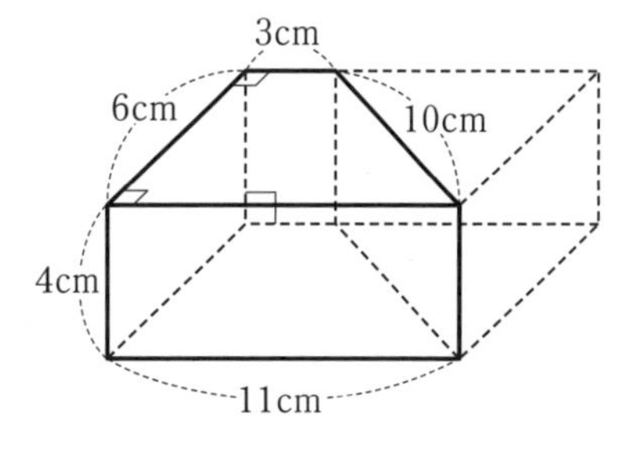

答え（　　　　　cm²）

25 円柱の表面積

例題

右の円柱の表面積を求めなさい。ただし，円周率は3.14とする。

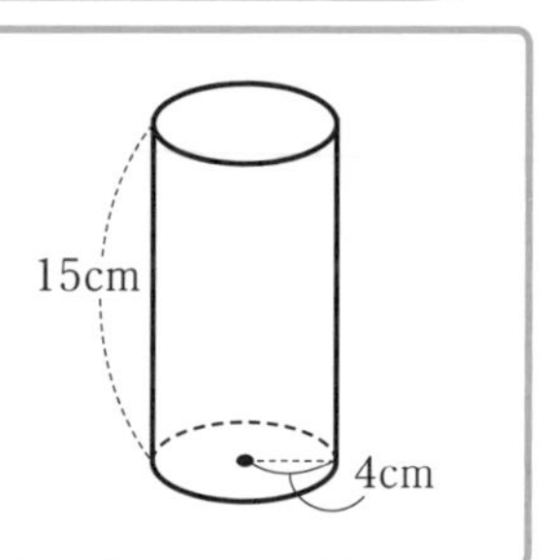

解説

解く手順を確認しましょう。（　　）にはあてはまることばや数を，〔　　〕には式を書きましょう。

ステップ① 底面の円の面積（底面積）を求めましょう。

（式）〔①　　　　　　　　　　　〕(cm^2)

〔A〕ステップ② 側面積を求めましょう。

円柱の展開図は図のようになる。側面は，縦の長さが（②　　　　　），横の長さが底面の円の（③　　　　　）である（④　　　　　）になっている。

底面の円の（③）を求めると，

（式）〔⑤　　　　　　　　　　　〕(cm)

よって，側面積は，

（式）〔⑥　　　　　　　　　　　〕(cm^2)

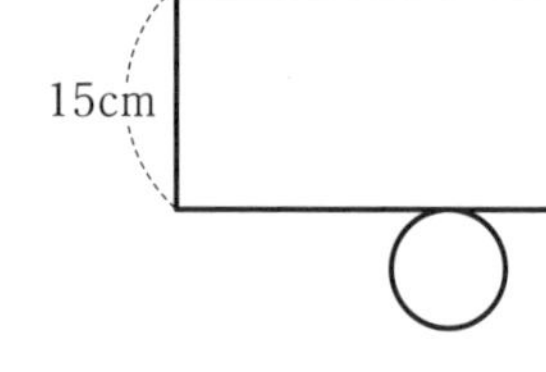

〔B〕ステップ③ 円柱の表面積を求めましょう。

円柱の表面積は，ステップ①で求めた底面の円の面積２つ分と，ステップ②で求めた側面積からなる。

（式）〔⑦　　　　　　　　　　　〕(cm^2)

答え（⑧　　　　　cm^2）

覚えておこう！

〔A〕円柱の側面積＝底面の円周の長さ×円柱の高さ

〔B〕円柱の表面積＝底面積×２＋側面積

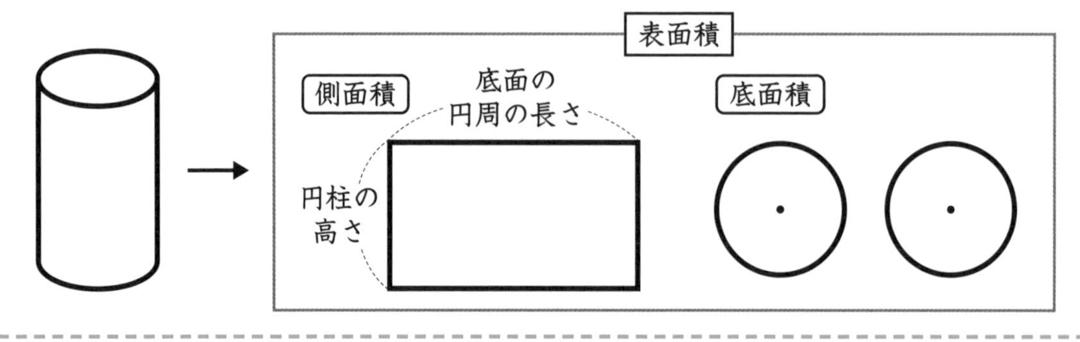

答え　① 4×4×3.14＝50.24　② 円柱の高さ　③ 周りの長さ　④ 長方形　⑤ 4×2×3.14＝25.12　⑥ 15×25.12＝376.8　⑦ 50.24×2＋376.8＝477.28　⑧ 477.28cm^2

練習問題

1 (1)(2)については立体図形の表面積を求めなさい。(3)(4)については問いに答えなさい。ただし，円周率は3.14とする。

□(1) 底面が半径(はんけい)3cmの円で高さが5cmの円柱

答え（　　　　　cm²）

□(2) 底面が半径2cmの円で高さが8cmの円柱を直径で半分に切ったときの立体

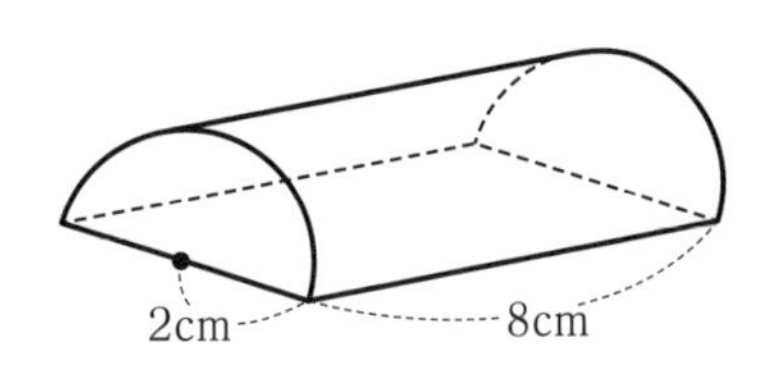

答え（　　　　　cm²）

□(3) 底面の半径が6cm，高さが10cmの円柱の表面積と，底面の半径が4cmの円柱の表面積が等しいとき，底面の半径が4cmの円柱の高さを求めなさい。

（星野学園中）

答え（　　　　　cm）

UP!! □(4) 底面の半径が2cm，高さが10cmの円柱を切り口が平らになるように切った立体で，切り口の面積が14.04cm²のとき，この立体の表面積を求めなさい。

（獨協埼玉中・改）

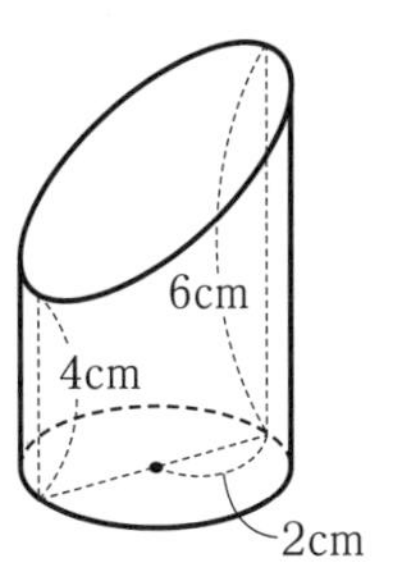

答え（　　　　　cm²）

解答は別冊28ページ

26 角柱・円柱の体積

月　日

例題

次の立体図形の体積を求めなさい。ただし，円周率は3.14とする。

(1) 三角柱

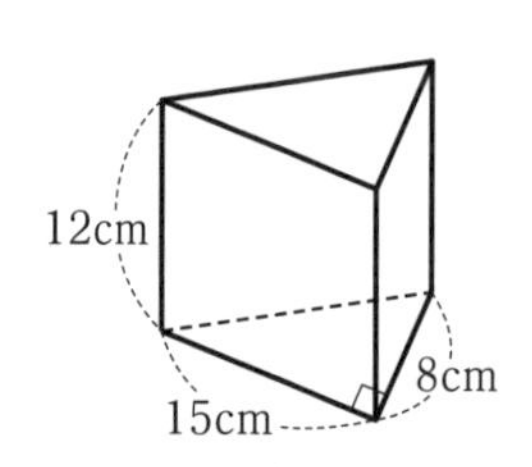

(2) 円柱

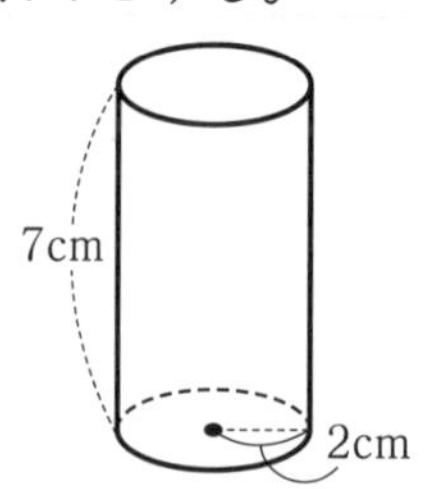

解説

解く手順を確認しましょう。（　　）にはあてはまることばや数を，〔　　〕には式を書きましょう。

(1) **ステップ①** 底面の三角形の面積（底面積）を求めましょう。

（式）〔①　　　　　　　　〕(cm^2)

ステップ② 三角柱の体積を求めましょう。

柱体の体積は，（②　　　　）×（③　　　　）で求められる。

（式）〔④　　　　　　　　〕(cm^3)

答え（⑤　　　　cm^3）

(2) **ステップ①** 底面の円の面積（底面積）を求めましょう。

（式）〔⑥　　　　　　　　〕(cm^2)

ステップ② 円柱の体積を求めましょう。

円柱についても(1)の三角柱と同様に，体積は（②）×（③）で求められる。

（式）〔⑦　　　　　　　　〕(cm^3)

答え（⑧　　　　cm^3）

覚えておこう！

・柱体の体積は，底面積×高さ　で求められる。

四角柱

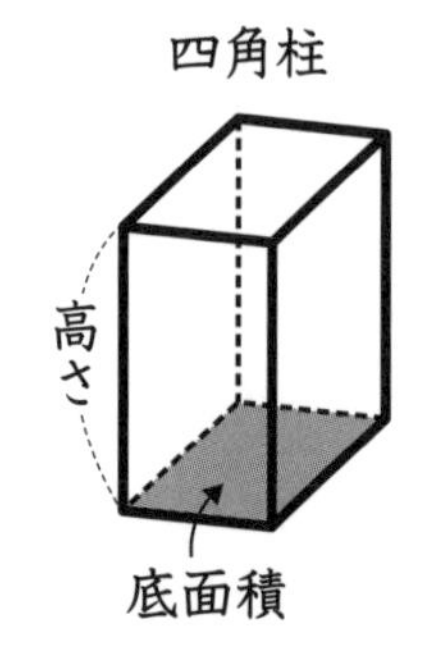

三角柱

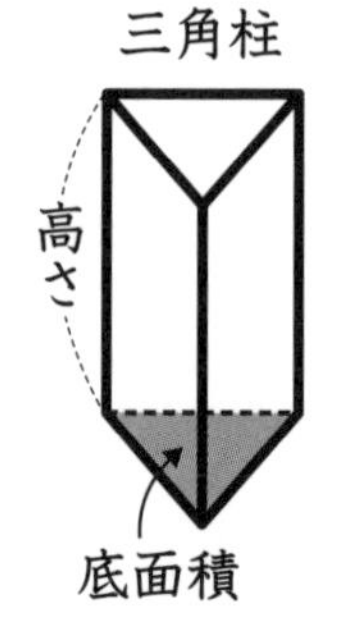

円柱

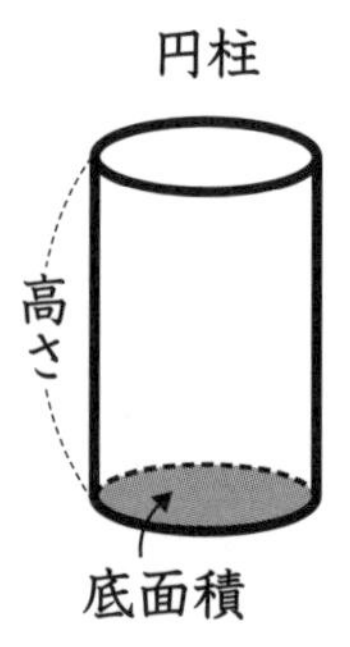

答え　① $8\times15\div2=60$　② 底面積　③ 高さ　④ $60\times12=720$　⑤ $720cm^3$　⑥ $2\times2\times3.14=12.56$　⑦ $12.56\times7=87.92$　⑧ $87.92cm^3$

練習問題

1 次の立体図形の体積を求めなさい。ただし，円周率は3.14とする。

□(1) 底面が直角二等辺三角形の三角柱

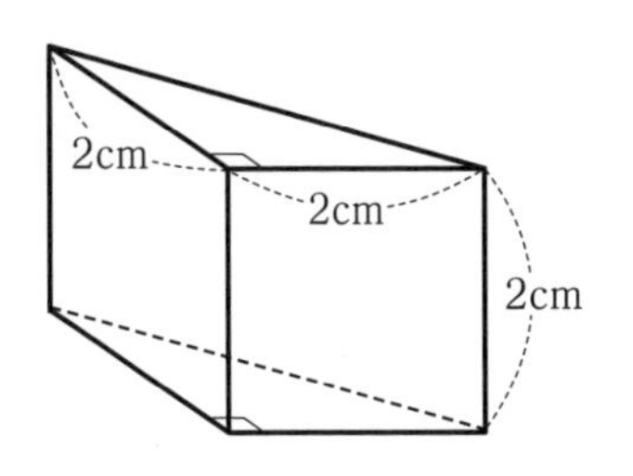

答え（　　　　cm³）

□(2) 円柱

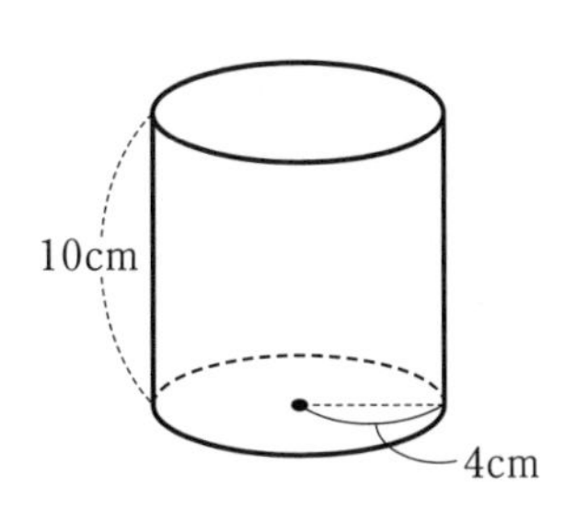

答え（　　　　cm³）

□(3) 四角柱 （和歌山信愛中）

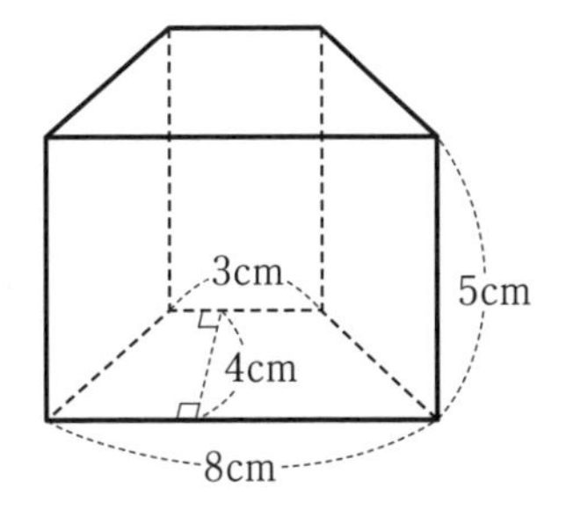

答え（　　　　cm³）

□(4) 図の展開図を組み立ててできる三角柱の体積 （國學院大學久我山中）

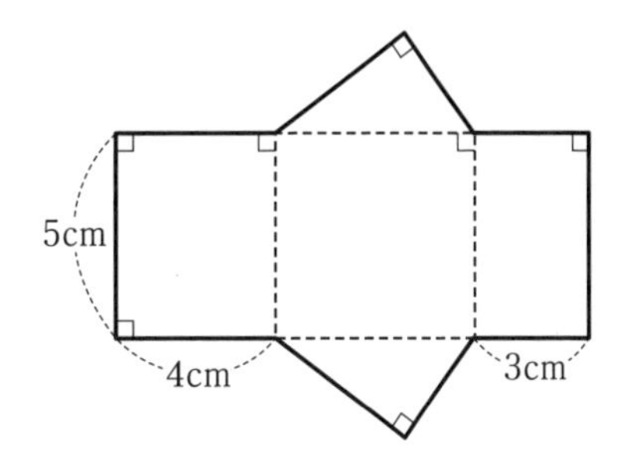

答え（　　　　cm³）

27 角すいの表面積・体積

月　日

例題 次の問いに答えなさい。

(1) 底面(ていめん)が一辺(いっぺん)3cmの正方形で，側面(そくめん)の三角形はすべて合同で，その高さは4cmである四角すいの表面積(ひょうめんせき)を求(もと)めなさい。

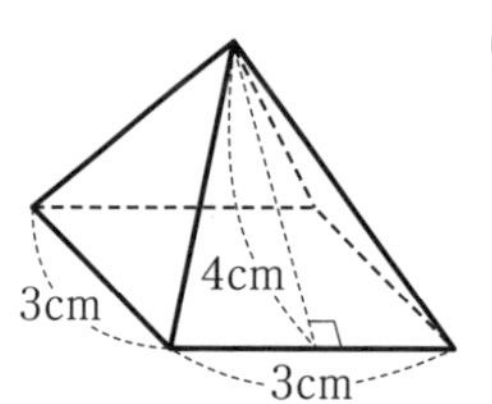

(2) 次の角すいの体積を求めなさい。

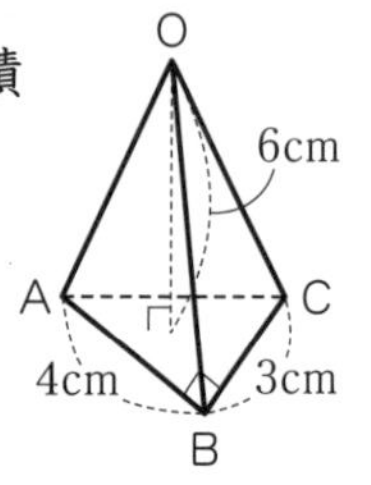

解説 解(と)く手順(てじゅん)を確認(かくにん)しましょう。(　　)にはあてはまる数を，〔　　〕には式を書きましょう。

(1)　**ステップ1** 底面積を求めましょう。

(式)〔①　　　　　　　〕(cm^2)

ステップ2 側面積の合計を求めましょう。

(式)〔②　　　　　　　〕(cm^2)

〔A〕 **ステップ3** 四角すいの全体の表面積を求めましょう。

(式)〔③　　　　　　　〕(cm^2)

答え (④　　　　cm^2)

(2)　**ステップ1** 底面積を求めましょう。

(式)〔⑤　　　　　　　〕(cm^2)

〔B〕 **ステップ2** 高さをかけて，3でわりましょう。

(式)〔⑥　　　　　　　〕(cm^3)

答え (⑦　　　　cm^3)

覚えておこう！

〔A〕 角すいの表面積は，側面積と底面積をたした値(あたい)である。
└あが底面積，いとうとえが側面積

あ＋い＋う＋え＝表面積

〔B〕 角すいの体積は，底面積にその高さをかけて，3でわった値である。
└あが底面積

あ×高さ÷3＝体積

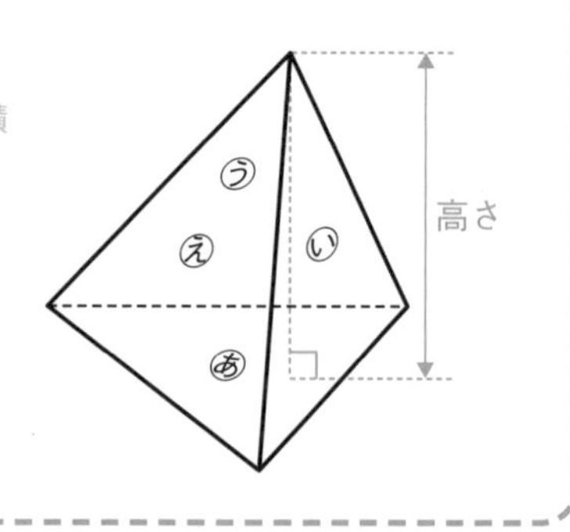

答え　① 3×3＝9　② 3×4÷2×4＝24　③ 9＋24＝33　④ 33cm^2　⑤ 4×3÷2＝6　⑥ 6×6÷3＝12　⑦ 12cm^3

練習問題

1 次の値を求めなさい。

□(1) 正方形ABCDは1辺が10cmで，側面の三角形はすべて合同でその高さは8cmである四角すいの表面積

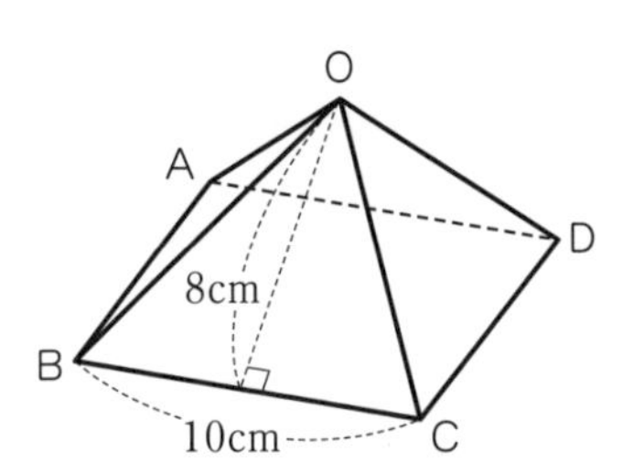

答え（　　　　cm²）

□(2) 底面が長方形の四角すいの体積

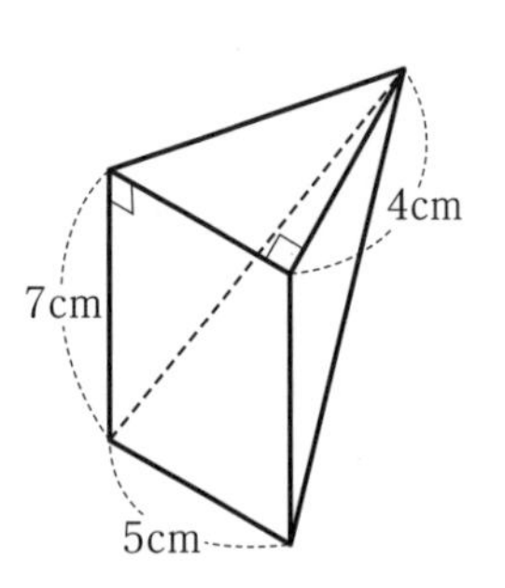

答え（　　　　cm³）

UP!! (3) 一辺が6cmの立方体の中の三角すいBEFGの体積　（須磨学園中・改）

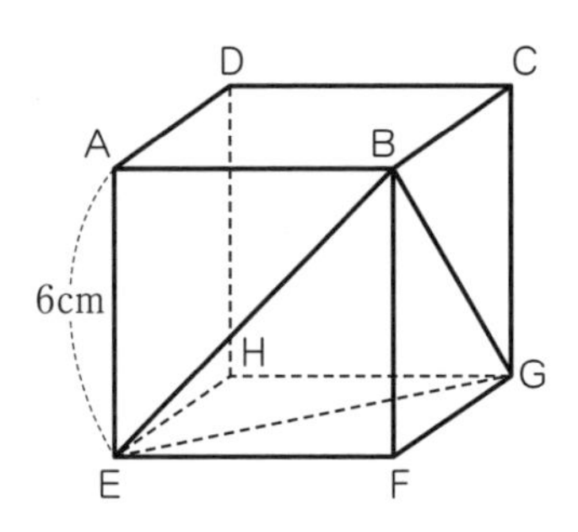

答え（　　　　cm³）

UP!! (4) 四角すいの体積が27cm³のときの高さxの長さ

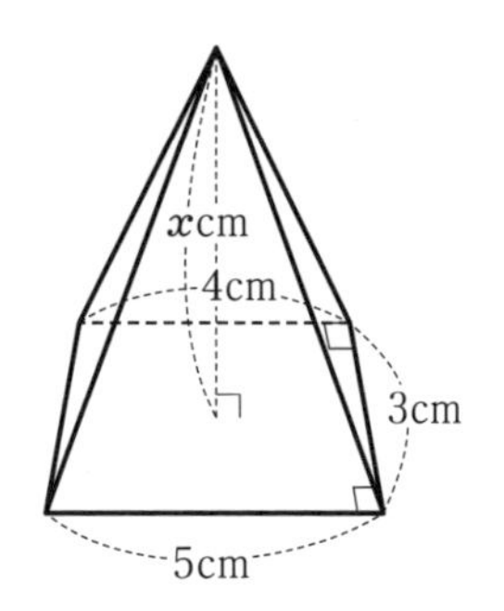

答え（　　　　cm）

28 円すいの表面積・体積

月　日

例題

次の図の円すいで，底面の半径を6cm，
高さを8cm，母線の長さを10cmとしたとき，
次の値を求めなさい。ただし，円周率は3.14とする。

(1)　表面積　　　　(2)　体積

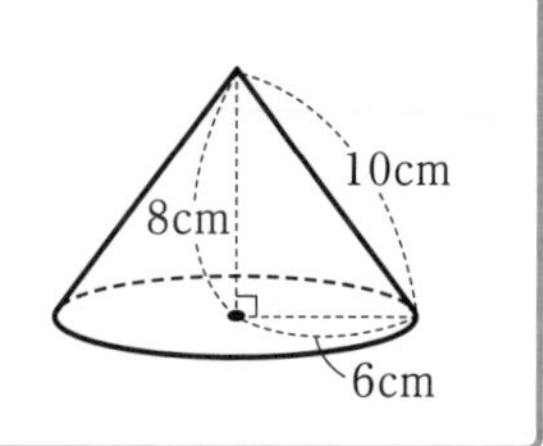

解説

解く手順を確認しましょう。（　　）にはあてはまる数を，〔　　〕には式を書きましょう。

(1)　**ステップ❶** 底面積を求めましょう。

（式）〔①　　　　〕(cm^2)

〔A〕**ステップ❷** 円すいの側面積の公式を用いて，側面積を求めましょう。

（式）〔②　　　　〕(cm^2)

ステップ❸ 円すいの表面積を求めましょう。

（式）〔③　　　　〕(cm^2)

答え（④　　　　cm^2）

(2)　**ステップ❶** 底面積を求めましょう。

（式）〔⑤　　　　〕(cm^2)

〔B〕**ステップ❷** 高さをかけて，3でわりましょう。

（式）〔⑥　　　　〕(cm^3)

答え（⑦　　　　cm^3）

覚えておこう！

〔A〕円すいの側面積＝母線の長さ×母線の長さ×3.14×$\frac{中心角}{360°}$

$\frac{中心角}{360°}=\frac{底面の半径の長さ}{母線の長さ}$　（あが底面の半径，うが母線）

う×う×円周率×$\frac{あ}{う}$＝側面積

〔B〕円すいの体積は，底面積にその高さをかけて，3でわった値である。
（いが高さ）

底面積×い÷3＝体積

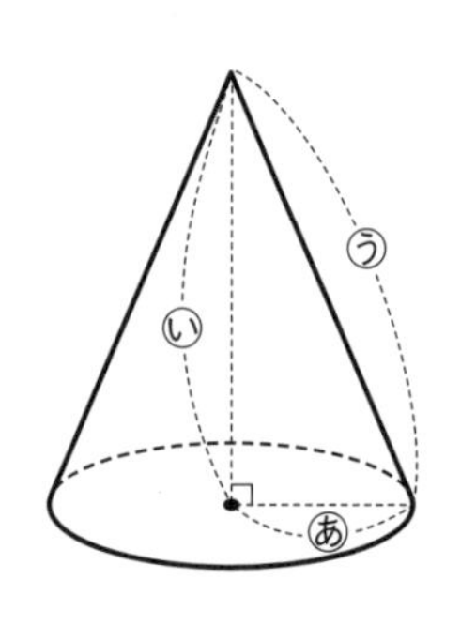

答え　① 6×6×3.14＝113.04　② 10×10×3.14×$\frac{6}{10}$＝188.4　③ 113.04＋188.4＝301.44　④ 301.44cm^2　⑤ 6×6×3.14＝113.04　⑥ 113.04×8÷3＝301.44　⑦ 301.44cm^3

練習問題

1 次の値(あたい)を求めなさい。ただし，円周率は3.14とする。

□(1) 表面積 （神戸国際中）

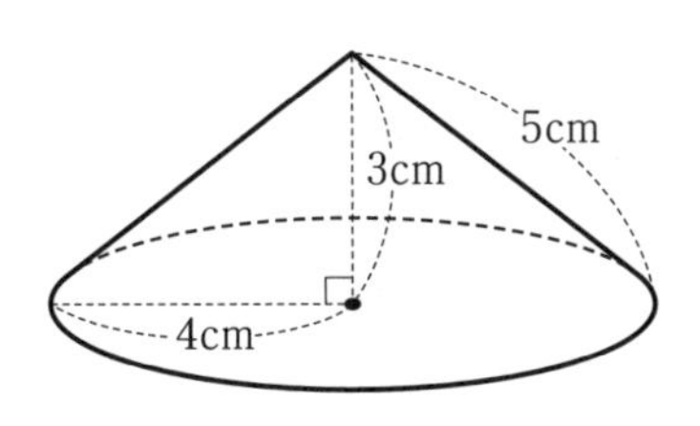

答え（ cm^2）

□(2) 体積

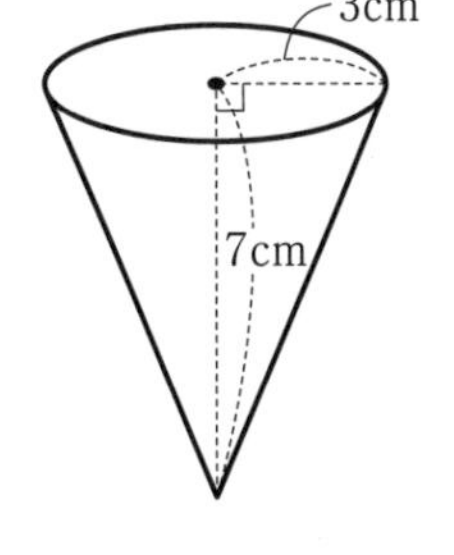

答え（ cm^3）

□(3) 2つの円すいをつなげた立体の体積が37.68cm^3のときのxの長さ

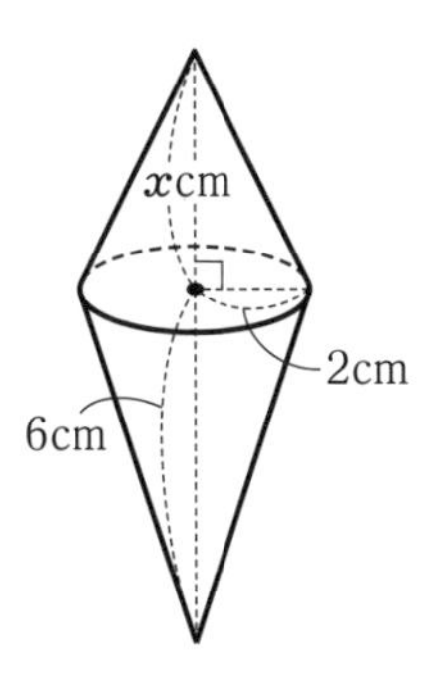

答え（ cm）

□(4) 組み立てた円すいの母線xの長さと表面積

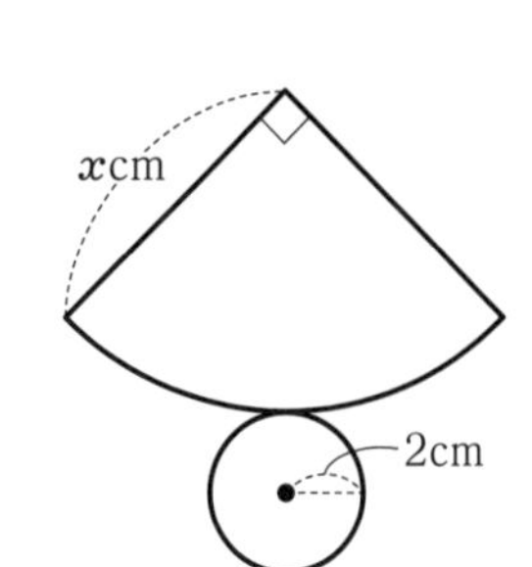

答え（x＝ cm， cm^2）

□(5) 組み立てた円すいの表面積

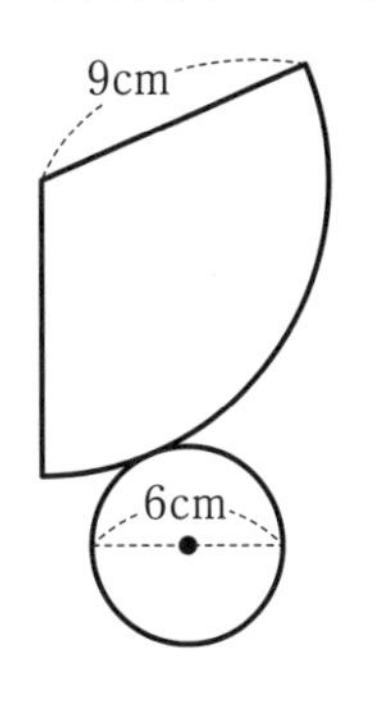

答え（ cm^2）

UP!! □(6) 円すいの体積が75.36cm^3のときの，底面の半径xの長さ

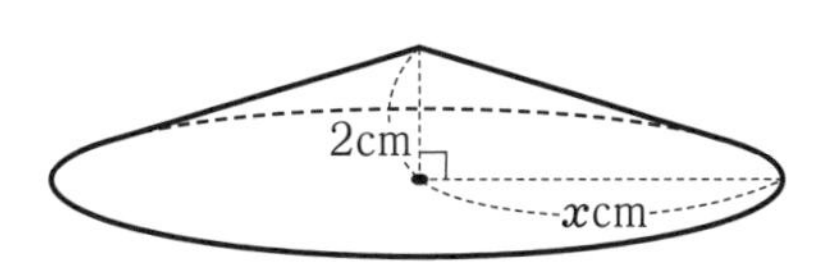

答え（ cm）

29 組み合わせたりへこんだりしている立体の表面積・体積

例題

右の図のような立体があるとき，次の問いに答えなさい。

（天理中・改）

(1)　この立体の表面積を求めなさい。

(2)　この立体の体積を求めなさい。

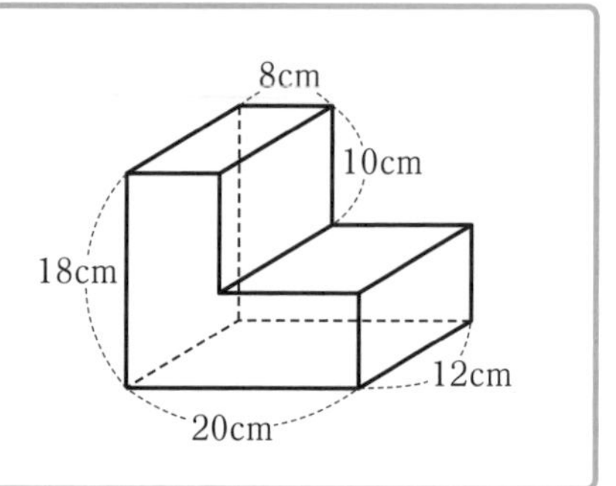

解説　解く手順を確認しましょう。（　　）にはあてはまる数を，〔　　〕には式を書きましょう。

(1)　**ステップ①** 展開図をかきましょう。

展開図は右の図のようになる。

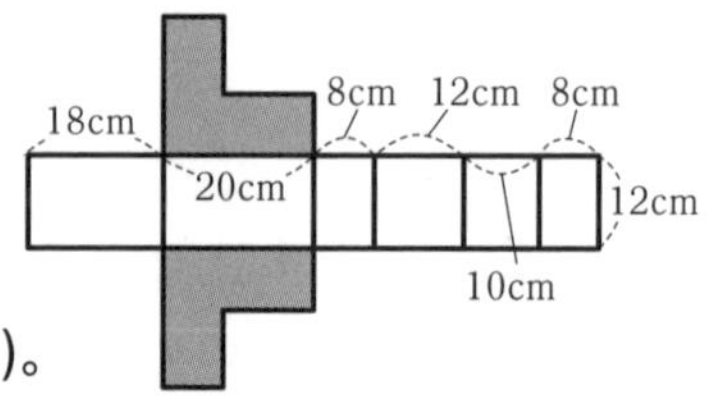

ステップ② 底面積を求めましょう（手前の面を底面とする）。

（式）〔①　　　　　　　　　　〕(cm^2)

ステップ③ 側面積を求めましょう。

側面の長方形の縦を12cmとすると，横の長さは

（式）〔②　　　　　　　　　　〕(cm)

よって側面積は，

（式）〔③　　　　　　　　　　〕(cm^2)

ステップ④ 表面積を求めましょう。

（式）〔④　　　　　　　　　　〕(cm^2)

答え（⑤　　　　　cm^2）

(2) **ステップ①** 立体の体積を求めましょう。（手前の面を底面とする）。

へこんだ立体の体積も，高さが一定のときは（底面積）×（高さ）で求められる。

(1)の **ステップ②** で求めた底面積と高さ（⑥　　　　cm）を用いて

（式）〔⑦　　　　　　　　　　〕(cm^3)

答え（⑧　　　　　cm^3）

覚えておこう！

- 高さが一定である立体の体積は

底面積×高さ＝体積

右の図のような複雑な立体でも，底面積と高さがわかれば，体積を求めることができる。

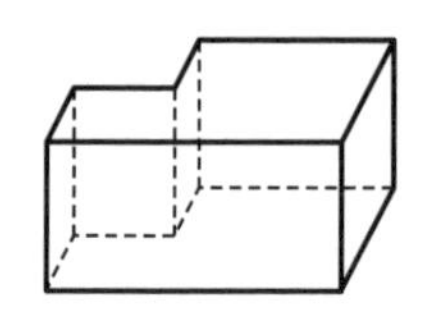

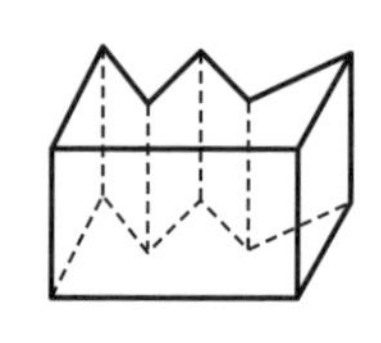

答え　① 18×8＋8×12＝240　② 8＋10＋12＋8＋20＋18＝76　③ 12×76＝912　④ 240×2＋912＝1392　⑤ 1392cm^2　⑥ 12cm　⑦ 240×12＝2880　⑧ 2880cm^3

例題

一辺(いっぺん)4cmの立方体から，２つの直方体をくりぬいた立体の体積を求めなさい。

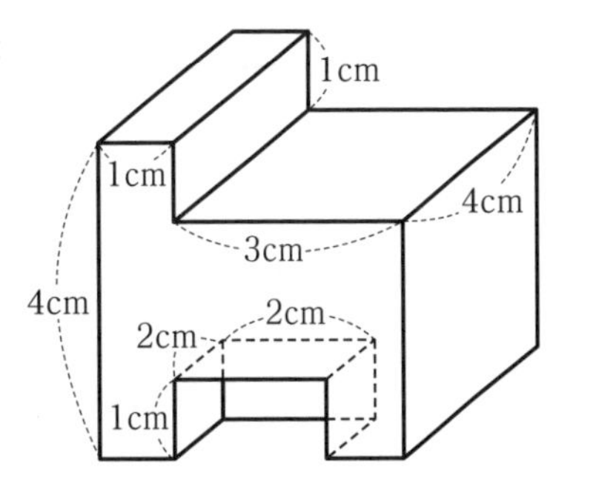

解説　解く手順を確認しましょう。（　　）にはあてはまる数を，〔　　〕には式を書きましょう。

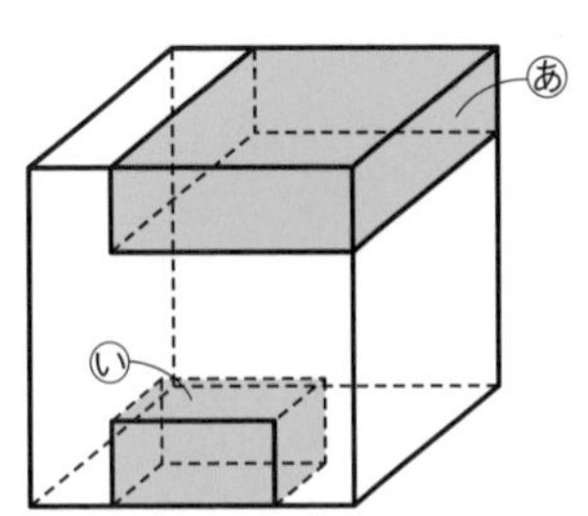

ステップ❶ もとの立方体の体積を求めましょう。

（式）〔①　　　　　　　　　　　　　　　〕(cm³)

ステップ❷ くりぬかれた直方体の体積を求めましょう。

右の図のように，くりぬかれた直方体のうち上側(うえがわ)のものをあ，下側のものをいとする。あの体積は

（式）〔②　　　　　　　　　　　　　　　〕(cm³)

いの体積は，

（式）〔③　　　　　　　　　　　　　　　〕(cm³)

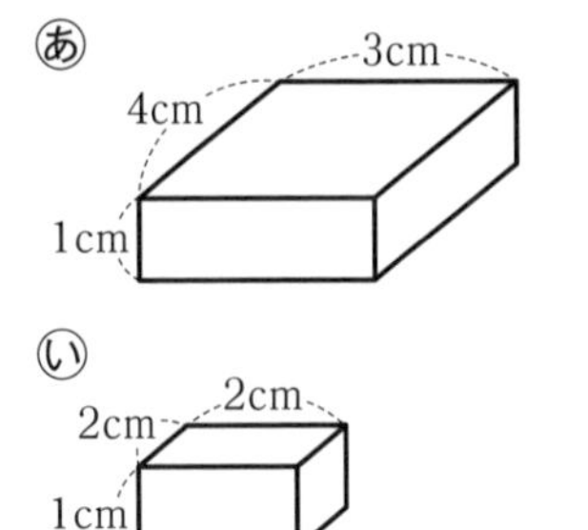

ステップ❸ くりぬかれた立体の体積を求めましょう。

くりぬかれた立体の体積は，もとの立方体の体積からあといの体積をひいたものであるから，

（式）〔④　　　　　　　　　　　　　　　〕(cm³)

答え（⑤　　　　　　cm³）

覚えておこう！

- くりぬきが複数個ある立体は全体からひとつずつひいていく。

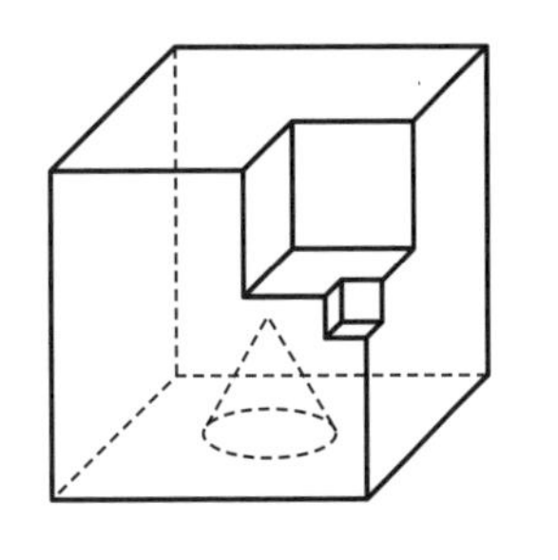

右の図の場合，
（くりぬかれた立体の体積）
＝（全体の立方体の体積）－（２つの立方体の体積の合計）－（円すいの体積）
　　　　　　　　　　　　　└─（１つの立方体の体積）＋（もう１つの立方体の体積）
で求められる。

答え　① 4×4×4＝64　② 4×3×1＝12　③ 2×2×1＝4　④ 64－12－4＝48　⑤ 40cm³

練習問題

1 次の問いに答えなさい。

□(1)　右の図の表面積と体積を求めなさい。

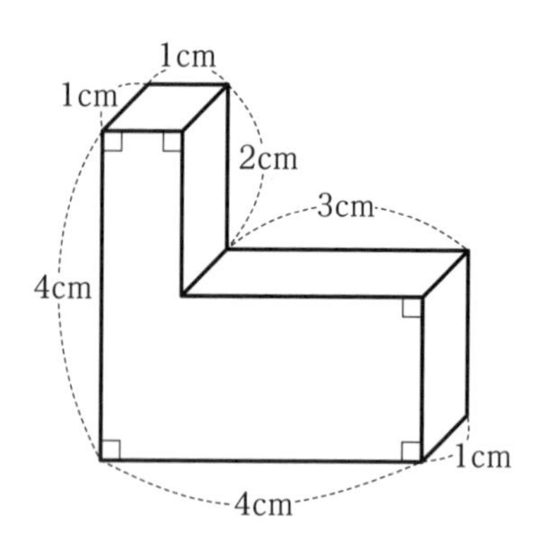

表面積（　　　　　cm²）
体積（　　　　　cm³）

(2)　図のような立体の体積は何cm³か求めなさい。
□
（報徳学園中）

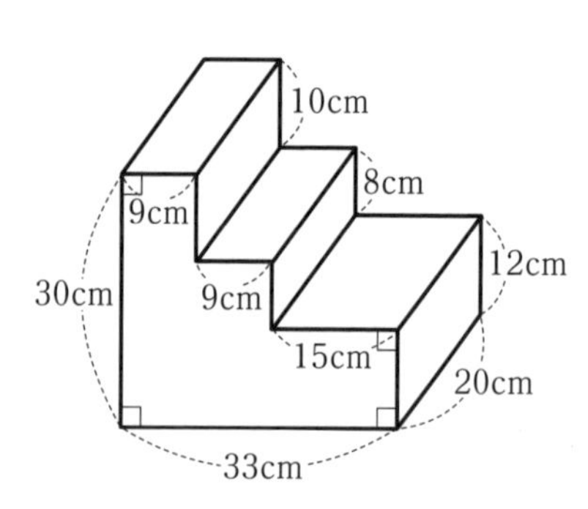

答え（　　　　　cm³）

□(3)　立方体から円柱をくりぬいた立体の体積を求めなさい。
ただし，円周率は3.14とする。　（新潟第一中）

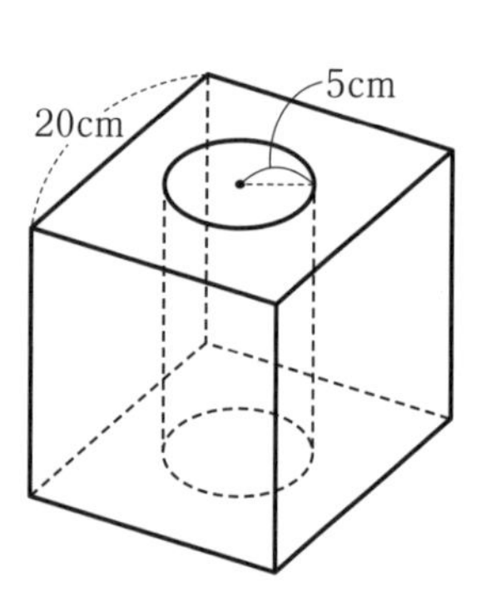

答え（　　　　　cm³）

解答は別冊30ページ

30 容　積

例題

厚さ1cmの板で縦の長さが8cm，横の長さが6cm，高さが7cmの直方体の入れ物をつくる。
この入れ物の容積を求めなさい。

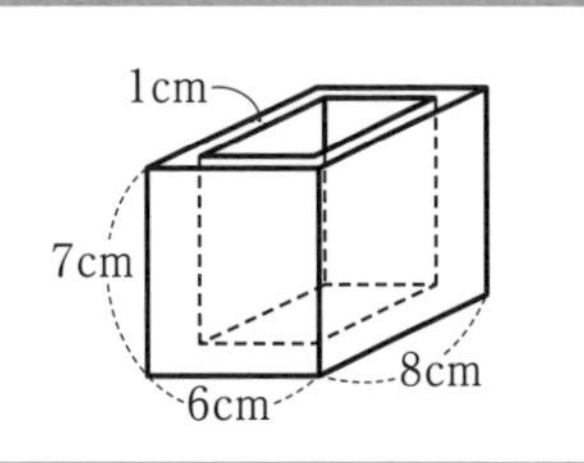

解説

解く手順を確認しましょう。（　）にはあてはまることばや数を，〔　〕には式を書きましょう。

〔A〕ステップ1 内のりの長さを求めましょう。

容積は，内側の長さを使って求める。縦の内のりの長さは，

(式)〔①　　　　　　　　　　　　　　〕(cm)

横の内のりの長さは，

(式)〔②　　　　　　　　　　　　　　〕(cm)

〔B〕ステップ2 底面積を求めましょう。

(式)〔③　　　　　　　　　　　　　　〕(cm^2)

ステップ3 深さを求めましょう。

(式)〔④　　　　　　　　　　　　　　〕(cm)

ステップ4 容積を求めましょう。

(式)〔⑤　　　　　　　　　　　　　　〕(cm^3)

答え（⑥　　　　cm^3）

覚えておこう！

〔A〕内のりの縦と横の長さは，入れ物の辺の長さから板の厚み2枚分をひいて求める。

（内のりの縦の長さ）＝（入れ物の縦の辺の長さ）－（板の厚さ）×２

（内のりの横の長さ）＝（入れ物の横の辺の長さ）－（板の厚さ）×２

〔B〕立体の深さは，入れ物の高さから板の厚み１枚分をひいて求める。

（入れ物の深さ）＝（入れ物の高さ）－（板の厚さ）

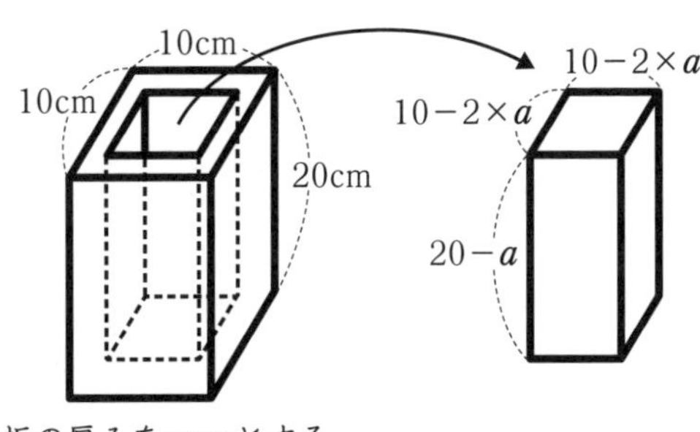

板の厚みを$a$cmとする

答え　① 8－1×2＝6　② 6－1×2＝4　③ 6×4＝24　④ 7－1＝6　⑤ 24×6＝144　⑥ 144cm^3

練習問題

1 次の問いに答えなさい。ただし，円周率は3.14とする。

□(1) 厚さ3cmの板で，縦の長さが24cm，横の長さが20cm，高さが15cmの直方体の入れ物をつくるとき，この入れ物の容積を求めなさい。

答え（　　　　cm^3）

□(2) 厚さ2cmのパネルで，縦の長さが11cm，横の長さが18cm，高さが6cmの直方体の入れ物をつくるとき，この入れ物の容積を求めなさい。

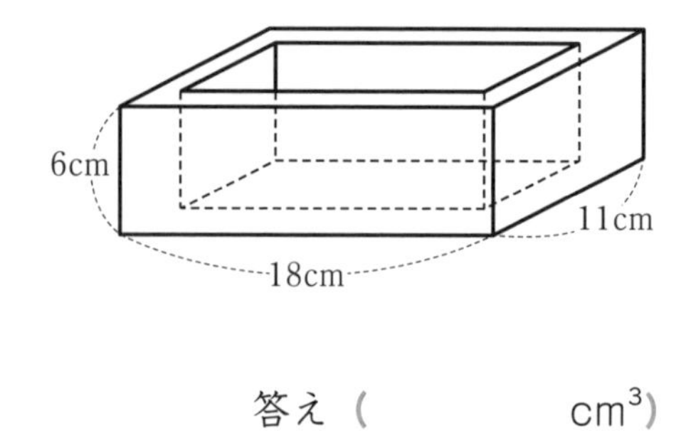

答え（　　　　cm^3）

□(3) 底面が半径3cmの円で，高さが6cmの円柱の内側を厚さが1cmになるようにくりぬいて入れ物をつくるとき，この入れ物の容積を求めなさい。

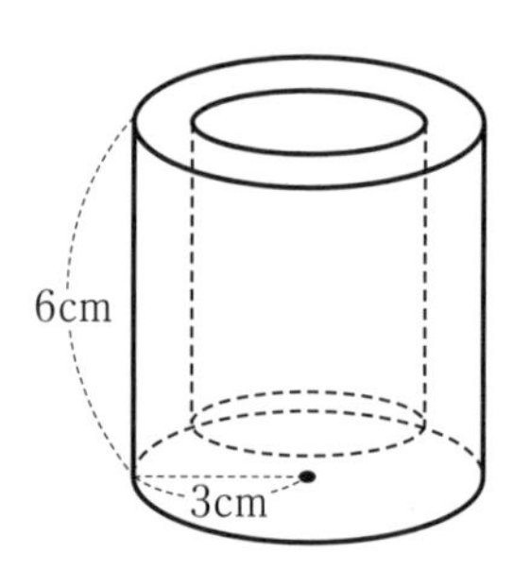

答え（　　　　cm^3）

解答は別冊30ページ

31 体積比と相似比

月　日

例題

もとの円すいの体積(たいせき)が750cm³のとき，しゃ線部分の体積を求(もと)めなさい。

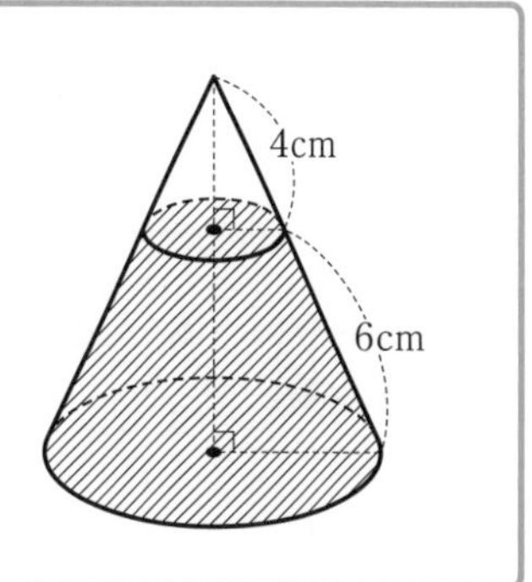

解説　解(と)く手順(てじゅん)を確認(かくにん)しましょう。（　）にはあてはまる数を，〔　〕には式を書きましょう。

ステップ① もとの円すいとしゃ線部分をひいた円すいの体積比(たいせきひ)を求めましょう。

もとの円すいとしゃ線部分をひいた円すいの相似比(そうじひ)は，

10：4＝（①　　：　　）

よって体積比は，

〔②　　　〕：〔③　　　〕＝（④　　：　　）

ステップ② しゃ線部分をひいた円すいの体積を求めましょう。

ステップ①で求めた体積比より，しゃ線部分をひいた円すいの体積は，

（式）〔⑤　　　　〕（cm³）

ステップ③ しゃ線部分の体積を求めましょう。

しゃ線部分の体積は，もとの円すいの体積からステップ②で求めた立体の体積をひく。

（式）〔⑥　　　　〕（cm³）

答え（⑦　　　cm³）

覚えておこう！

- 相似比が a：b の立体図形の体積比は，

$(a \times a \times a)$：$(b \times b \times b)$

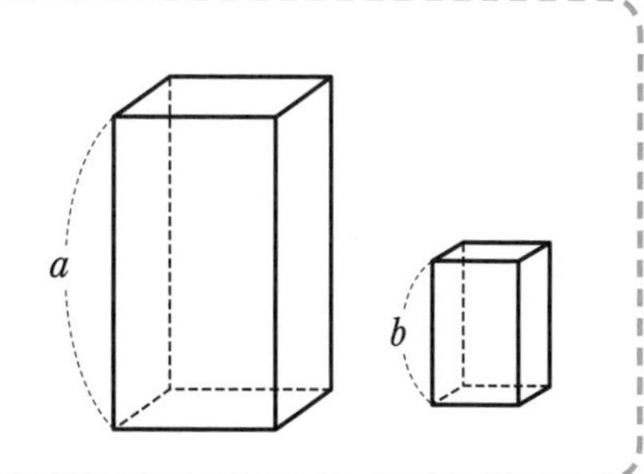

答え　① 5：2　② 5×5×5　③ 2×2×2　④ 125：8　⑤ 750×8÷125＝48
⑥ 750－48＝702　⑦ 702cm³

例題

円すいアと円すいイが相似(そうじ)であるとき，円すいイの体積(たいせき)を求(もと)めなさい。ただし，円周率(えんしゅうりつ)は3.14とする。

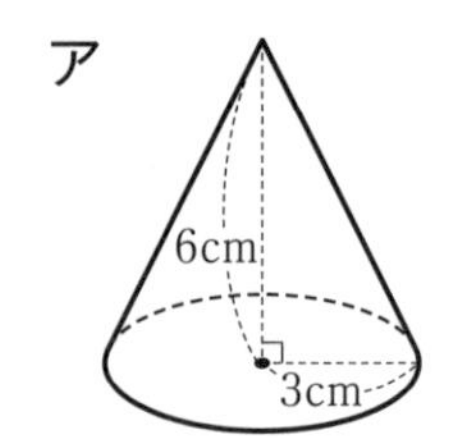

解説

解(と)く手順(てじゅん)を確認(かくにん)しましょう。（　　）にはあてはまる数を，〔　　〕には式を書きましょう。

ア

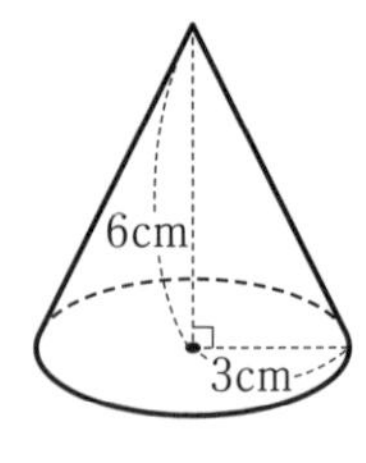

ステップ① 円すいアの体積を求めましょう。

円すいアの底面積(ていめんせき)は，

(式)〔①　　　　　　　　〕(cm^2)

よって，円すいアの体積は，

(式)〔②　　　　　　　　〕(cm^3)

イ

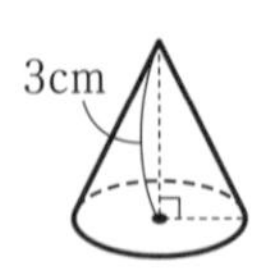

ステップ② 相似比(そうじひ)を使って，円すいイの体積を求めましょう。

円すいアと円すいイの相似比が（③　　：　　）より，

体積比は，〔④　　　　〕：〔⑤　　　　〕

＝（⑥　　：　　）

よって，円すいイの体積は，

(式)〔⑦　　　　　　　　〕(cm^3)

答え（⑧　　　　cm^3）

ステップ③ 円すいイの底面の半径(はんけい)を求めてから体積を計算し，答えが同じになることを確(たし)かめましょう。

円すいアと円すいイの相似比が（③）より，円すいイの底面の半径は，

(式)〔⑨　　　　　　　　〕(cm)

よって，円すいイの体積は，

(式)〔⑩　　　　　　　　〕(cm^3)

答え　① 3×3×3.14＝28.26　② 28.26×6÷3＝56.52　③ 2：1　④ 2×2×2　⑤ 1×1×1　⑥ 8：1　⑦ 56.52×1÷8＝7.065　⑧ 7.065cm^3　⑨ 3×1÷2＝1.5　⑩ 1.5×1.5×3.14×3÷3＝7.065

練習問題

1 次の値を求めなさい。ただし，円周率は3.14とする。

□(1) 正四角すいA-BCDEの体積が$104cm^3$のときのA-FGHIの体積

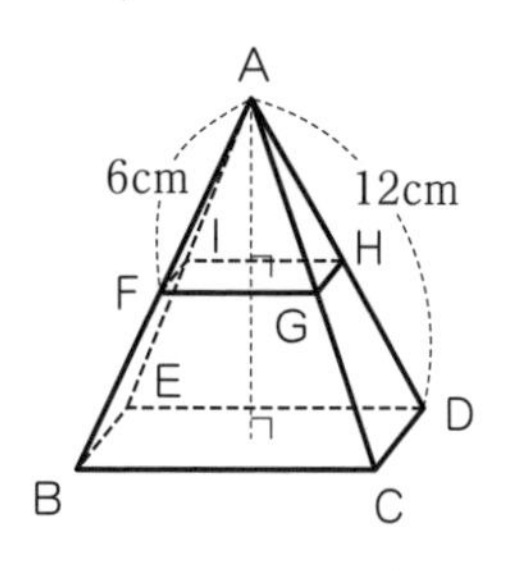

答え（　　　　cm^3）

□(2) M，NがそれぞれAB，ACの中点であるときの2つの円すいの体積比

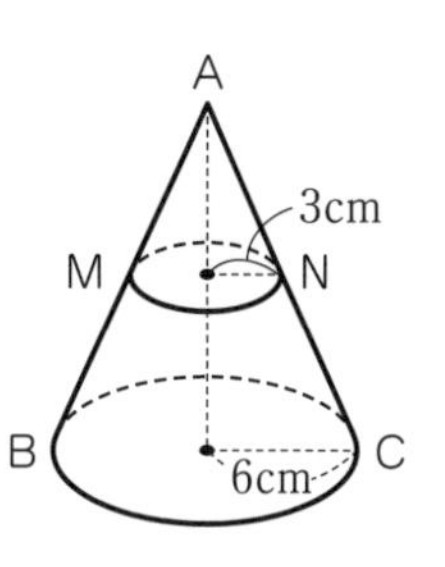

答え（　　　　）

□(3) 四角すいA-BCDEの体積
（四角形BCDEと四角形FGHIは長方形）

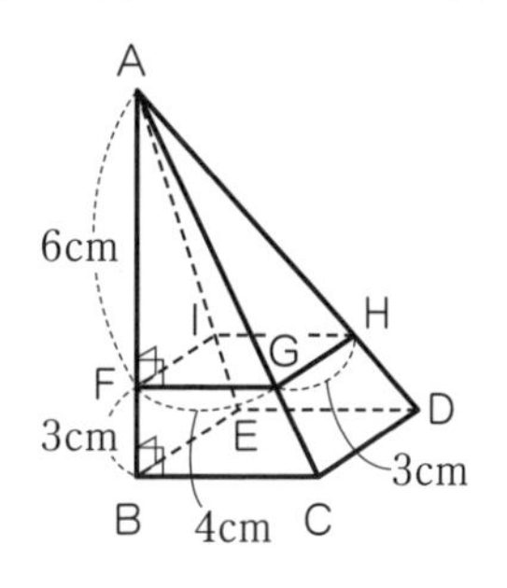

答え（　　　　cm^3）

□(4) 四角すいA-FGHIの体積が$8cm^3$のときの四角すいA-BCDEの体積

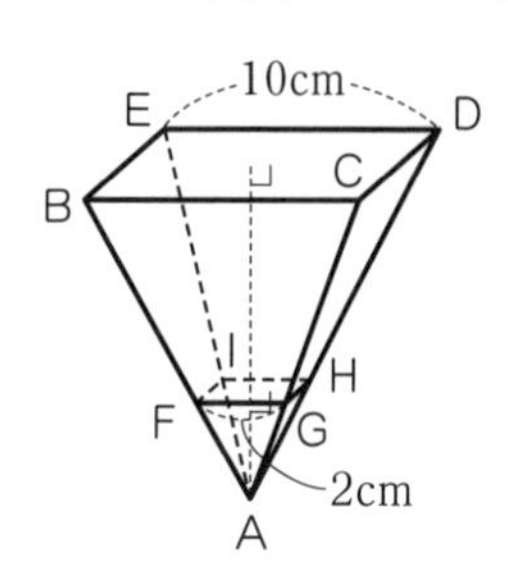

答え（　　　　cm^3）

□(5) 2つの円すいの体積比

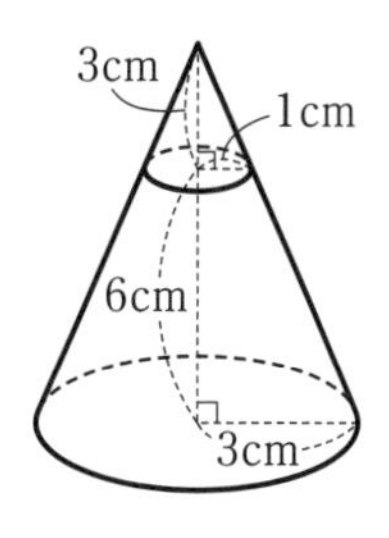

答え（　　　　）

UP!! (6) しゃ線部分の体積 □

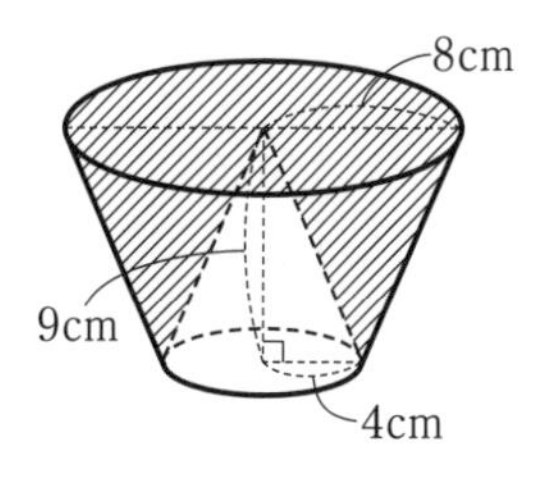

答え（　　　　cm^3）

解答は別冊31ページ

22~31 まとめ問題

62 ～ 83ページ
解答は別冊32ページ

1 次の値を求めなさい。(4)については問いに答えなさい。

□(1) 一辺が4.6cmの立方体の表面積

答え（　　　cm^2）

□(2) 底面が一辺3.5cmの正方形で，高さが12cmの直方体の表面積

答え（　　　cm^2）

□(3) 下の展開図を組み立ててできる直方体の体積　　（青山学院横浜英和中）

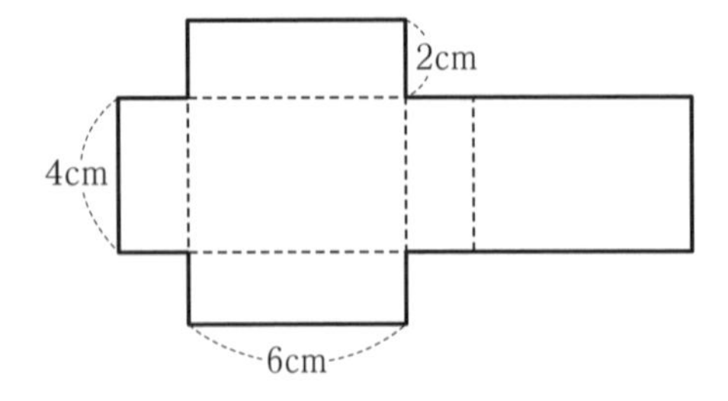

答え（　　　cm^3）

□(4) 下の立体の体積は，一辺が3cmの立方体何個分の体積と等しいか。

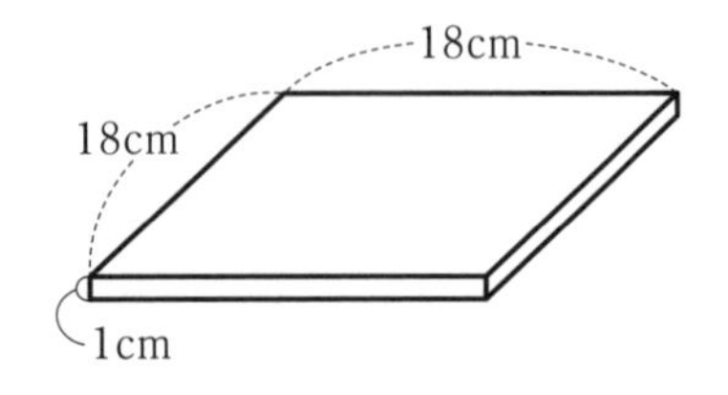

答え（　　　個）

□(5) 台形を底面とする四角柱の表面積

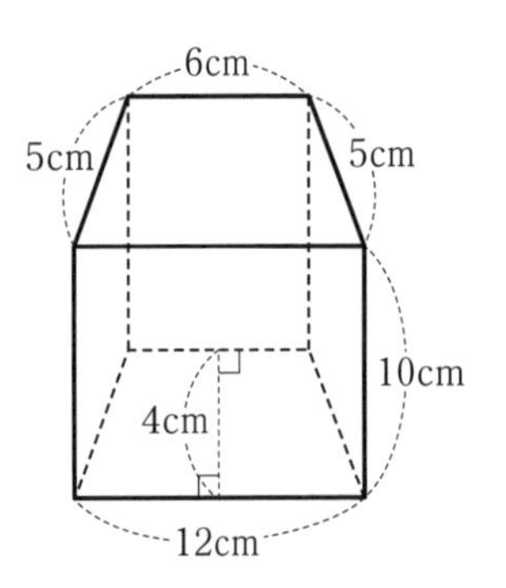

答え（　　　cm^2）

□(6) 下の展開図を組み立ててできる立体の表面積と体積　　（滝川中・改）

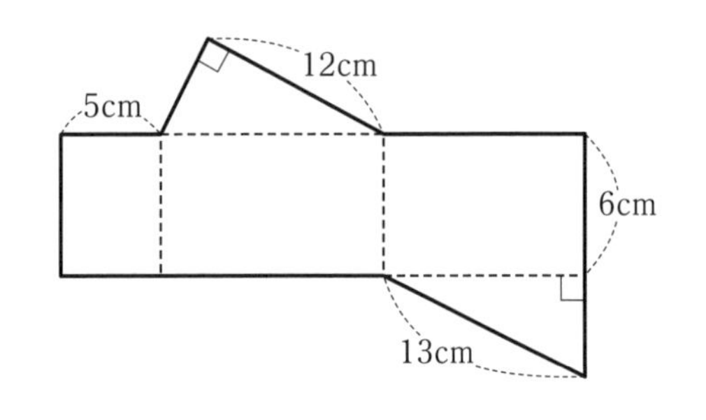

答え（　　　cm^2,　　　cm^3）

2 次の問いに答えなさい。ただし，円周率は3.14とする。

□(1) 底面の半径が2.5cm，高さが8cm の円柱の表面積

答え（　　　　　cm^2）

□(2) 内側がくりぬかれた円柱の表面積 （桃山学院中・改）

2cm
5cm
10cm

答え（　　　　　cm^2）

□(3) 下の展開図を組み立ててできる立体の体積 （関西大学北陽中）

10.28cm
5cm

答え（　　　　　cm^3）

□(4) 底面が一辺9.6cmの正方形で高さが3.6cmの四角すいの表面積と体積

6cm
3.6cm
9.6cm
9.6cm

答え（　　　　　cm^2，　　　　　cm^3）

□(5) 一辺の長さが6cmの立方体の4点A，C，F，Hを頂点とする立体の体積 （昭和学院秀英中・改）

A
D
B
C
E
H
F
G

答え（　　　　　cm^3）

□(6) 底面の半径が7cm，高さが24cm，母線の長さが25cmの円すいの表面積と体積

答え（　　　　　cm^2，　　　　　cm^3）

3 次の問いに答えなさい。ただし，円周率は3.14とする。

□(1) 下の図は，一辺が10cmの立方体から直方体をくりぬいた形の容器である。この中に，一辺が2cmの立方体をすき間なくつめていくとき，立方体はいくつ必要か。 (新潟第一中·改)

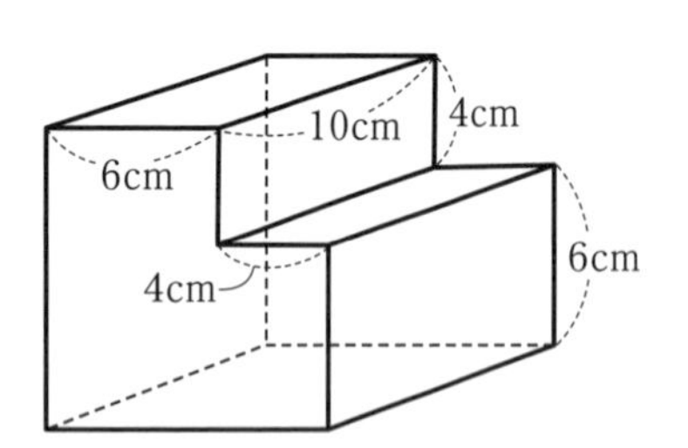

答え（　　　　個）

□(2) 図の円柱Aの高さを2倍にし，底面の半径を半分にした円柱をB，円柱Aの高さを半分にし，底面の半径を2倍にした円柱をCとするとき，円柱Cの体積は円柱Bの体積の何倍か。

(桐蔭学園中)

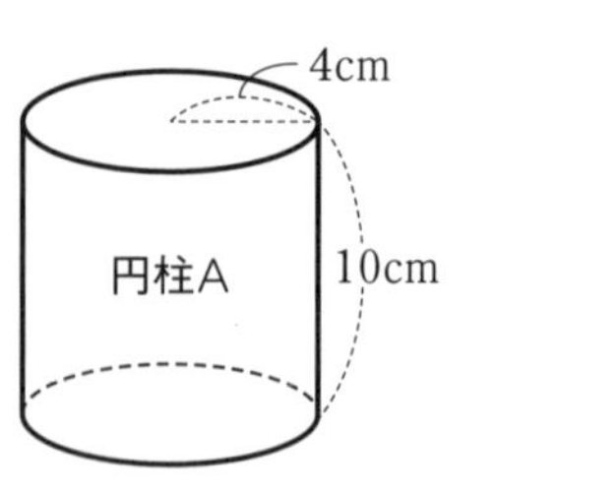

答え（　　　　倍）

□(3) 図1は，円柱と底面が正方形の直方体を組み合わせた立体で，図2は図1の立体を真上から見たものであるとき，図1の立体の体積を求めなさい。

(京都聖母学院中)

図1

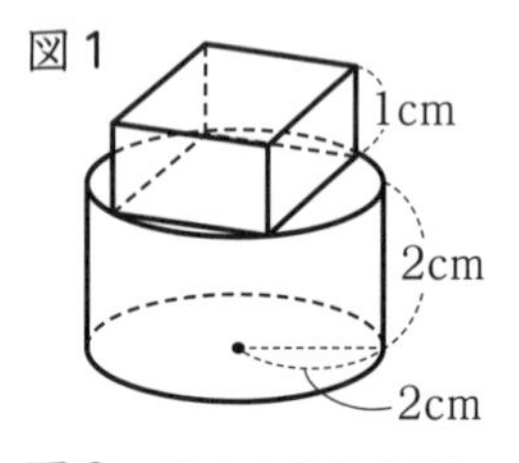

図2 真上から見た図

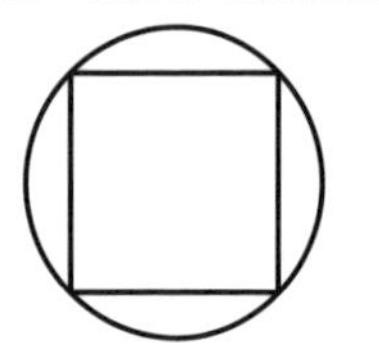

答え（　　　　cm^3）

□(4) 図1のような厚さ1cmの板を，図2（真上から見た図）のように4枚組み合わせた容器をつくる。底には厚さ1cmの正方形の板をすき間なくはめこむとき，この容器の容積を求めなさい。

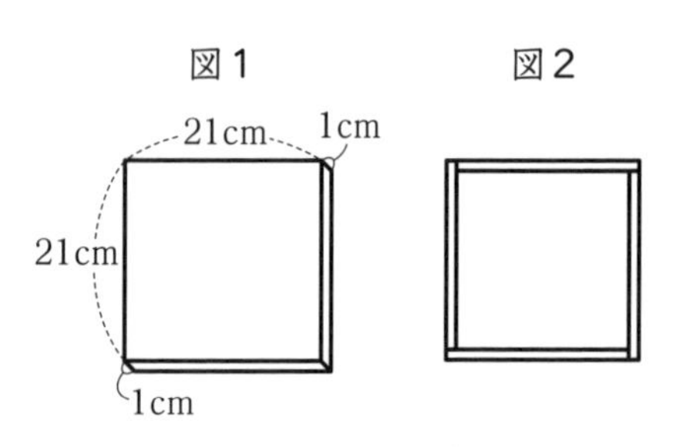

答え（　　　　cm^3）

32 展開図

月　日

例題

右の展開図を組み立てて立方体をつくるとき，次の問いに答えなさい。

(1)　面アと平行な面

(2)　面アと垂直な面

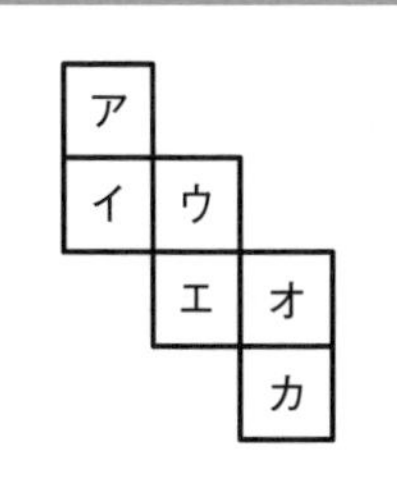

解説　解く手順を確認しましょう。(　　)にはあてはまることばを書きましょう。

(1) **ステップ1** **展開図を組み立てて立方体をつくりましょう。**

アの面をいちばん上，イの面をいちばん手前にして考える。

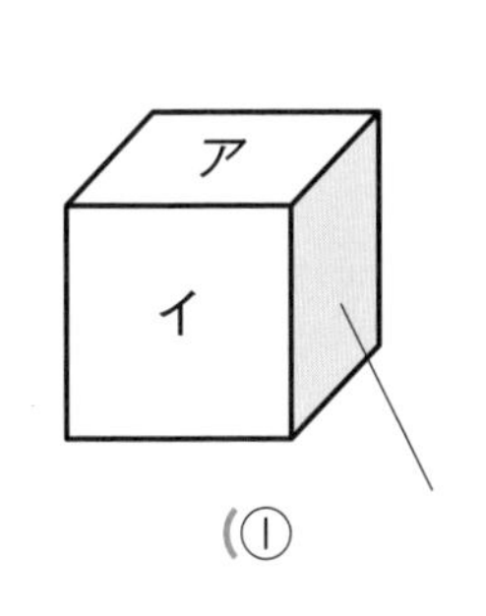

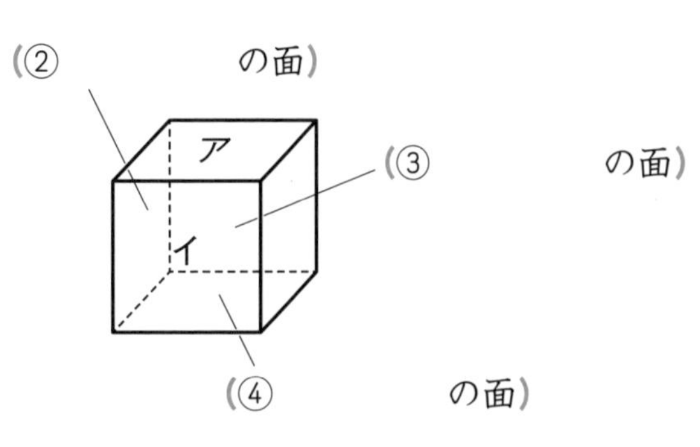

ステップ2 **平行な面がどこになるのか考えましょう。**

アの面と平行である面は，アの面と向かい合う面であることに注目すると，平行な面は(⑤　　　の面)である。

答え (⑥　　　の面)

(2) **ステップ1** **(1)でつくった立方体をもとに，垂直な面がどこになるのか考えましょう。**

アの面と垂直である面は，アの面ととなり合う面である。よって，垂直な面は，(⑦　　　　　の面)となる。

答え (⑧　　　　　の面)

覚えておこう！

- 右の図の立方体において，㋐の面がいちばん上にあるとき，㋐の面と平行な面は㋐の面と向かい合う面である。（立方体の底面）
  それ以外の面が㋐の面に垂直な面となる。（立方体の側面）

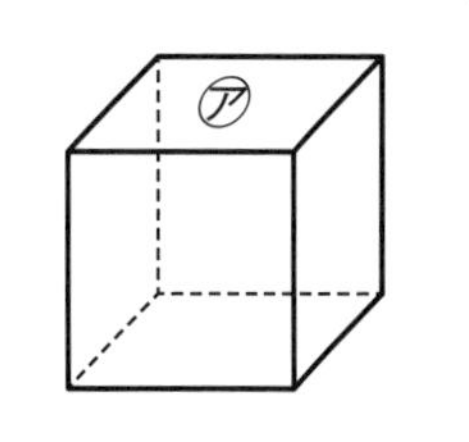

答え　① ウの面　② カの面　③ オの面　④ エの面　⑤ エの面　⑥ エの面　⑦ イ，ウ，オ，カの面　⑧ イ，ウ，オ，カの面

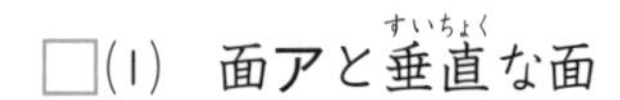

練習問題

1 展開図を組み立てて立体図形をつくるとき，次の問いに答えなさい。答えが複数あるものは，すべて答えなさい。

□(1)　面アと垂直な面

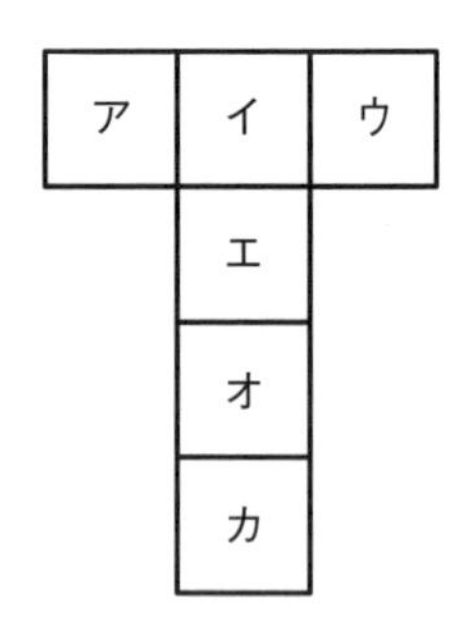

答え（　　　　　）

□(2)　点Aと重なる点

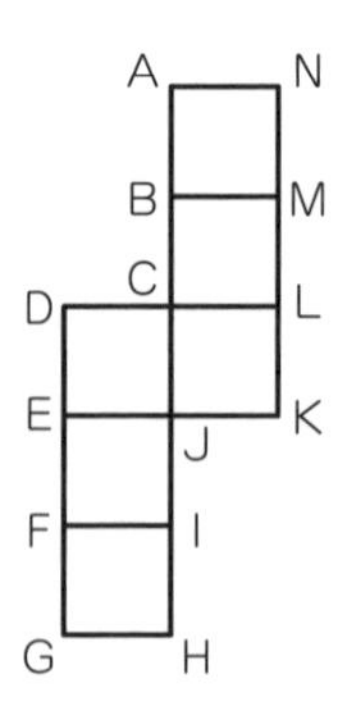

答え（　　　　　）

□(3)　面ウと平行な面

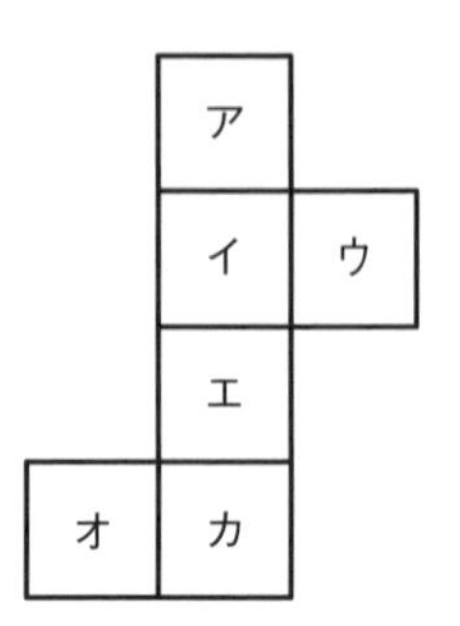

答え（　　　　　）

□(4)　辺GHと重なる辺

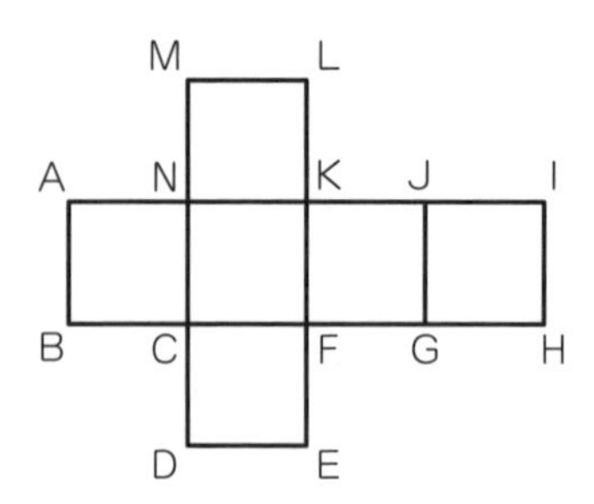

答え（　　　　　）

□(5)　面カと垂直な面　（成城学園中）

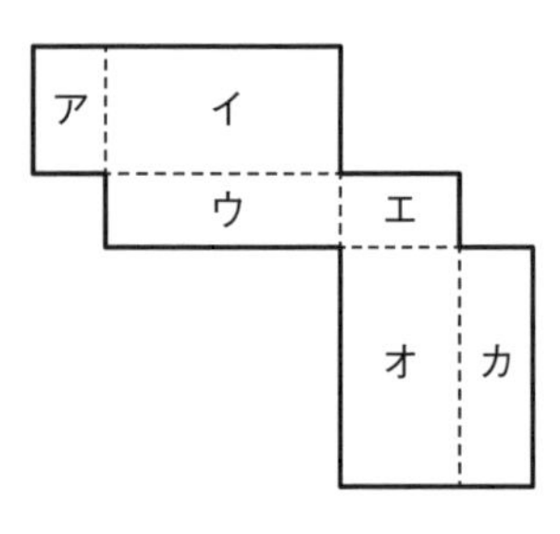

答え（　　　　　）

□(6)　面アと垂直な面の数字の合計　（札幌光星中・改）

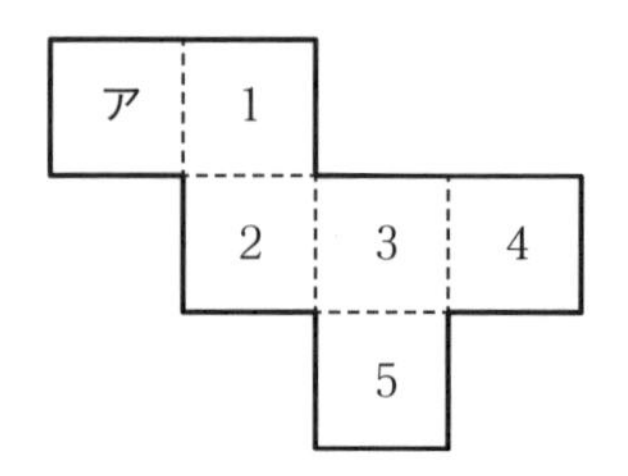

答え（　　　　　）

解答は別冊34ページ

33 図形の回転

月　日

例題

次の図を直線ℓのまわりに1回転させてできる図形の体積は何cm^3か求めなさい。ただし，円周率は3.14とする。

(1)

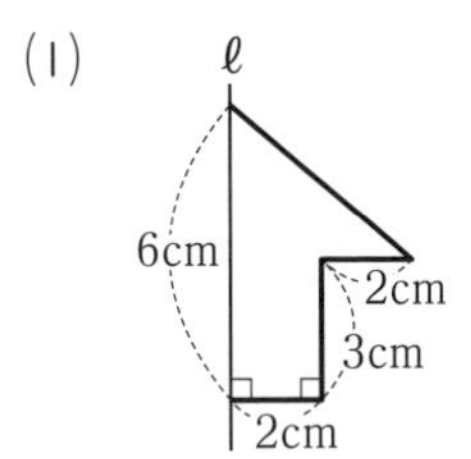

(2)

解説

解く手順を確認しましょう。(　　)にはあてはまる数を，〔　　〕には式を書きましょう。

(1)

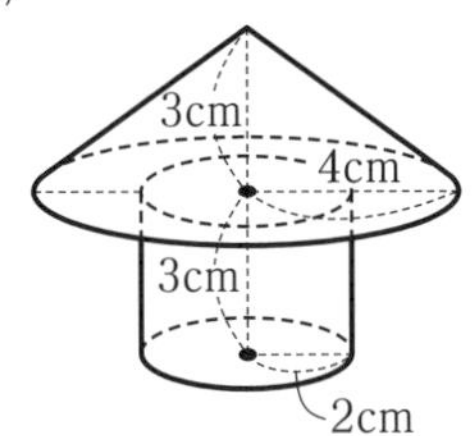

ステップ1 回転させた立体について考えましょう。

回転させてできた立体は，左の図のように円すいと円柱を組み合わせたものとなる。

ステップ2 立体の体積を計算しましょう。

(式)〔①　　　　〕(cm^3)

答え (②　　　cm^3)

(2)

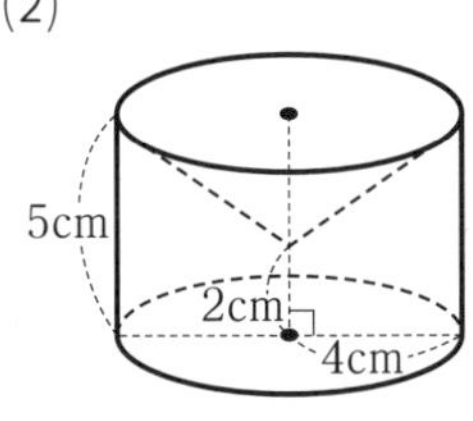

ステップ1 回転させた立体について考えましょう。

回転させてできた立体は，左の図のように円柱から円すいを取りのぞいたものである。

ステップ2 立体の体積を計算しましょう。

(式)〔③　　　　〕(cm^3)

答え (④　　　cm^3)

覚えておこう！

- 直線ℓのまわりに1回転させてできる立体は，直線ℓに対して線対称になる。
また，底面の形は円になる。

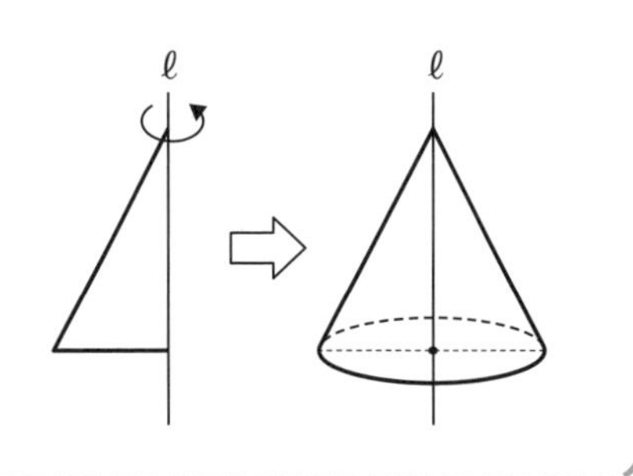

答え
① $4\times4\times3.14\times3\div3+2\times2\times3.14\times3=87.92$　② 87.92cm^3
③ $4\times4\times3.14\times5-4\times4\times3.14\times(5-2)\div3=200.96$　④ 200.96cm^3

例題

OP(母線)が8cm，底面の半径が2cmの円すいを，図のように頂点Oを固定して1周させるとき，次の問いに答えなさい。ただし，円周率は3.14とする。

(1)　もとの位置にもどるまでに円すいが何回転するか求めなさい。

(2)　この円すいの表面積を求めなさい。

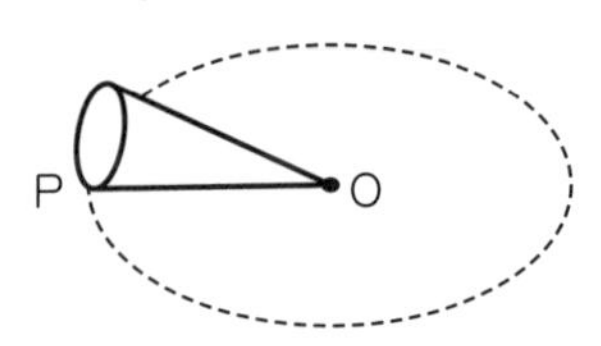

解説

解く手順を確認しましょう。(　　)にはあてはまることばや数を，〔　　〕には式を書きましょう。

OPを半径とする円の円周の長さ

母線の長さ×2×3.14

円すいの底面の円周の長さ

底面の半径×2×3.14

1回転の長さ

(1) **ステップ①　等しくなる長さに注目しましょう。**

OPを半径とする円の円周と，円すいの底面の円周に円すいの回転数をかけたものは(①　　　　)値となる。

ステップ②　回転数を□回として，式を立てて計算しましょう。

(式)〔②　　　　　　　　　　　　　　　　　　〕

よって(③　□＝　　　　　)とわかる。

答え(④　　　　　　　回転)

(2) **ステップ①　側面のおうぎ形の面積を求めましょう。**

(式)〔⑤　　　　　　　　　　　　　　　　　　〕(cm²)

ステップ②　円すいの側面積と底面の面積をたしましょう。

(式)〔⑥　　　　　　　　　　　　　　　　　　〕(cm²)

答え(⑦　　　　　　　cm²)

・円すいを寝かせて1周させたとき，次の関係が成り立つ。

母線を半径とする円の円周

＝円すいの底面の円の円周×円すいの回転数

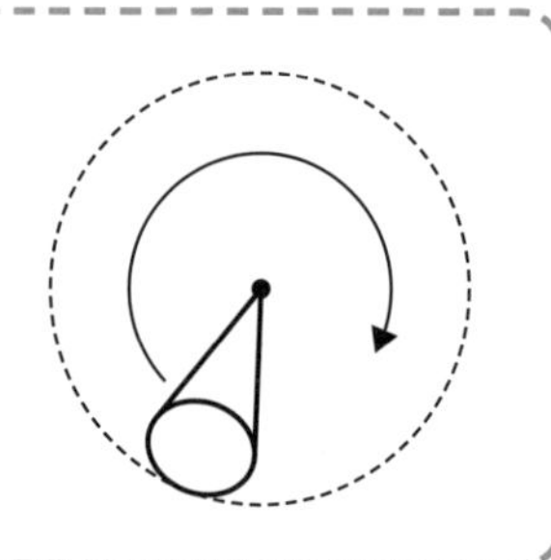

答え　① 同じ　② $8\times2\times3.14=2\times2\times3.14\times□$　③ □＝4　④ 4回転
⑤ $8\times8\times3.14\times\frac{2}{8}=50.24$　⑥ $50.24+2\times2\times3.14=62.8$　⑦ 62.8cm²

練習問題

1 次の値を求めなさい。ただし，円周率は3.14とする。

□(1) 直線ℓのまわりに1回転させてできる立体の体積

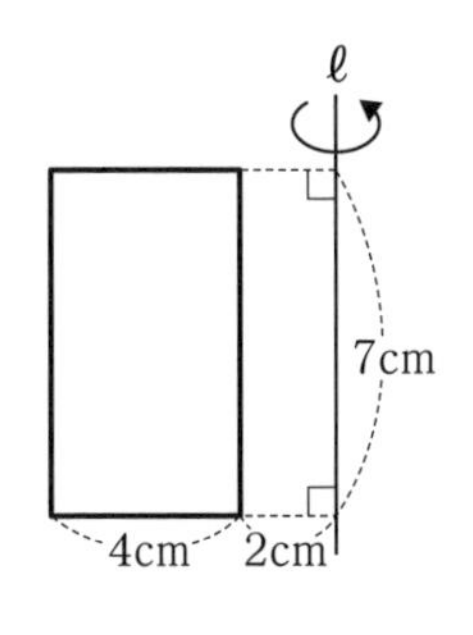

答え（　　　　　cm³）

□(2) 円すいをねかせて1周させたときにできる円周の長さ
（底面の半径は6cm，4回転してもとの位置（いち）にもどる）

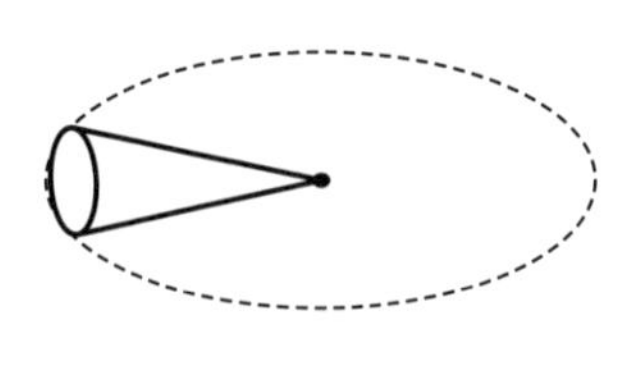

答え（　　　　　cm）

□(3) 直線ℓのまわりに1回転させてできる立体の体積
（國學院大學久我山中）

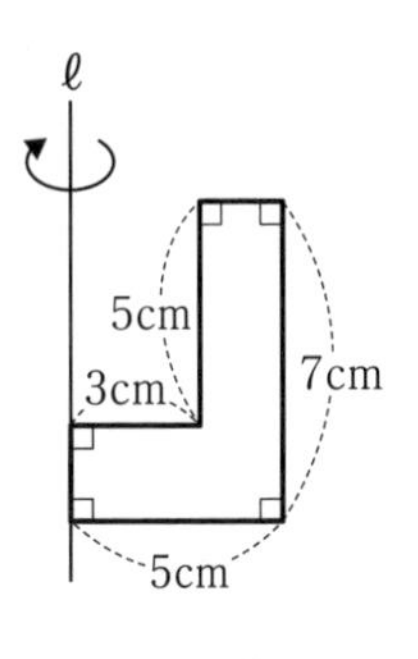

答え（　　　　　cm³）

□(4) 直線ℓのまわりに1回転させてできる立体の体積

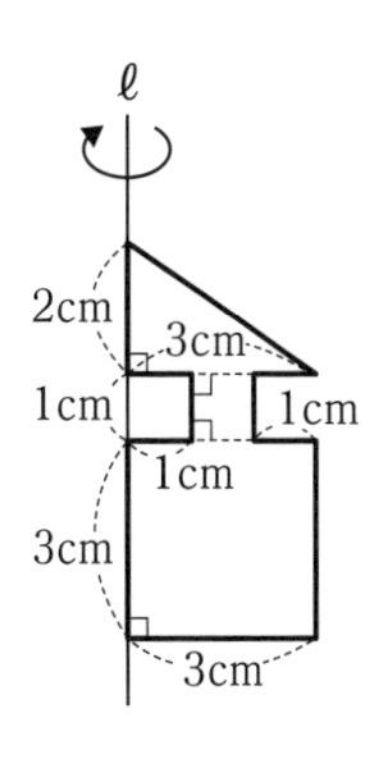

答え（　　　　　cm³）

解答は別冊34ページ

34 円すい台・角すい台

月　日

例題

次の図形を直線ℓのまわりに1回転させてできる立体の体積（たいせき）を求（もと）めなさい。ただし，円周率（えんしゅうりつ）は3.14とする。

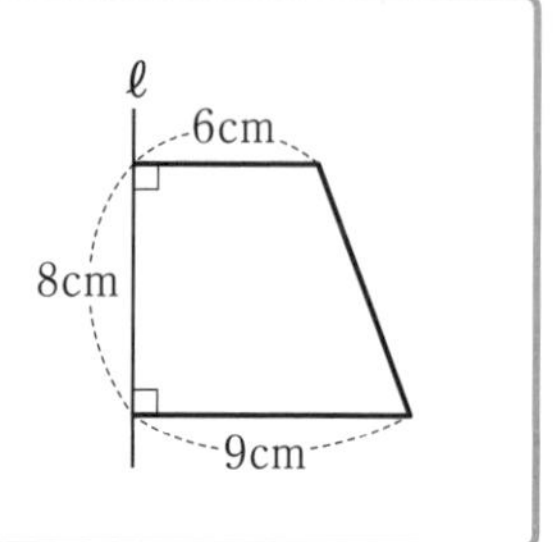

解説

解（と）く手順（てじゅん）を確認（かくにん）しましょう。（　）にはあてはまる数を，〔　〕には式を書きましょう。

ステップ① どんな立体ができるか考えましょう。

辺（へん）BAと辺CDの延長線上（えんちょうせんじょう）で交わる点を点Eとすると，三角形EADと三角形EBCが相似（そうじ）の関係（かんけい）にあるので，AD：BC＝（①　　：　　）より，EA：EB＝（②　　：　　）。

ABの長さが8cmであることに注目すると，EAの長さは

（式）〔③　　　　〕(cm)

より（④　　　cm）。

図形を直線ℓのまわりに回転させてできる立体は左図のような円すい台になる。

この円すい台は，底面（ていめん）の半径（はんけい）が（⑤　　　cm），高さが（⑥　　　cm）の円すいから，底面の半径が（⑦　　　cm），高さが（⑧　　　cm）の円すいをひいたものである。

ステップ② 立体の体積を求めましょう。

（式）〔⑨　　　　〕(cm^3)

答え（⑩　　　cm^3）

覚えておこう！

・円すい台の体積は，大きい円すい（円すい台＋点線部の円すい）から小さな円すい（点線部の円すい）をひいたものになる。

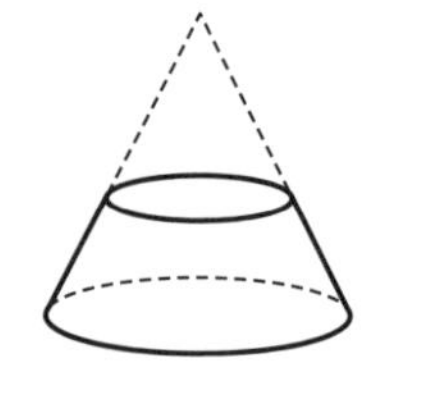

答え　① 2：3　② 2：3　③ $8\times\frac{2}{3-2}=16$　④ 16cm　⑤ 9cm　⑥ 24cm　⑦ 6cm　⑧ 16cm　⑨ $9\times9\times3.14\times24\div3-6\times6\times3.14\times16\div3=1431.84$　⑩ 1431.84cm^3

練習問題

1 次の円すい台，角すい台の体積を求めなさい。ただし，円周率は3.14とする。

□(1)

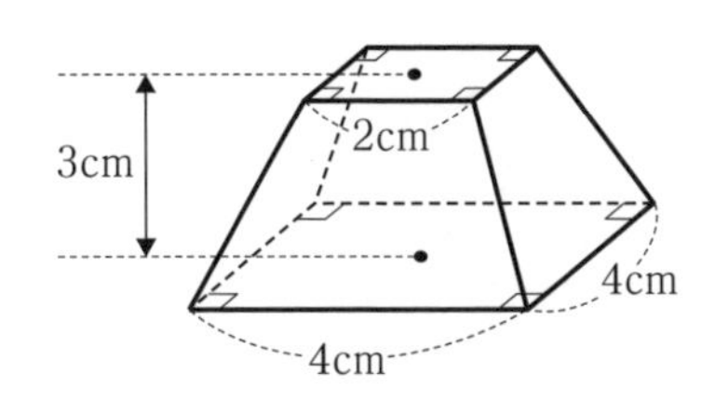

答え（　　　　　cm³）

□(2)

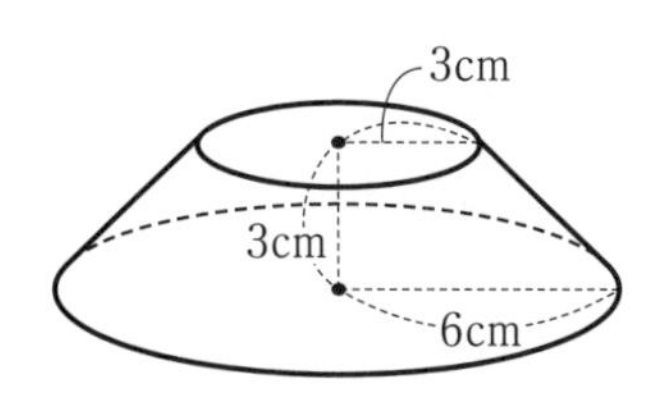

答え（　　　　　cm³）

□(3)

答え（　　　　　cm³）

□(4) 直線ℓのまわりに回転させてできる立体

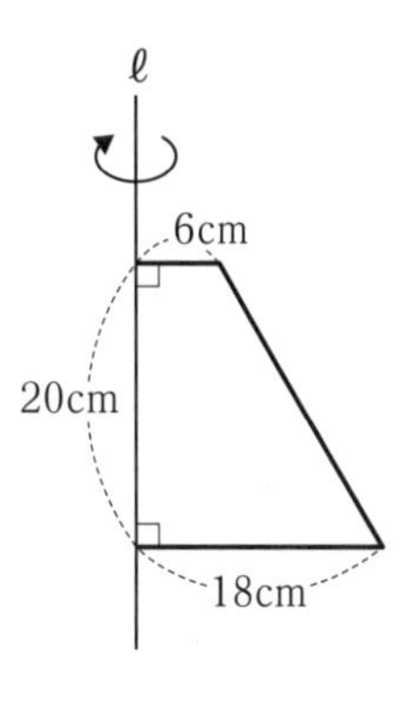

答え（　　　　　cm³）

□(5)

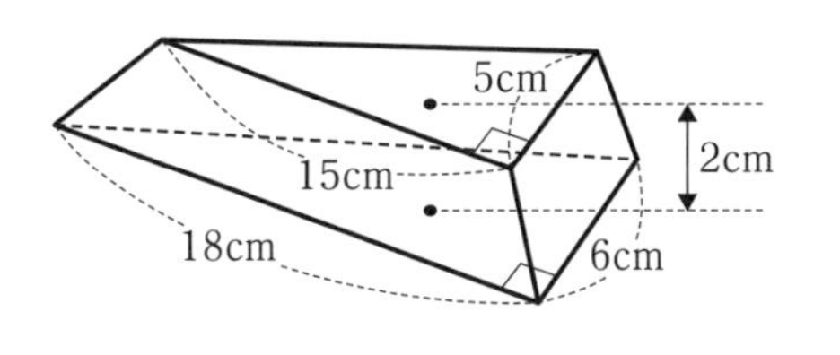

答え（　　　　　cm³）

□(6)

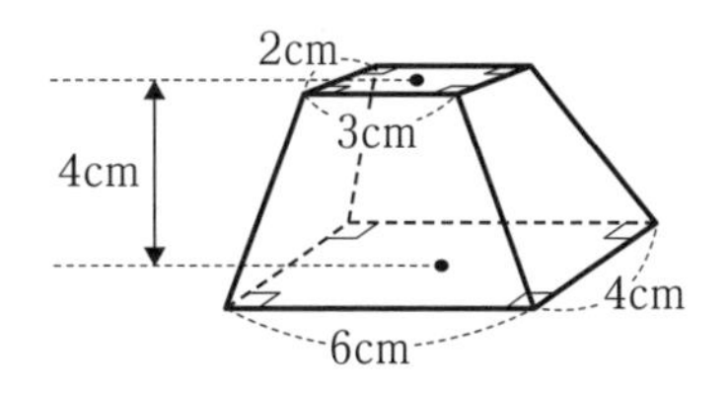

答え（　　　　　cm³）

35 立体の積み重ね・くりぬき

月　日

例題

(1) 一辺が1cmの立方体を積み重ねた，下の図のような立体の体積を求めなさい。

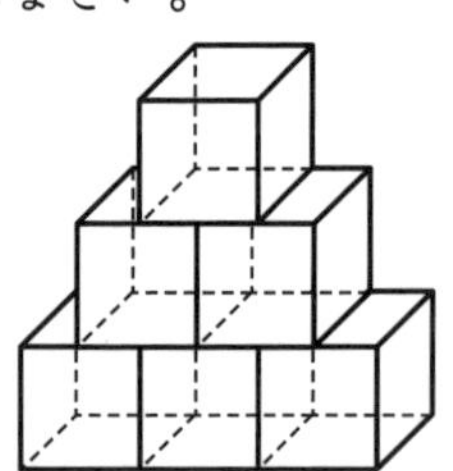

(2) 一辺が2cmの立方体を積み重ねた，下の図のような立体の体積を求めなさい。

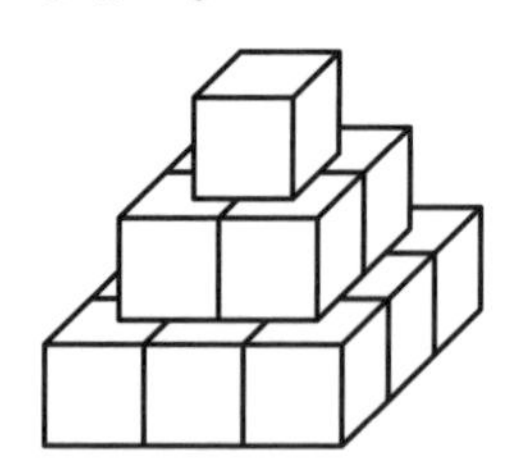

解説　解く手順を確認しましょう。（　）にはあてはまることばや数を，〔　〕には式を書きましょう。

(1)

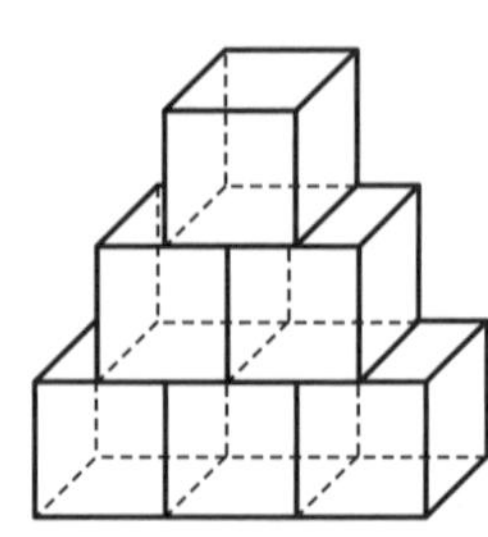

ステップ❶ 立方体の個数を求めましょう。

(式)〔①　　〕(個)

ステップ❷ 立方体1個分の体積を求めましょう。

(式)〔②　　〕(cm^3)

ステップ❸ 立体の体積を求めましょう。

(式)〔③　　〕(cm^3)

答え（④　　cm^3）

(2)

ステップ❶ それぞれの段にある立方体の個数を求めましょう。

それぞれの段の個数は，下から順に

1段目：(式)〔⑤　　〕(個)

2段目：(式)〔⑥　　〕(個)

3段目：（⑦　　）(個)

ステップ❷ 立方体1個分の体積を求めましょう。

(式)〔⑧　　〕(cm^3)

ステップ❸ 立体の体積を求めましょう。

(式)〔⑨　　〕(cm^3)

答え（⑩　　cm^3）

覚えておこう！

- 立方体を積み重ねた立体
  立方体の個数を1段ずつ分けて考える。

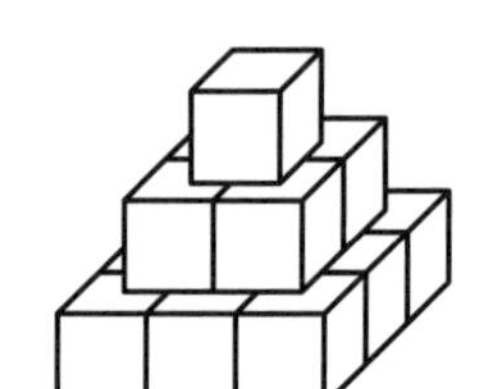

答え　① $1+2+3=6$　② $1\times1\times1=1$　③ $1\times6=6$　④ $6cm^3$　⑤ $3\times3=9$　⑥ $2\times2=4$　⑦ 1　⑧ $2\times2\times2=8$　⑨ $8\times(1+4+9)=112$　⑩ $112cm^3$

例題 次の図は，立方体を反対側(はんたいがわ)までくりぬいたものである。ぬりつぶされた部分がくりぬかれている部分であるとき，次の問いに答えなさい。

(1) 一辺が2cmの立方体を積み重ねた，下の図のような立体の体積を求めなさい。

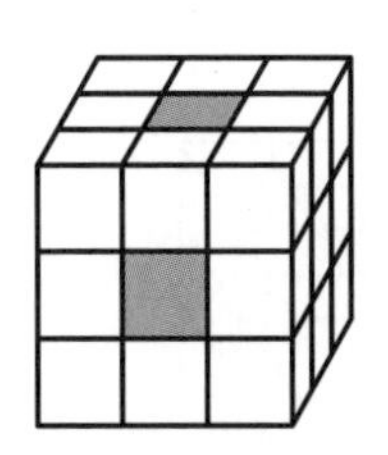

(2) 一辺が1cmの立方体を積み重ねた，下の図のような立体の体積を求めなさい。

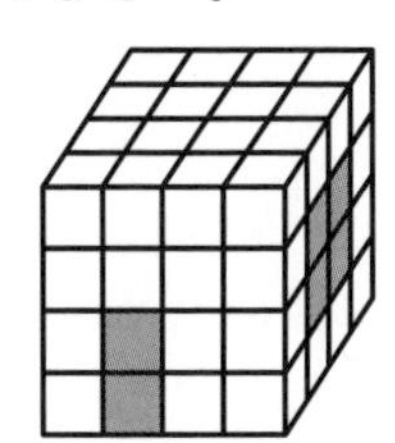

解説

解く手順を確認しましょう。(　　)にはあてはまる数を，〔　　〕には式を書きましょう。

(1)

3段目　2段目

1段目

ステップ❶ それぞれの段にある立方体の個数を求めましょう。

(式)〔① 1段目：　　〕(個)

(式)〔② 2段目：　　〕(個)

(式)〔③ 3段目：　　〕(個)

ステップ❷ 立方体1個分の体積を求めましょう。

(式)〔④　　〕(cm^3)

ステップ❸ 立体の体積を求めましょう。

(式)〔⑤　　〕(cm^3)

答え (⑥　　cm^3)

(2)

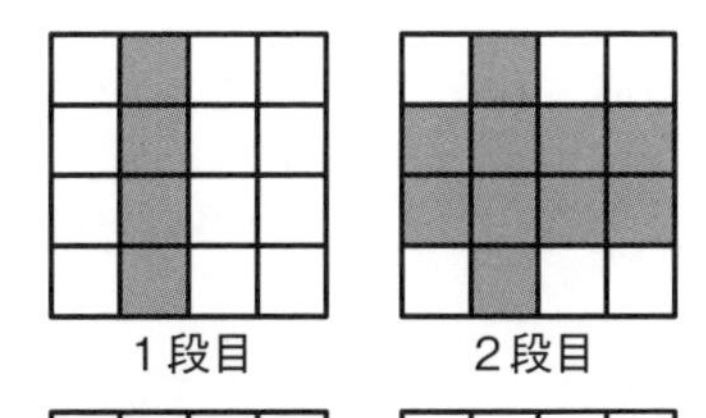

3段目　4段目

ステップ❶ それぞれの段にある立方体の個数を求めましょう。

(式)〔⑦ 1段目：　　〕(個)

(式)〔⑧ 2段目：　　〕(個)

(式)〔⑨ 3段目：　　〕(個)

(式)〔⑩ 4段目：　　〕(個)

ステップ❷ 立方体1個分の体積を求めましょう。

(式)〔⑪　　〕(cm^3)

ステップ❸ 立体の体積を求めましょう。

(式)〔⑫　　〕(cm^3)

答え (⑬　　cm^3)

- 図形をくりぬく問題
  くりぬかれている部分を1段ずつ分けて考える。

答え ① $3\times3-1=8$　② $3\times3-3=6$　③ $3\times3-1=8$　④ $2\times2\times2=8$　⑤ $8\times(8+6+8)=176$　⑥ 176cm^3　⑦ $4\times4-1\times4=12$　⑧ $4\times4-2\times4-2=6$　⑨ $4\times4-2\times4=8$　⑩ $4\times4=16$　⑪ $1\times1\times1=1$　⑫ $1\times(12+6+8+16)=42$　⑬ 42cm^3

練習問題

1 次の図は，一辺が1cmの立方体を積み重ねたものである。それぞれの体積を求めなさい。ただし，(2)のぬりつぶした部分は反対側までくりぬかれていて，全体はくずれないものとする。

□(1)

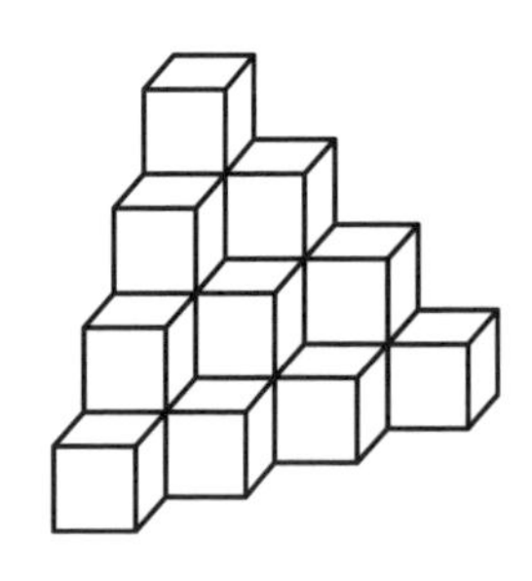

答え（　　　　cm³）

□(2)

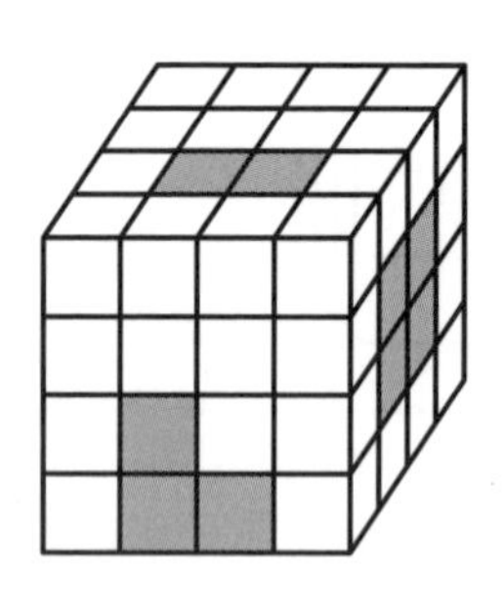

答え（　　　　cm³）

□ **2** 図のように，一辺が8cmの立方体の中に，前後・上下・左右につきぬける1辺2cmの正方形の穴が開いている立体（ウ）がある。（ア）と（イ）の図は，作成の途中を示したもので，（エ）の図は立体（ウ）の各面を正面から見たものである。
立体（ウ）の体積は何cm³か求めなさい。　（同志社中）

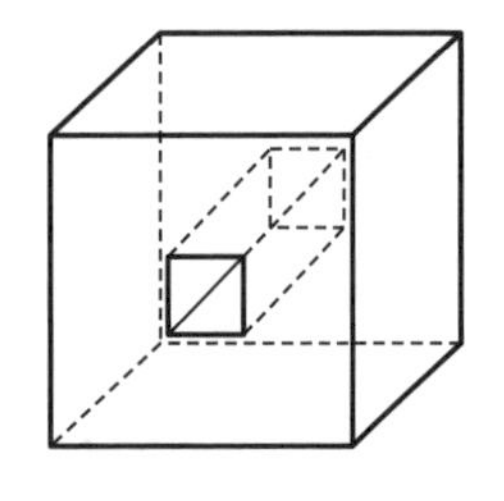

（ア）穴が前後のみ

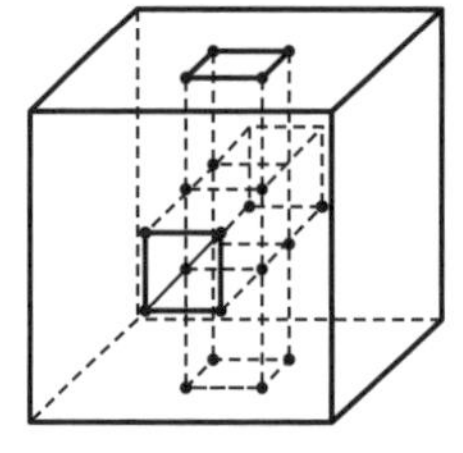

（イ）穴が前後・上下

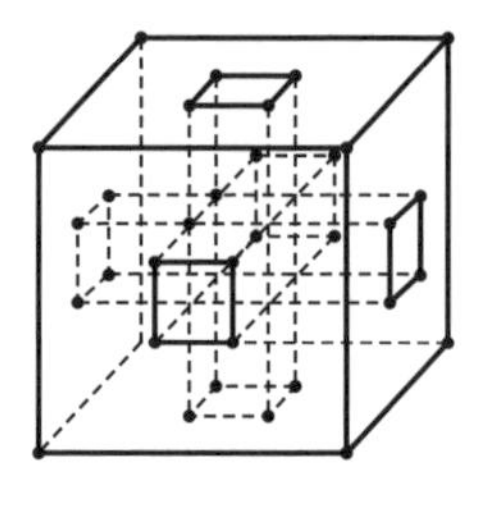

（ウ）穴が前後・上下・左右

3cm 2cm 3cm 3cm 2cm 3cm

（エ）各面を正面から見た図

答え（　　　　cm³）

3 一辺の長さが8cmの立方体がある。図のように，角柱と円柱をくりぬいた。この立体
□ の体積を求めなさい。ただし，円周率は3.14とする。　（三田学園中）

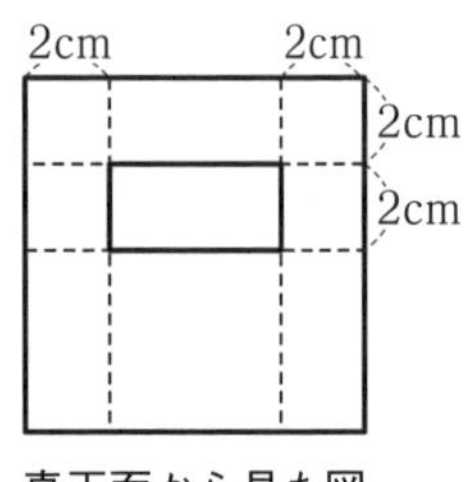

真正面から見た図

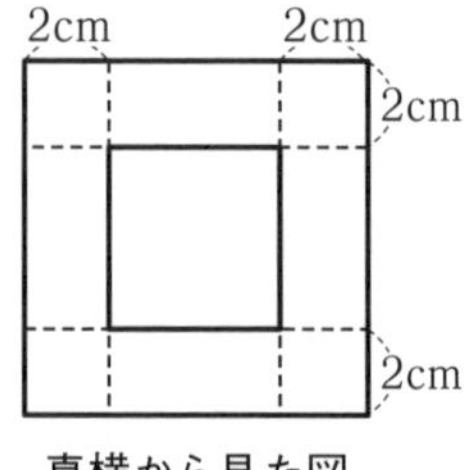

真横から見た図

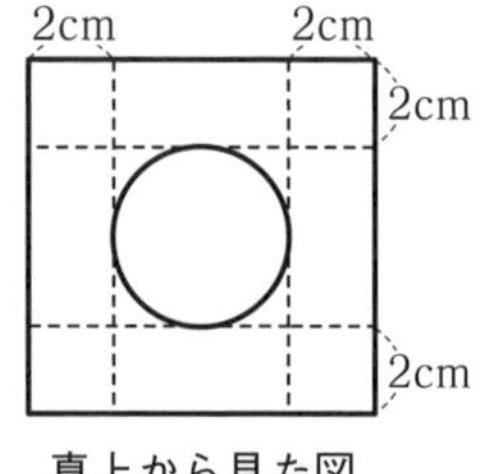

真上から見た図

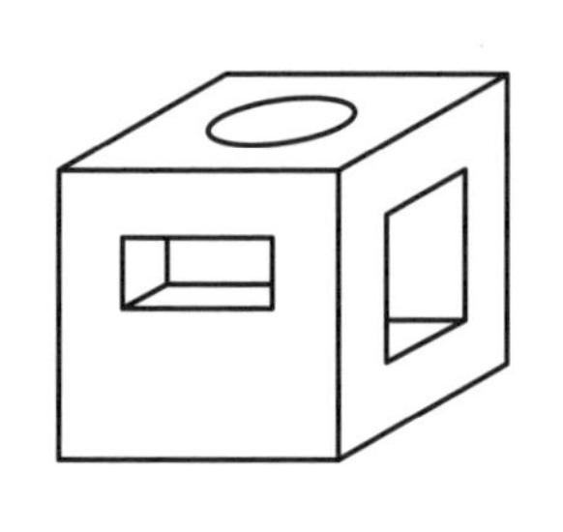

答え（　　　　cm³）

解答は別冊36ページ

36 最短距離

月　日

例題

下の図のような立方体および直方体の点Eから，辺BF上の点Iを通り，点Cまで糸を張る。糸の長さがもっとも短くなるとき，BIの長さを求めなさい。

(1) 一辺8cmの立方体

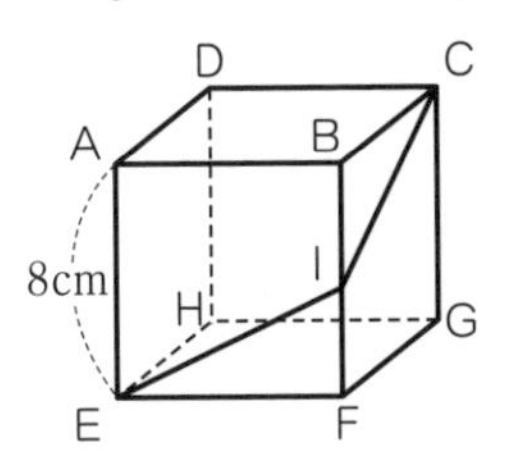

(2) 直方体

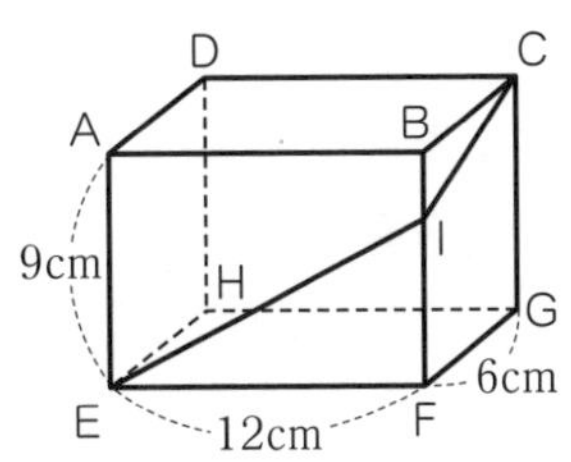

解説

解く手順を確認しましょう。(　　)にはあてはまることばや数を，〔　　〕には式を書きましょう。

(1)

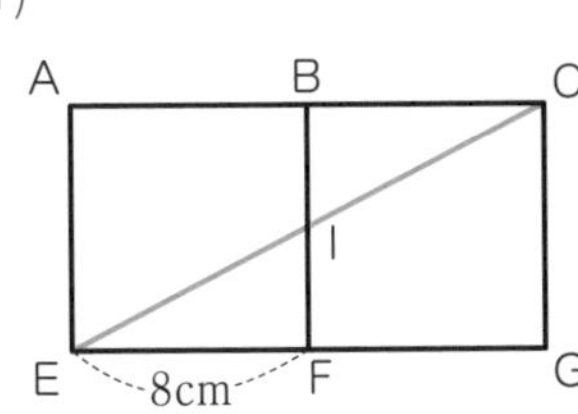

ステップ1 展開図をかきましょう。

展開図をかき，点Cと点Eを直線で結ぶと左の図のようになる。

ステップ2 三角形に着目しましょう。

三角形BICと三角形FIEは(①　　　　　)な三角形であるため，BI：FIは，(②　　：　　)である。

ステップ3 BIの長さを求めましょう。

(式)〔③　　　　　　　　　　　　〕(cm)

答え (④　　　　　cm)

(2)

ステップ1 展開図をかきましょう。

展開図をかき，点Cと点Eを直線で結ぶと左の図のようになる。

ステップ2 三角形に着目しましょう。

三角形BICと三角形FIEは(⑤　　　　　)の関係にある。

ステップ3 相似比からBIの長さを求めましょう。

BI：FI＝BC：FEが成り立つのでBC：FEは，

(⑥　　：　　)

(式)〔⑦　　　　　　　　　　　　〕(cm)

答え (⑧　　　　　cm)

覚えておこう！

・立体図形の表面を通る最短距離の問題では，必要な部分の展開図をかき，展開図上で直線にして考える。

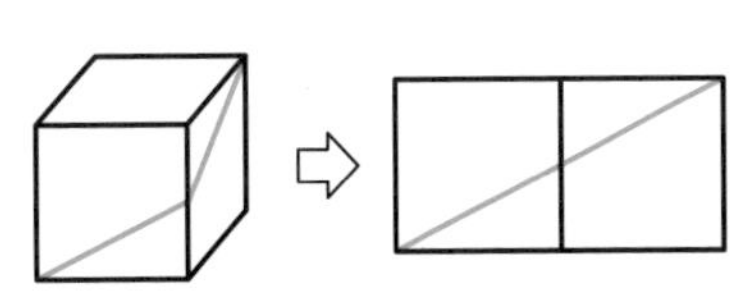

直線になれば最短。

答え　① 合同　② 1：1　③ 8÷2＝4　④ 4cm
⑤ 相似　⑥ 1：2　⑦ 9÷(1+2)×1＝3　⑧ 3cm

例題

半径3cm，高さ10cmの円柱の上面の点Aから，糸を円柱の側面をちょうど1周させて，点Aの真下にある底の点Bまで巻きつける。このとき，糸と上面でかこまれている，円柱の側面の面積を求めなさい。ただし，円周率は3.14とする。

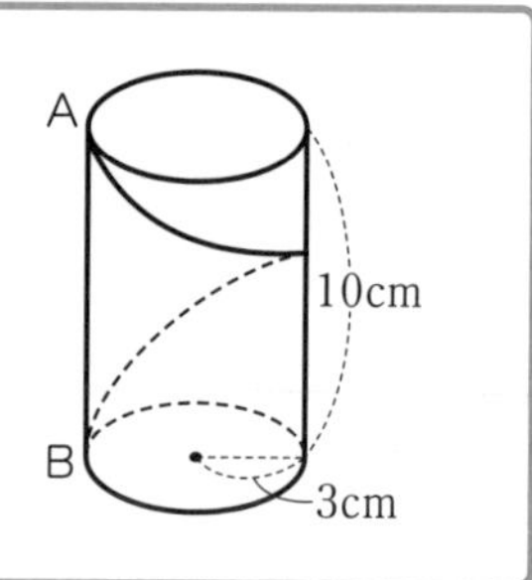

解説

解く手順を確認しましょう。(　　)にはあてはまることばや数を，〔　　〕には式を書きましょう。

A
A′
10cm
B
3cm

ステップ1 展開図をかきましょう。

展開図をかいてみると左の図のようになる。

この展開図の，三角形AA′Bの面積を求めればよい。

ステップ2 三角形AA′Bについて考えましょう。

ABはこの長方形の(①　　　　　)であるから，

三角形AA′Bの面積は，長方形の面積の(②　　　　　)である。

ステップ3 辺AA′の長さを求めましょう。

辺AA′の長さは，半径3cmの(③　　　　　　　)と等しい。

(式)〔④　　　　　　　　　　　　　　　〕(cm)

ステップ4 三角形AA′Bの面積を求めましょう。

(式)〔⑤　　　　　　　　　　　　　　　〕(cm^2)

答え (⑥　　　　　　cm^2)

覚えておこう！

- 糸を巻きつける問題は，展開図をかいて考えるとわかりやすい。
- 糸を，点Aから側面をちょうど1周させて真下の点Bにとう着するとき，1周まわってもどった点AをA′とすると，わかりやすい。

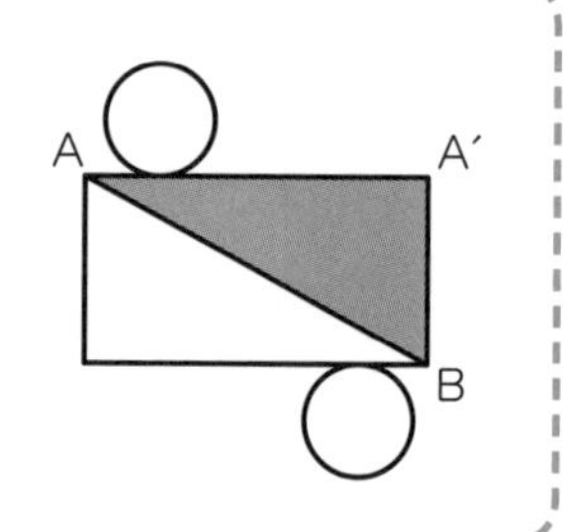

答え　① 対角線　② $\frac{1}{2}$　③ 円周の長さ　④ $3\times2\times3.14=18.84$
⑤ $18.84\times10\div2=94.2$　⑥ $94.2cm^2$

練習問題

1 次の問いに答えなさい。

□(1) 下のような直方体の点Eから，辺BF上の点Iを通り，点Cまで糸を張る。糸の長さがもっとも短くなるとき，台形IFGCの面積を求めなさい。

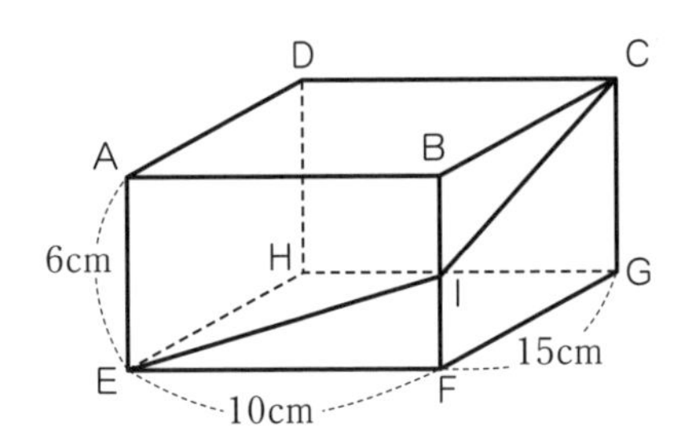

答え（　　　　　cm²）

□(2) 半径5cm，高さ8cmの円柱の上面の点Aから，糸を点Cの真下にある底の点Bまで糸の長さがもっとも短くなるように巻きつける。このとき，展開図をかいたときの三角形ABCの面積を求めなさい。ただし，円周率は3.14とする。

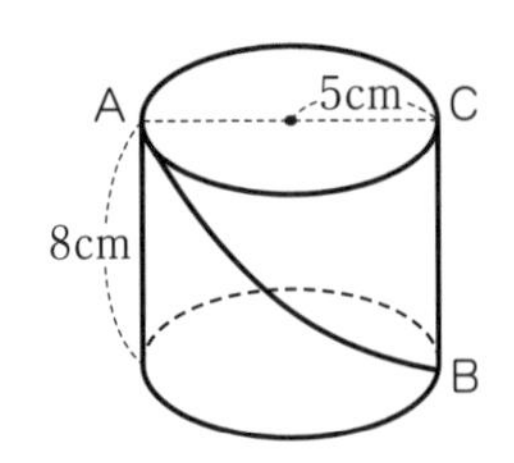

答え（　　　　　cm²）

2 右の図のような直方体の，点Aから辺BFと辺CGを通って点Hに行くもっとも短い道のりと辺BFとの交点をI，辺CGとの交点をJとする。このとき，次の問いに答えなさい。

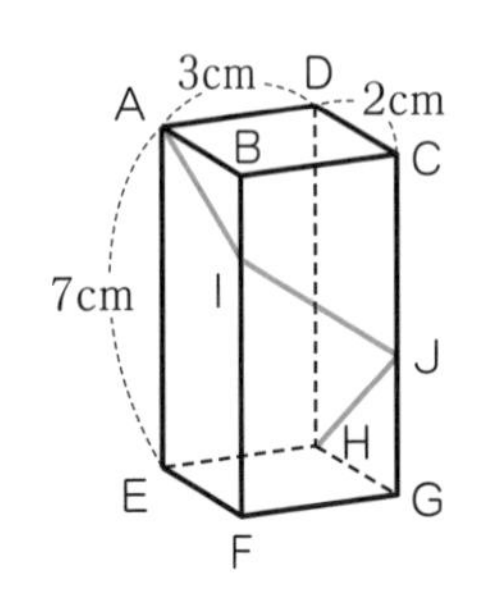

UP!! (1) 四角形AIFEの面積を求めなさい。
□

答え（　　　　　cm²）

(2) 四角形BIJCの面積を求めなさい。
□

答え（　　　　　cm²）

37 立体の切断

月 日

例題 次の●の3点を通る平面で立方体を切ったときの切り口を作図しなさい。

(1)

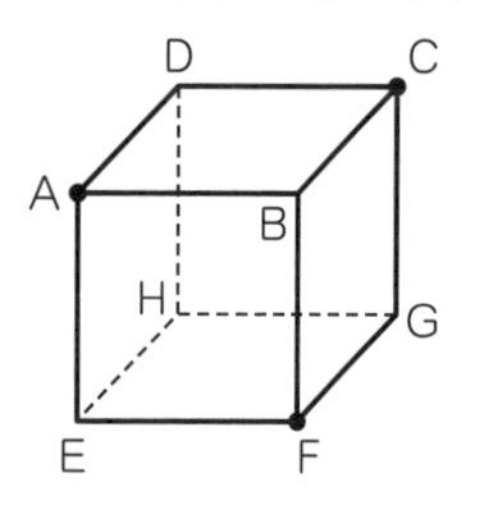

(2)

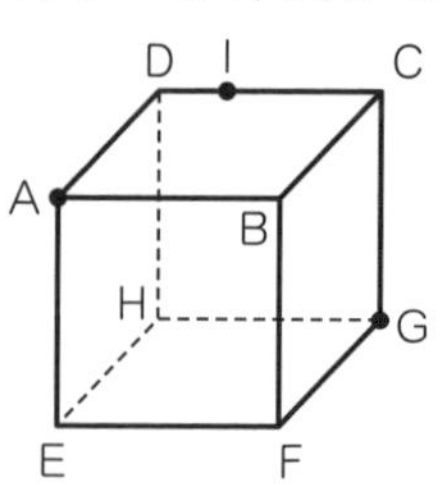

解説 解く手順を確認しながら，図にかきこみましょう。

(1) **ステップ1** 同じ平面上にある2つの点を直線でつなぎましょう。

AとC，CとF，AとFをそれぞれ直線で結ぶ。

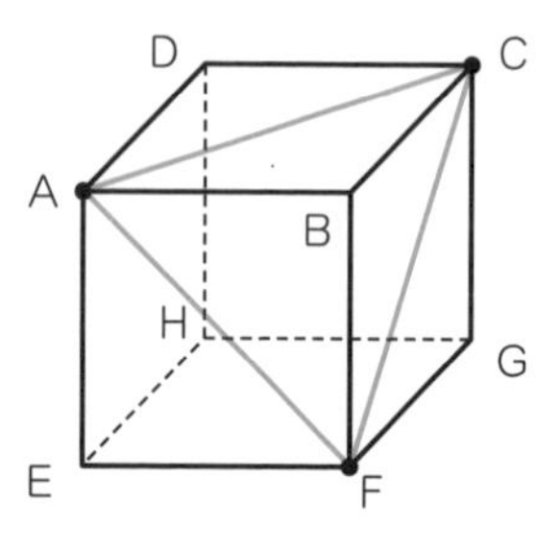

(2) **ステップ1** 同じ平面上にある2つの点を直線でつなぎましょう。

AとI，IとGをそれぞれ直線で結ぶ。

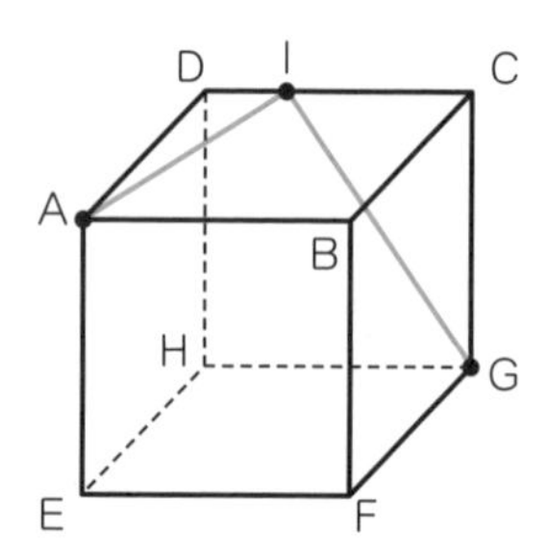

ステップ2 平行な面に，直線をかき入れましょう。

平行な面どうしの切り口は必ず平行になることから，面EFGHに点Gから直線AIと平行な直線と，点Aから面ABEFに直線IGと平行な直線をかく。

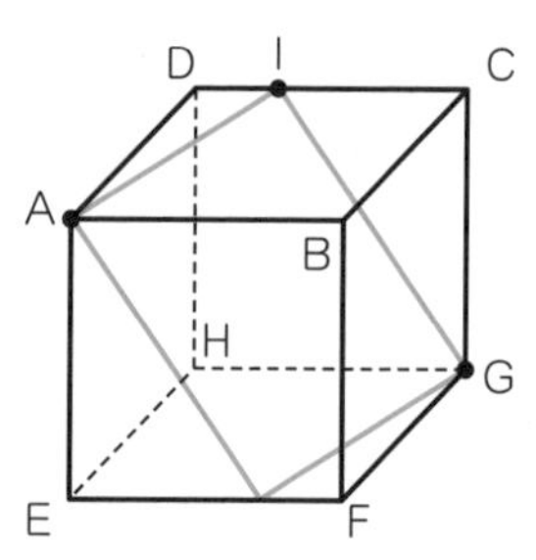

覚えておこう！

- 切断した立体の切り口の作図は，同じ面上にある2つの点を直線で結ぶ。
- 向かい合う平面上にある切り口の線は平行になる。

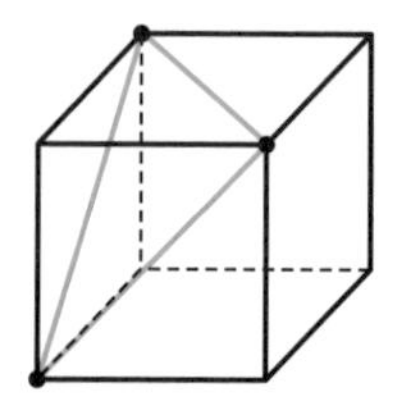

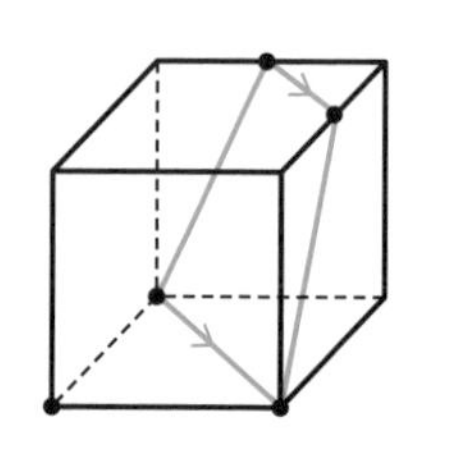

練習問題

1 次の●の3点を通るように立方体を切断したときの切り口を図にかきこみなさい。

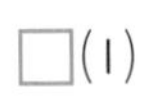
□(1)

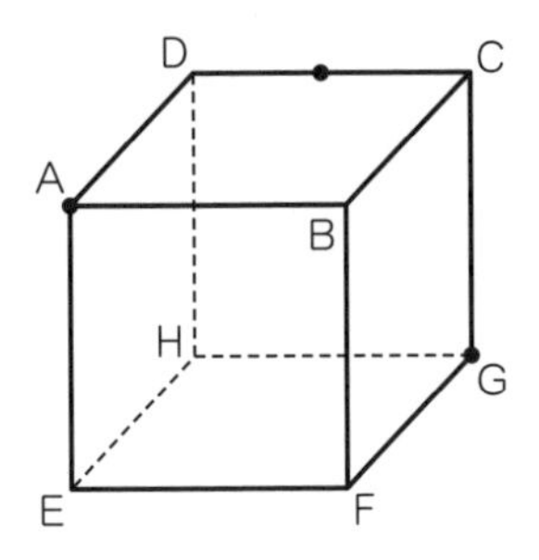

□(2)

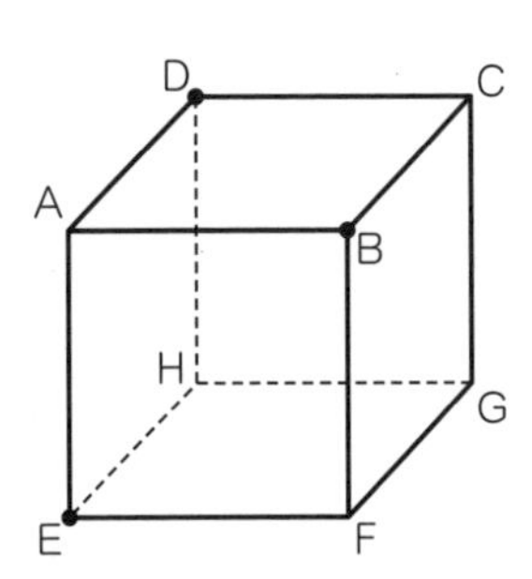

UP!! (3)
□

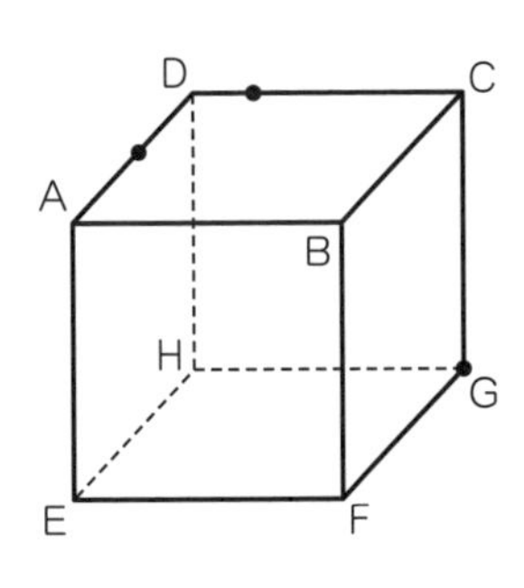

□(4)

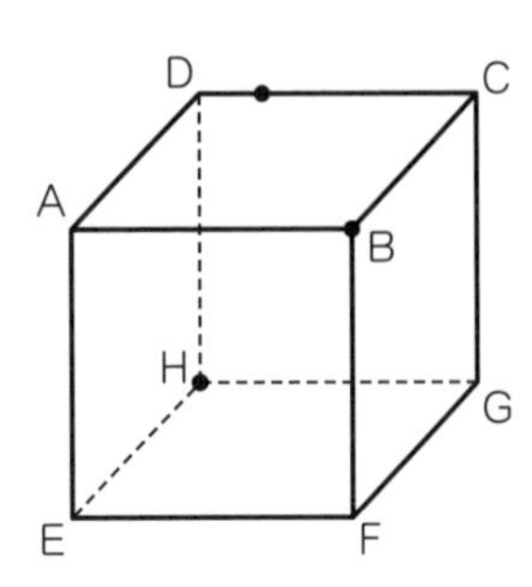

UP!! (5) （城北中）
□

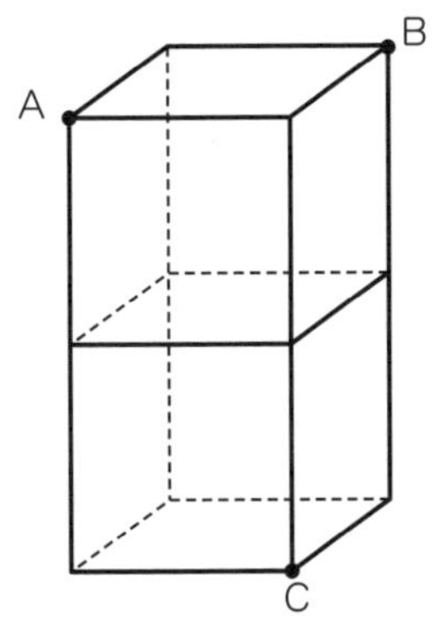

□(6)

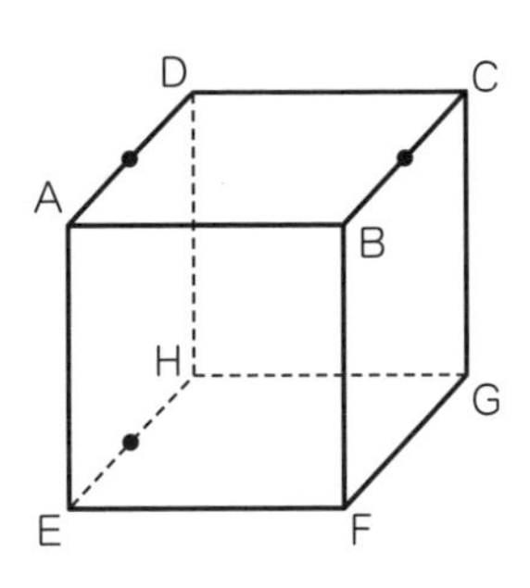

32~37 まとめ問題

87 ～ 101ページ
解答は別冊39ページ

月　日

1 次の問題に答えなさい。ただし，円周率は3.14とする。

□(1) 次のような立方体の展開図を組み立てたとき，面Aと平行な面を求めなさい。

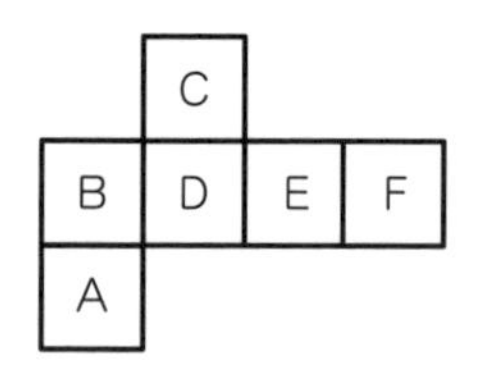

答え（　　　　）

□(2) 下の展開図を組み立てて直方体をつくる。イと垂直になる面を求めなさい。

（熊本マリスト学園中）

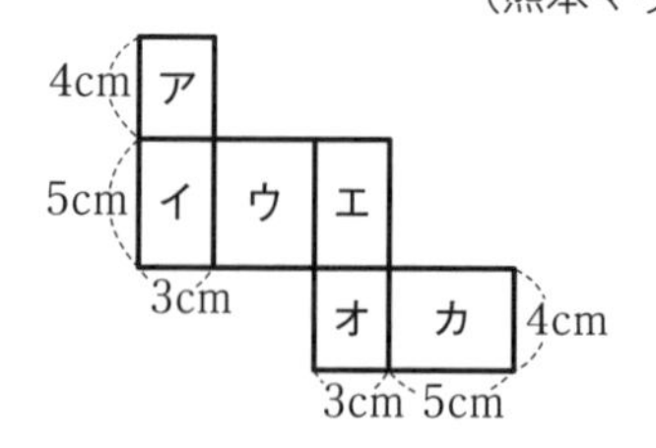

答え（　　　　）

□(3) 下の図のような台形を，直線㋐を軸として1回転させてできる立体の体積を求めなさい。

（和歌山信愛中）

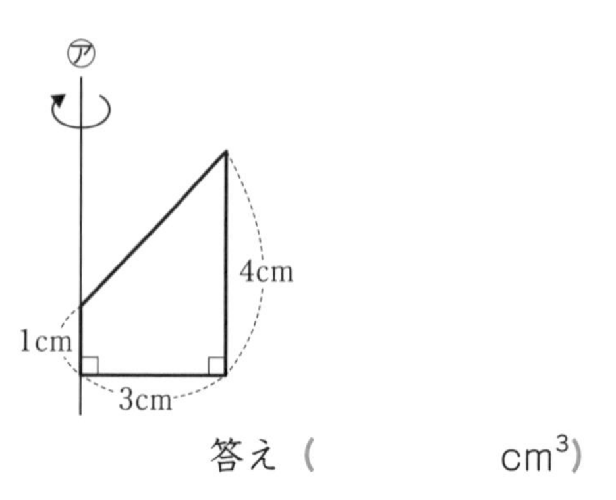

答え（　　　　cm^3）

□(4) 下のしゃ線部分の図形を，直線Aを軸にして1回転してできる立体の体積を求めなさい。

（三田学園中）

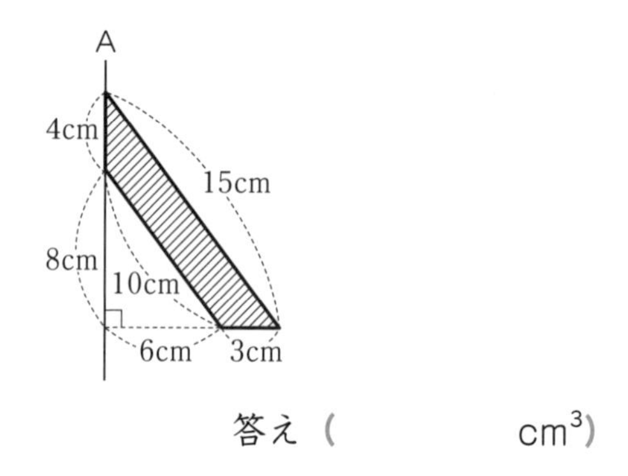

答え（　　　　cm^3）

□(5) 下の図のしゃ線部分を，直線ℓを軸として1回転してできる回転体の体積を求めなさい。

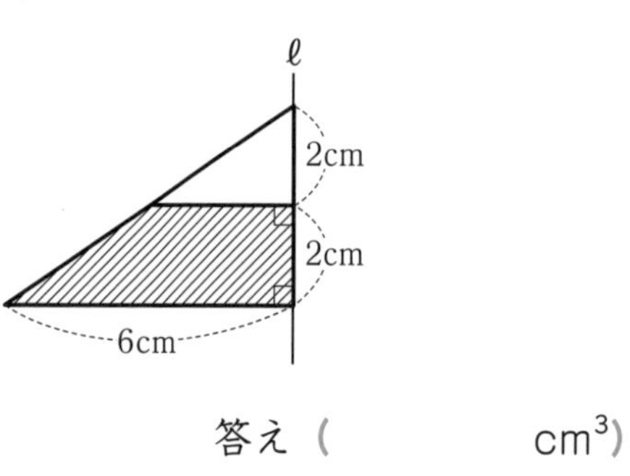

答え（　　　　cm^3）

□(6) 下の図のような四角すい台の体積を求めなさい。

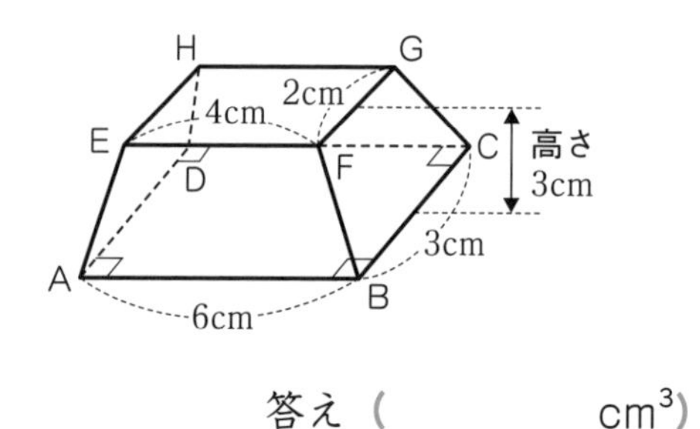

答え（　　　　cm^3）

2 次の問題に答えなさい。

□(1) 図のように一辺が1cmの立方体の積木を何個か重ねた。このとき，この立体の体積を求めなさい。（清風中・改）

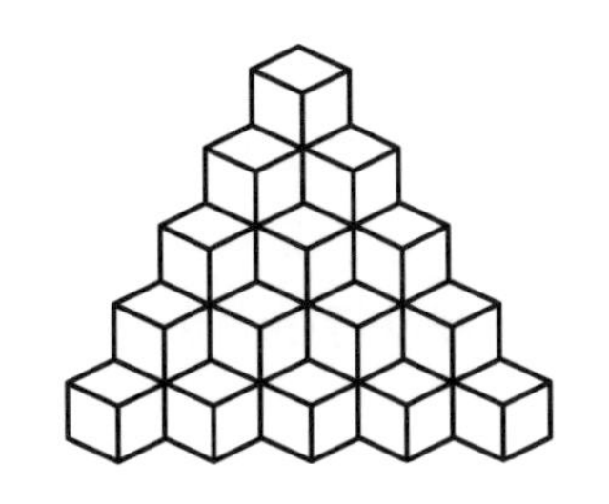

答え（　　　　cm³）

□(2) 一辺1cmの立方体を積み重ねて大きな立方体をつくった。次に右のようにしゃ線部を表面に垂直な方向に，はじめの大きな立方体の反対の面までくりぬいた。くりぬいた後の立体の体積を求めなさい。ただし，この立体はくずれないものとする。（國學院大學久我山中）

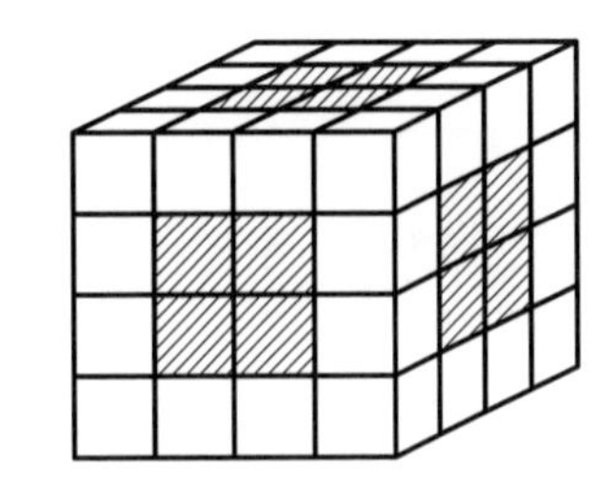

答え（　　　　cm³）

□(3) 図のような直方体において，頂点Aから辺ＢＦ，辺CGを通って頂点Hに行く最短の経路と辺BFとの交点をP，辺CGとの交点をQとしたとき，四角形BPQCの面積を求めなさい。

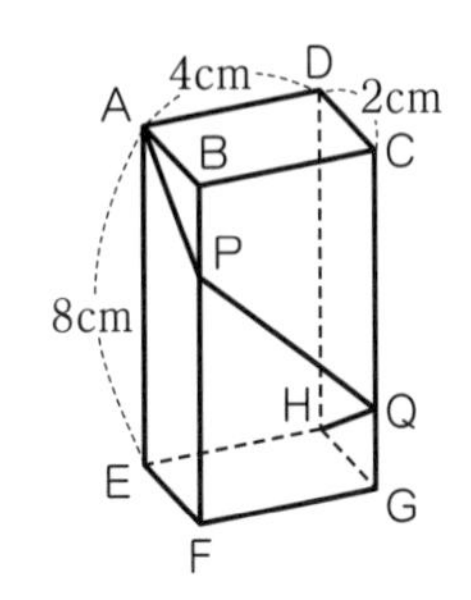

答え（　　　　cm²）

□(4) 右の図の立方体において，３点D，P，Qを通る平面で切断したときの切り口の図形は何角形になるか答えなさい。

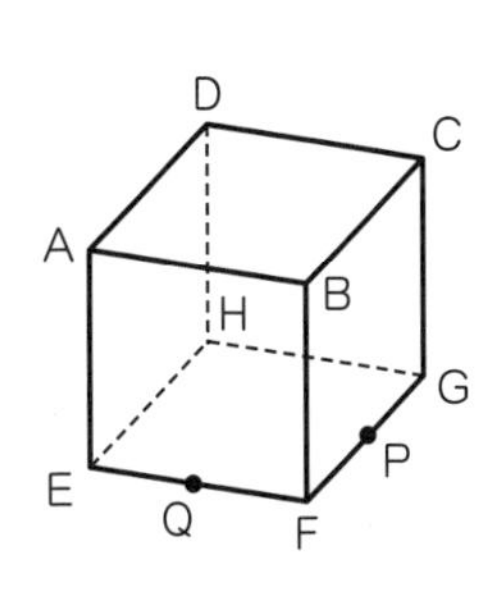

答え（　　　　）

38 水面の高さの変化（入れたものの体積を求める）

例題 下の図のような一辺10cmの立方体の容器に，深さ3cmのところまで水が入っている。ここに，石をしずめたところ，水の深さが5cmとなった。このとき，石の体積は何cm^3か求めなさい。

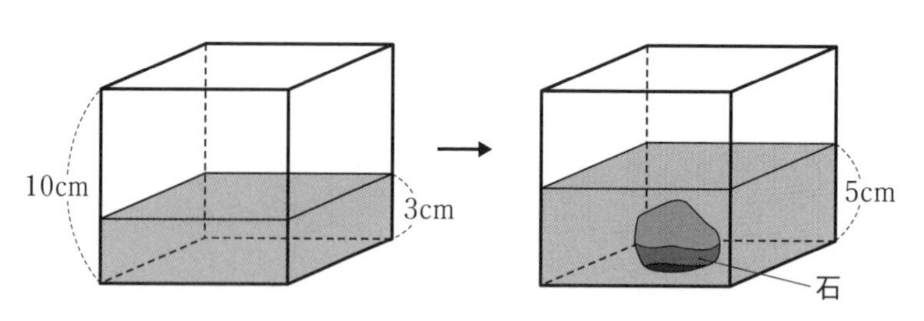

解説 解く手順を確認しましょう。（　）にはあてはまる数を，〔　〕には式を書きましょう。

ステップ① 容器に石を入れた前後の，水面の高さの変化を求めましょう。

（式）〔①　　　　　　　　〕(cm)

ステップ② 見かけ上増えた水の体積は，石の体積と等しいことを利用して，石の体積を求めましょう。

見かけ上，増えた水の体積は

（式）〔②　　　　　　　　〕(cm^3)

よって，石の体積は（③　　　　cm^3）である。

答え（④　　　　cm^3）

覚えておこう！

・見かけ上増えた水の体積＝石の体積　である。

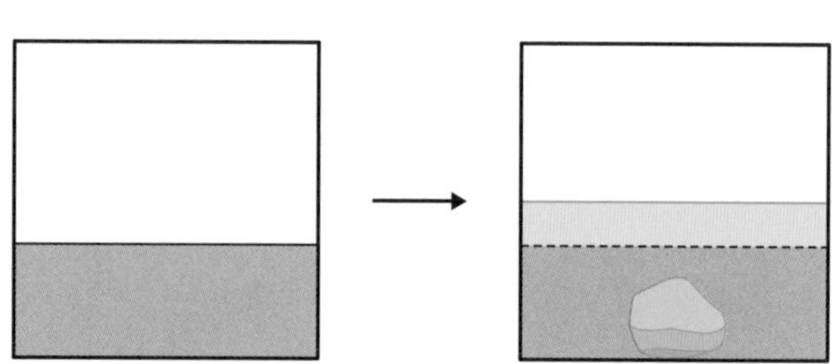

※色のついた部分の体積が等しい。

答え ① 5－3＝2　② 10×10×2＝200　③ 200cm^3　④ 200cm^3

練習問題

□ **1** 下の図のような円柱の水そうに水が入っている。そこに，完全に水につかるように石をいれたところ，水面の高さが4cm上がった。このとき，石の体積を求めなさい。ただし，円周率(えんしゅうりつ)は3.14とし，水そうの厚(あつ)みは考えないものとする。

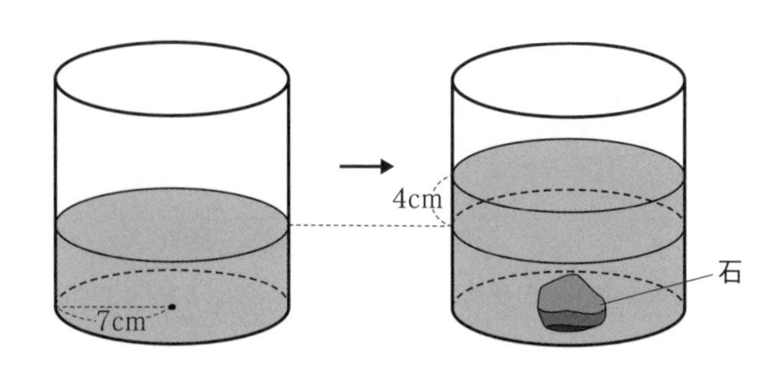

答え（　　　　　　cm³）

□ **2** 下の図のような円柱の水そうに深さ4cmまで水が入っている。そこに，完全に水につかるように大きい石と小さい石の2つの石をいれたところ，水の深さが5.5cmになった。2つの石の体積比(たいせきひ)が2：1のとき，大きい石の体積を求めなさい。ただし，円周率は3.14とし，水そうの厚みは考えないものとする。

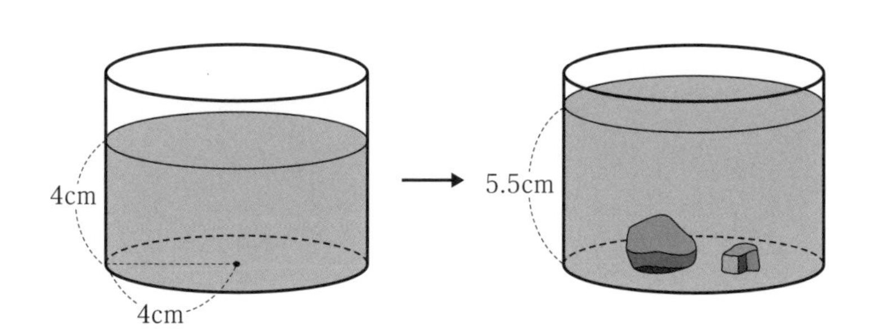

答え（　　　　　　cm³）

39 水面の高さの変化（高さの変化を求める）

月　日

例題

縦8cm，横10cm，高さ10cmの直方体の容器を水平な台の上に置き，水を入れたところ，水面の高さは8cmとなった。ここに一辺が4cmの立方体のおもりをしずめると，水面の高さは何cmになるか求めなさい。

（日本大学第三中・改）

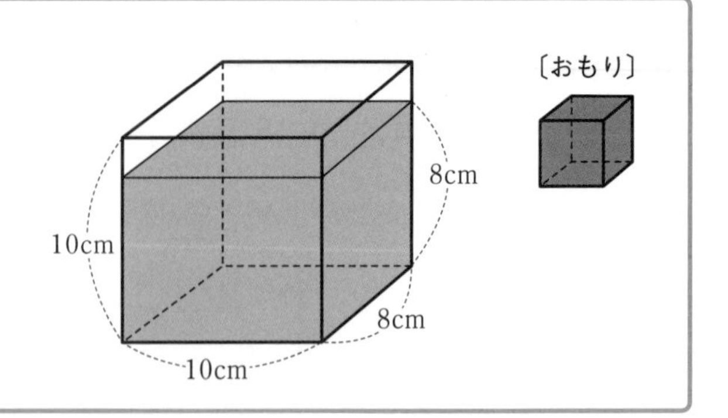

解説　解く手順を確認しましょう。（　）にはあてはまる数を，〔　〕には式を書きましょう。

ステップ① おもりの体積を求めましょう。

（式）〔①　　　　〕（cm^3）

ステップ② 容器の底面積を求めましょう。

（式）〔②　　　　〕（cm^2）

ステップ③ 見かけ上増えた水の体積＝おもりの体積　かつ，
上がった水面の高さ＝おもりの体積÷容器の底面積　であることを利用して，
水面が何cm上がったかを求めましょう。

上がった水面の高さは，

（式）〔③　　　　〕（cm）

よって，おもりをしずめた後の水面の高さは，

（式）〔④　　　　〕（cm）

答え（⑤　　　　cm）

覚えておこう！

- 上がった水面の高さ＝おもりの体積÷容器の底面積　である。

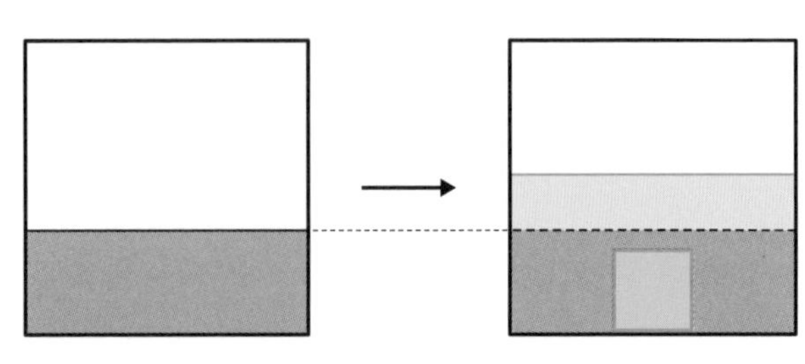

答え　①　4×4×4＝64　②　8×10＝80　③　64÷80＝0.8　④　8＋0.8＝8.8　⑤　8.8cm

練習問題

□ **1** 右の図のような直方体の水そうに，水がある高さまで入っている。そこに，完全(かんぜん)に水につかるよう（ア）のような直方体を入れたところ，高さが6.5cmとなった。このとき，直方体を入れる前の水面の高さは何cmか求めなさい。

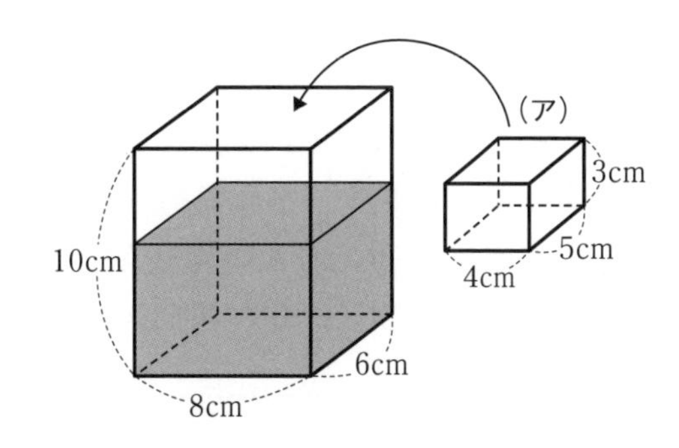

答え（　　　　　cm）

UP!! **2** □ 右の図のような直方体の容器に，底面が１辺5cmの正方形で高さが18cmのおもりが入っている。その状態(じょうたい)で，直方体の容器に水をいっぱいに入れた。この状態から，水がこぼれないように，おもりを取ると，水面の高さは何cmになるか求めなさい。

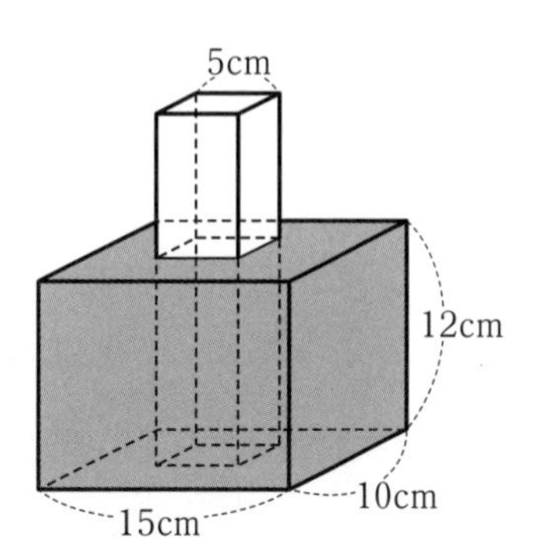

答え（　　　　　cm）

40 底面積と水の深さ

月　日

例題

右の図のような密閉された直方体の容器に，水が3cmの高さまで入っています。この容器を，四角形ABCDを下にしたとき，水面の高さを次のように求めなさい。

(1)　四角形BCGFと四角形ABCDの面積を使う。

(2)　四角形BCGFと四角形ABCDの面積の比を使う。

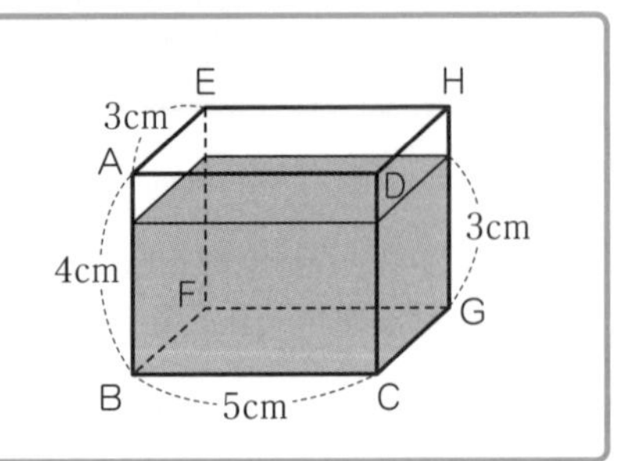

解説

解く手順を確認しましょう。(　　)にはあてはまることばや数を，〔　　〕には式を書きましょう。

(1) **ステップ1** 容器に入っている水の体積を求めましょう。

(式)〔①　　　　　　　　　　　〕(cm^3)

ステップ2 四角形ABCDの面積を求めましょう。

(式)〔②　　　　　　　　　　　〕(cm^2)

ステップ3 水面の高さ＝水の体積÷容器の底面積　を利用して，底面を変えたときの水面の高さを求めましょう。

(式)〔③　　　　　　　　　　　〕(cm)

答え (④　　　　　cm)

(2) **ステップ1** 水の体積が一定のとき，容器の底面積の比と水面の高さの比は逆比となることを利用して，水面の高さを求めましょう。

四角形BCGFと四角形ABCDの面積の比は(⑤　　：　　)

求める水面の高さを$x$cmとすると，(⑤　　：　　)＝(⑥　　：　　)

よって，xの値は

(式)〔⑦　　　　　　　　　　　〕(cm)

答え (⑧　　　　　cm)

覚えておこう！

・水の体積が一定のときは，容器の底面積の比と水面の高さの比は逆比となる。

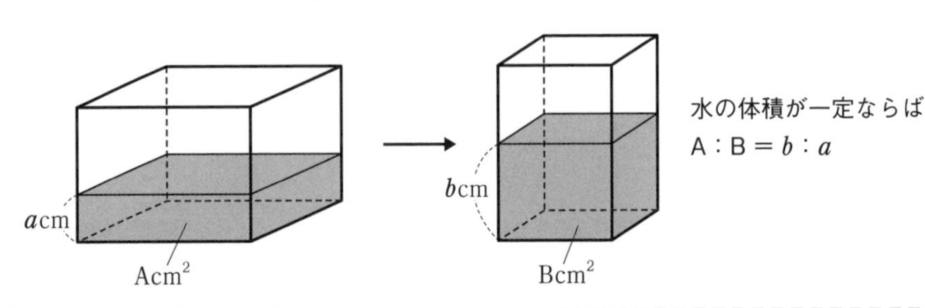

答え　① 3×5×3＝45　② 4×5＝20　③ 45÷20＝2.25　④ 2.25cm　⑤ 3：4　⑥ x：3　⑦ $3\times\frac{3}{4}=\frac{9}{4}$ (＝2.25)　⑧ $\frac{9}{4}$ (2.25) cm

練習問題

1 図1のような，直角をはさむ2辺の長さが10cmの直角三角形を底面とする，高さ25cmの密閉された三角柱の容器がある。このとき，次の問いに答えなさい。ただし，容器の厚さは考えないものとする。（関西大学北陽中・改）

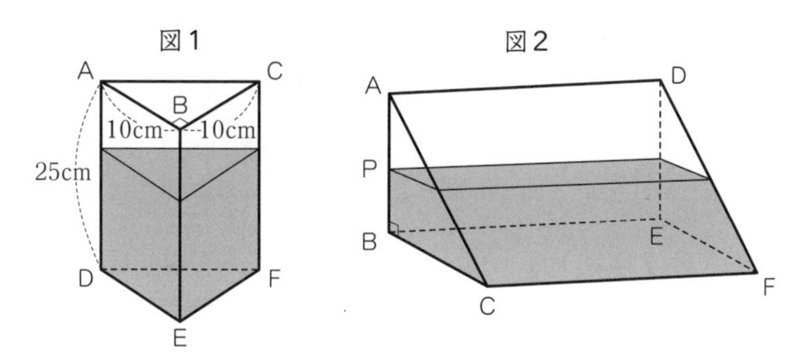

□(1) この容器を図1のように三角形DEFが底面になるように置き，高さ16cmまで水が入っている。このとき，水の体積は何cm^3か求めなさい。

答え（　　　　cm^3）

□(2) (1)のとき，この容器を図2のように四角形BCFEが底面になるように置いた。このとき，水面の高さBPは何cmか求めなさい。

答え（　　　　cm）

□**2** 右の図のような密閉された三角柱の容器に，四角形BCFEを底面として高さが半分のところまで水が入っている。この容器を，三角形ABCが底面となるように置いたとき，水面の高さを求めなさい。

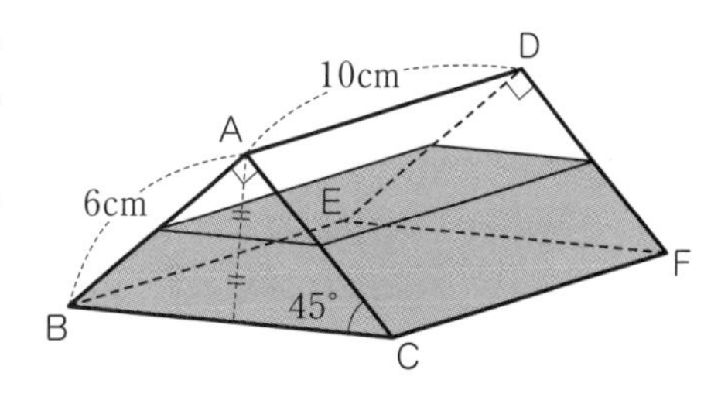

答え（　　　　cm）

41 水を入れた容器をかたむける

月　日

例題

図1のように水が入っている直方体を図2のようにして水がこぼれないようにかたむけたとき，ⓐの長さを求めなさい。

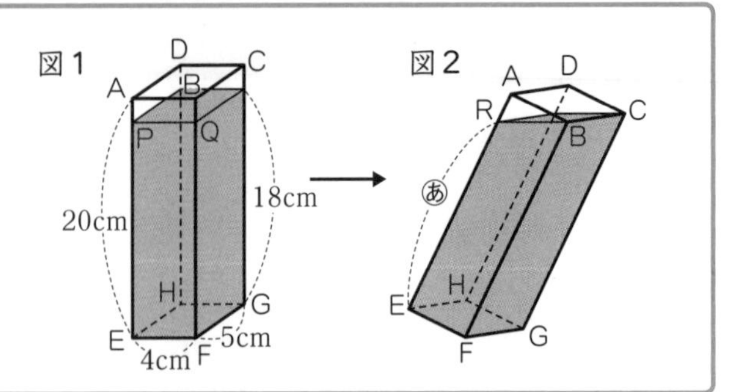

解説

解く手順を確認しましょう。(　　)にはあてはまることばや数を，〔　　〕には式を書きましょう。

ステップ1 図1，図2の水が入っている部分の形に注目し，辺EHを高さとしたときの底面を考えましょう。

図1では四角形(①　　　　)，図2では四角形(②　　　　)が底面となる。

ステップ2 ステップ1の2つの四角形の大きさを比べましょう。

水の体積はどちらも等しく，水面の高さも等しいので2つの四角形の面積は(③　　　　)。

ステップ3 図1の底面積を利用して，ⓐの長さを求めましょう。

四角形(①　　　　)の面積は，

(式)〔④　　　　　　　　　　〕(cm^2)

よって，四角形(②　　　　)の面積を求める式は，ⓐを用いて表すと，

(式)〔⑤　　　　　　　　　　〕(cm^2)

となるので，ⓐ＝(⑥　　　　cm)となる。

答え (⑦　　　　cm)

覚えておこう！

- 水を入れた容器をかたむけたとき，かたむける前後で水面の高さと水の体積が等しければ，底面積は等しくなる。

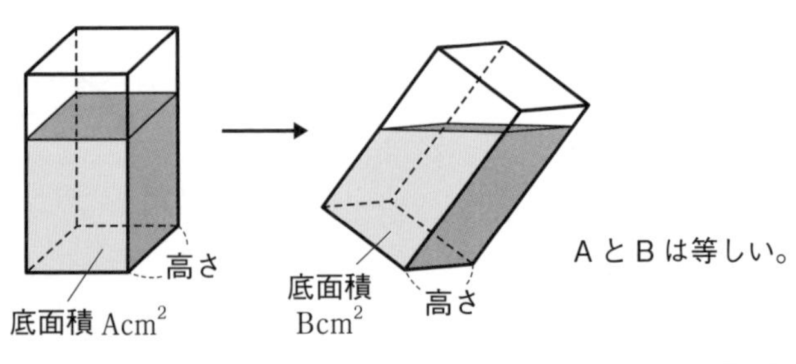

答え　① PEFQ　② REFB　③ 等しい　④ 18×4＝72　⑤ (ⓐ＋20)×4÷2＝72　⑥ 16cm　⑦ 16cm

練習問題

1 次の問いに答えなさい。

□(1) 図1のように一辺8cmの立方体に水が入っている。これを，図2のようにかたむけたとき，㋐の長さを求めなさい。ただし，直線ABと直線CDは平行とする。

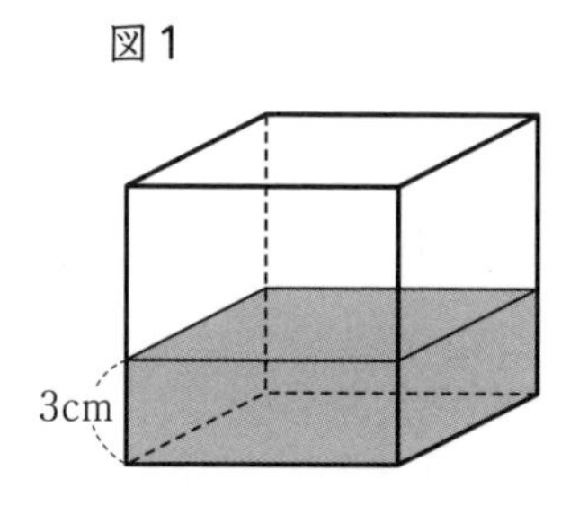

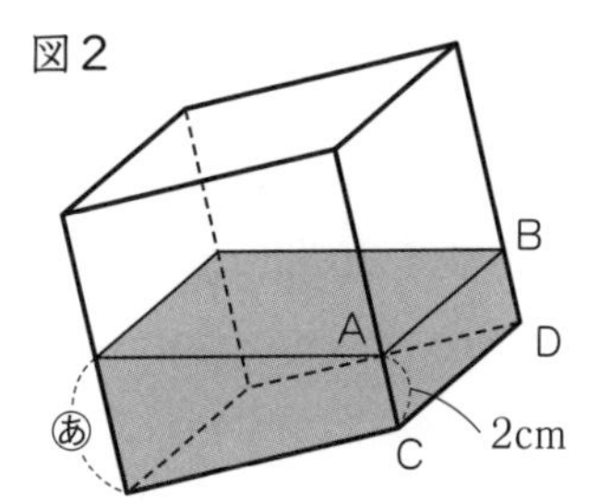

答え（　　　　　cm）

□(2) 図1のように一辺12cmの立方体に水が入っている。これを，図2のようにこぼれないようにかたむけたとき，㋑の長さを求めなさい。

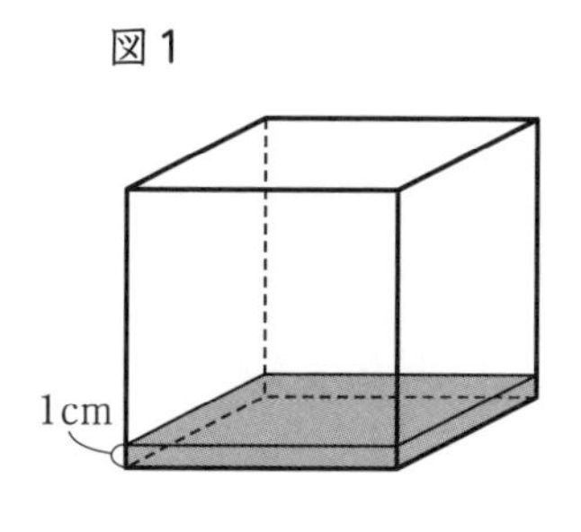

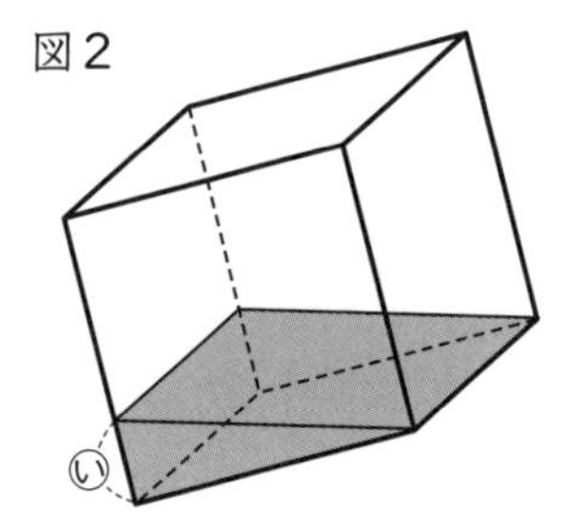

答え（　　　　　cm）

42 水の変化とグラフ（仕切りなし）

月　日

例題

右の図1のような水そうに，一定の割合(わりあい)で水を入れる。図2のグラフは，水を入れ始めてからの時間と水面の高さの関係(かんけい)を表したものである。このとき，次の問いに答えなさい。

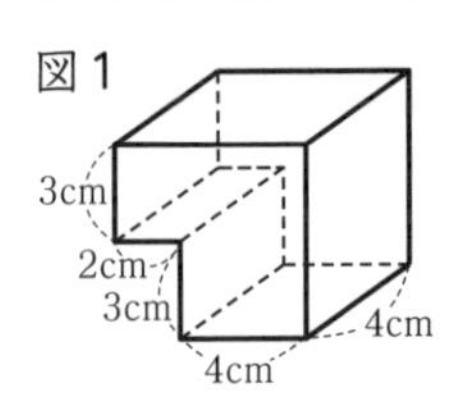

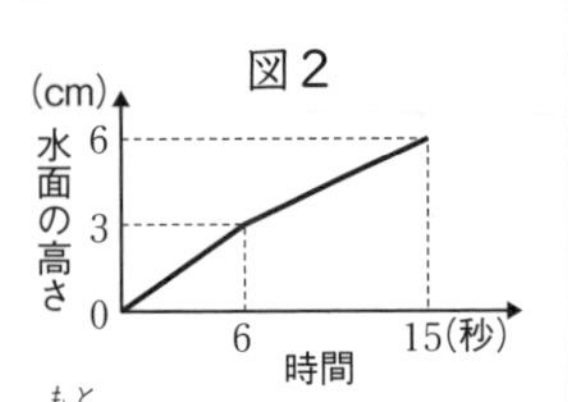

(1) 水そうに水を12秒間入れ続(つづ)けたとき，水面の高さは何cmか求(もと)めなさい。

(2) 水面の高さが4cmになるのは，何秒間水を入れ続けたときか求めなさい。

解説 解(と)く手順(てじゅん)を確認(かくにん)しましょう。（　）にはあてはまる数を，〔　〕には式を書きましょう。

(1) **ステップ1** ㋑の部分に水がいっぱいになる時間を考えましょう。

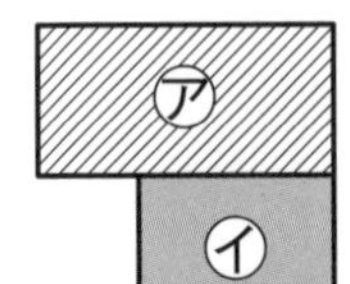

水そうを正面から見ると右の図のようになる。㋑の部分に水がいっぱいになる時間は，図2より（① 　）秒間。

ステップ2 ㋐の部分では，1秒間で水面が何cm高くなるか求めましょう。

（② 　）秒間で（③ 　）cm水面が高くなっているので，1秒間で上がる水面の高さは，

（式）〔④ 　〕(cm)

ステップ3 ㋐の部分では，何cmの高さまで水が入るか求めましょう。

㋐の部分は，（⑤ 　）秒間水が入るので，

（式）〔⑥ 　〕(cm)

ステップ4 12秒間入れたとき，水面の高さを求めましょう。

（式）〔⑦ 　〕(cm)　　答え（⑧ 　cm）

(2) **ステップ1** ㋐の部分で，何秒間水を入れるか求めましょう。

㋐の部分は（⑨ 　）cmの高さまで水が入るので，かかる時間は，

（式）〔⑩ 　〕(秒)

ステップ2 水面の高さが4cmのとき，かかった時間を求めましょう。

（式）〔⑪ 　〕(秒)　　答え（⑫ 　秒）

覚えておこう！

- 横軸(よこじく)に時間，縦軸(たてじく)に水面の高さをとったグラフでは，水そうの形と，グラフが折(お)れた部分に注目する。
  └段(だん)の高さと同じになる

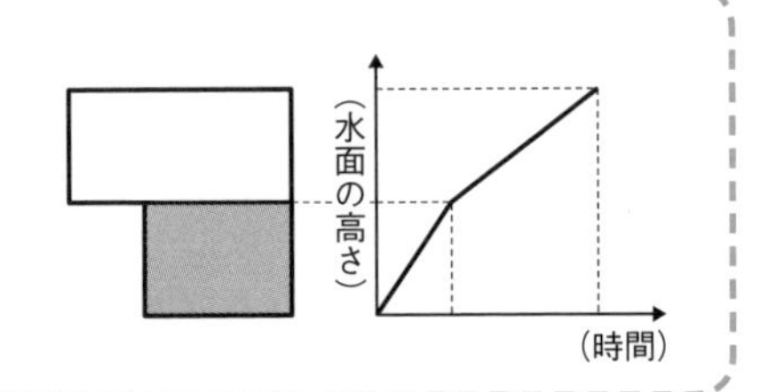

答え　① 6　② 9　③ 3　④ $3\div9=\frac{1}{3}$　⑤ 6　⑥ $\frac{1}{3}\times6=2$　⑦ 3＋2＝5　⑧ 5cm　⑨ 1　⑩ $1\div\frac{1}{3}=3$　⑪ 6＋3＝9　⑫ 9秒

練習問題

1 図1のような水そうに，一定の割合で水を入れる。図2のグラフは，水を入れ始めてからの時間と水面の高さを表したものである。このとき，次の問いに答えなさい。

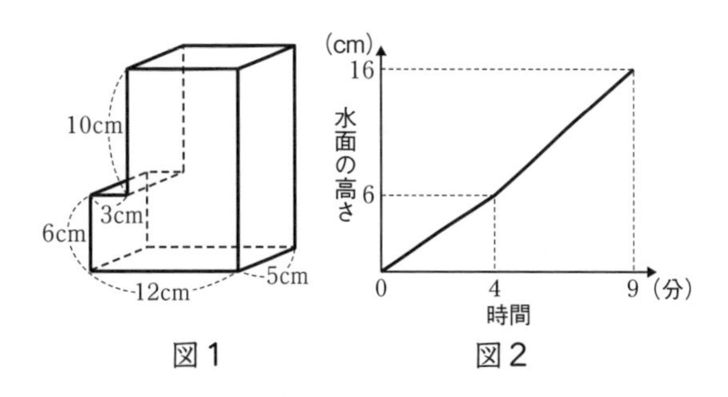

□(1) 水を7分間入れ続けたときの水面の高さを求めなさい。

答え（　　　　cm）

□(2) 水面の高さを10cmにするためには，水を何分間入れ続ければよいか求めなさい。

答え（　　　　分）

2 図1のような水そうに，一定の割合で水を入れる。図2のグラフは，水を入れ始めてからの時間と水面の高さを表したものである。このとき，次の問いに答えなさい。

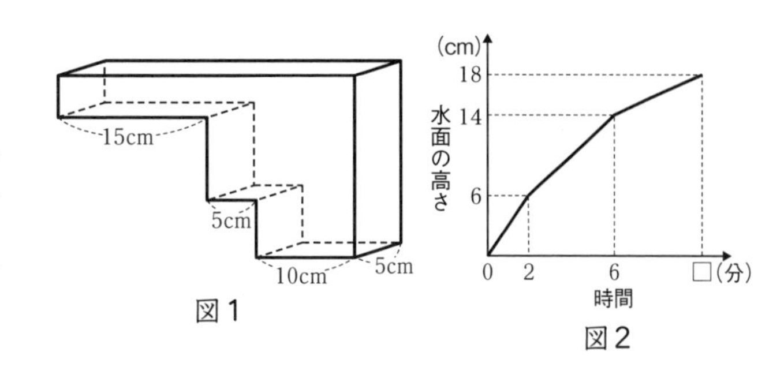

□(1) 容器いっぱいに水を入れるのにかかる時間を求めなさい。

答え（　　　　分）

□(2) 水面の高さが10cmになるのは，何分間水を入れ続けたときか求めなさい。

答え（　　　　分）

□(3) 8分間水を入れ続けたときの水面の高さを求めなさい。

答え（　　　　cm）

解答は別冊42ページ

43 水の変化とグラフ（仕切りあり）

月　日

例題

次のような仕切り板の入った直方体の水そうに，左側の部分から水を入れた。グラフは，水を入れ始めた時間と辺AEで測った水面の高さの関係を表している。このとき，次の問いに答えなさい。

(1) ア にあてはまる数を求めなさい。

(2) イ にあてはまる数を求めなさい。

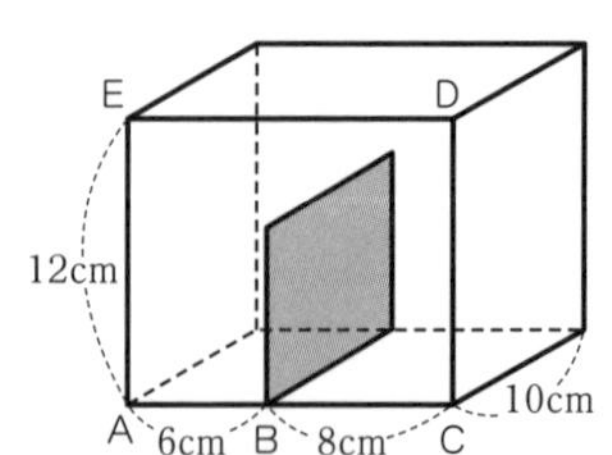

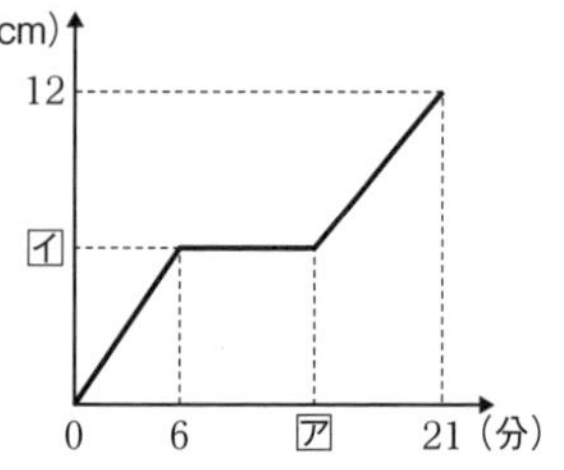

解説　解く手順を確認しましょう。(　　)にはあてはまる数を書きましょう。

(1)

あ (21−ア)分
い 6分
う (ア−6)分
12cm
イ
6cm
8cm

ステップ1 かかった時間の関係を整理しましょう。

左の図のようにあ〜うに分け，それぞれが水で満たされるのにかかった時間をまとめる。

ステップ2 底面積の比を求めましょう。

いの底面積：うの底面積＝(① 　　：　　)

ステップ3 ア にあてはまる数を求めましょう。

いとうは高さが等しいので，かかった時間の比は底面積の比に等しい。

6：(ア − 6) = (② 　　：　　)

ア = (③ 　　)

答え (④ 　　分)

(2) **ステップ1** 高さの比を求めましょう。

水そう全体とい＋うは底面積が等しいので，高さの比はかかった時間の比に等しい。

12：イ = 21：ア = (⑤ 　　：　　)

イ = (⑥ 　　)

答え (⑦ 　　cm)

覚えておこう！

• 比例を用いて考える。
　└時間の比＝体積の比

高さが同じとき，　時間の比＝底面積の比

底面積が同じとき，　時間の比＝高さの比

答え　① 3：4　② 3：4　③ 14　④ 14分　⑤ 3：2　⑥ 8　⑦ 8cm

練習問題

1 図1のような直方体の水そうが，側面(そくめん)と平行な長方形の仕切り板によって2つの部分A，Bに分けられている。Aの部分へ毎秒60cm^{3}の割合(わりあい)で水を入れたところ，75秒で水そうがいっぱいになった。このとき，水を入れ始めてからの時間と，水の深さの関係をグラフに表すと，図2のようになった。仕切り板の厚(あつ)みは考えないものとし，次の問いに答えなさい。

（桐蔭学園中）

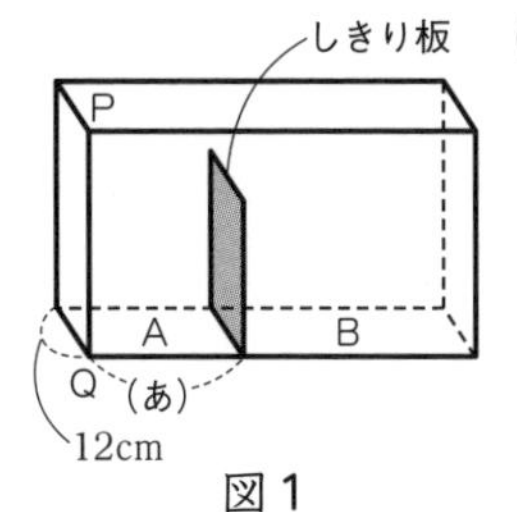

図1

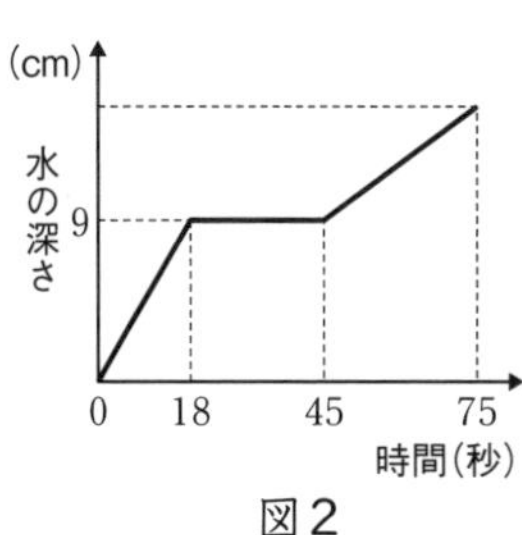

図2

□(1) 仕切り板の高さを求めなさい。

答え（　　　　　cm）

□(2) (あ)の長さを求めなさい。

答え（　　　　　cm）

□(3) 直方体の水そうの深さを求めなさい。

答え（　　　　　cm）

2 図1のような直方体の水そうが，2枚の同じ高さの仕切り板でア，イ，ウに分けられている。アの部分に水を入れたところ，水を入れ始めてからの時間と，水の深さの関係は，図2のグラフのようになった。仕切り板の厚みは考えないものとし，次の問いに答えなさい。

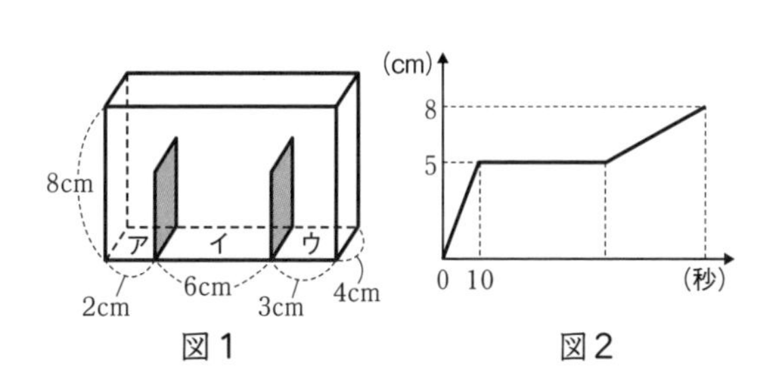

図1　図2

UP!! (1) イからウに水があふれ出すのは，水を入れ始めてから何秒後か求めなさい。
□

答え（　　　　　秒後）

UP!! (2) この水そうがいっぱいになるのは，何秒後か求めなさい。
□

答え（　　　　　秒後）

38~43 まとめ問題

104 ~ 115ページ
解答は別冊43ページ

月　日

1 図1のような円すいの容器(ようき)を水平になるように置(お)き，図2の高さまで水を入れた。このとき，次の問いに答えなさい。ただし，円周率(えんしゅうりつ)は3.14とする。

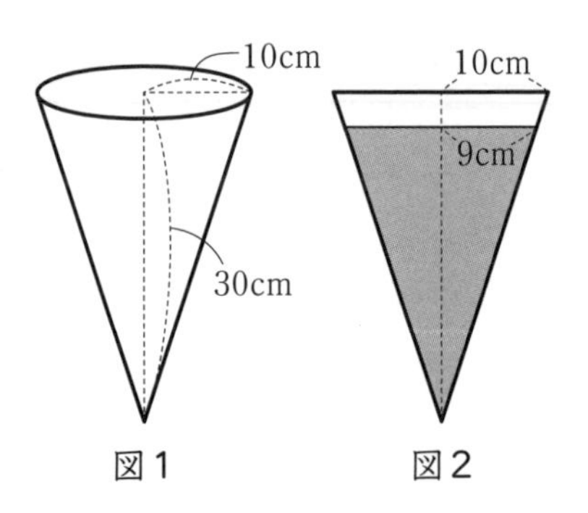

図1　図2

□(1) 図2の水面の高さは何cmか求(もと)めなさい。

答え（　　　　cm）

□(2) 容器の容積(ようせき)と入っている水の体積はそれぞれ何cm^3か求めなさい。

答え（容器　　　　cm^3，水　　　　cm^3）

□(3) 図3のように，この容器に石を入れたところ，容器から水が15cm^3あふれた。この石の体積は何cm^3か求めなさい。

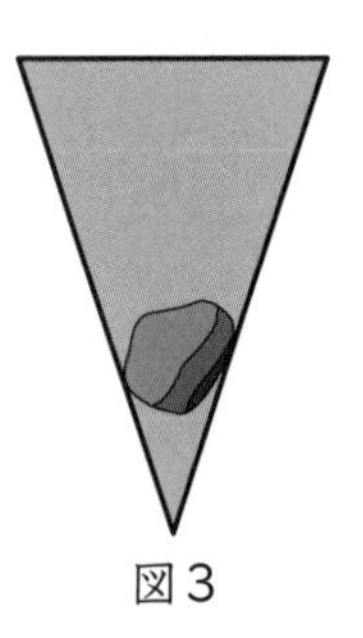
図3

答え（　　　　cm^3）

2

右の図1のような，立方体から直方体を切り取ってつくった容器に水を入れて，ふたをした。図2のように，45°かたむけたところ，ぬりつぶした部分まで水が入っていた。このとき，次の問いに答えなさい。

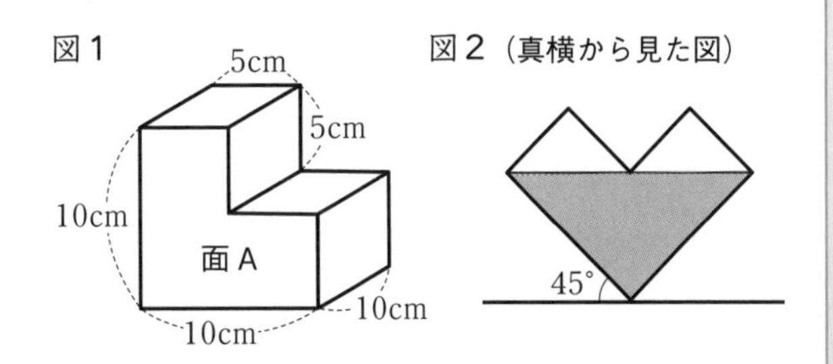

□(1) 容器に入っている水の体積は何cm^3か求めなさい。

答え（　　　　cm^3）

□(2) 容器の面Aを底（そこ）にして置いたとき，水面の高さは何cmか求めなさい。

答え（　　　　cm）

3

図のような，大きさの異（こと）なる直方体を3個（こ）つなげた形の容器がある。アの部分から水を10L入れると，水面の高さは14cmになった。このとき，次の問いに答えなさい。（西武学園文理中・改）

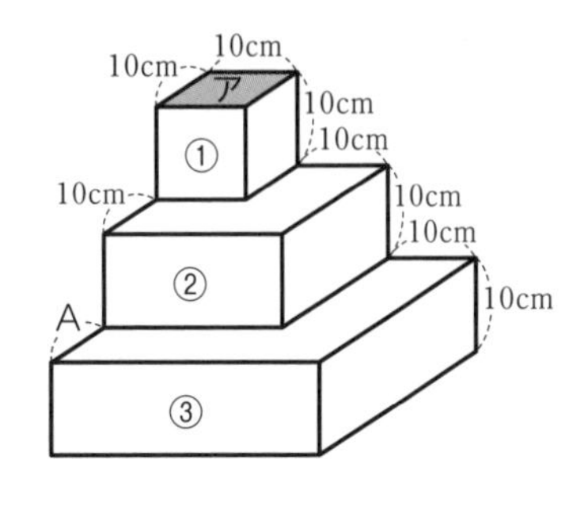

□(1) 図の②の直方体に入った水の体積は何Lか求めなさい。

答え（　　　　L）

□(2) Aの部分の長さは何cmか求めなさい。

答え（　　　　cm）

適性検査型 ❶

解答は別冊44ページ

月　日

◆小学6年生の春男さんと中学生の姉の夏実さんは，おじさんがおもちゃを売るお店を始めたと聞き，お店に行きました。次の問いに答えなさい。　（山形県立東桜学館中）

おじさんのお店の中に入ると，おもちゃの箱がたくさん置(お)かれていました。2人は，その箱の中に，図1のような線が印刷(いんさつ)され，1つの面に色がぬられている立方体の箱を見つけました。

図1の線は，辺(へん)AB，辺AD，辺AEのそれぞれの真ん中の点ア，イ，ウと，辺CG，辺FG，辺GHのそれぞれの真ん中の点エ，オ，カを通っています。また，図2は，この箱の展開図(てんかいず)です。

〔図1〕　立方体の箱

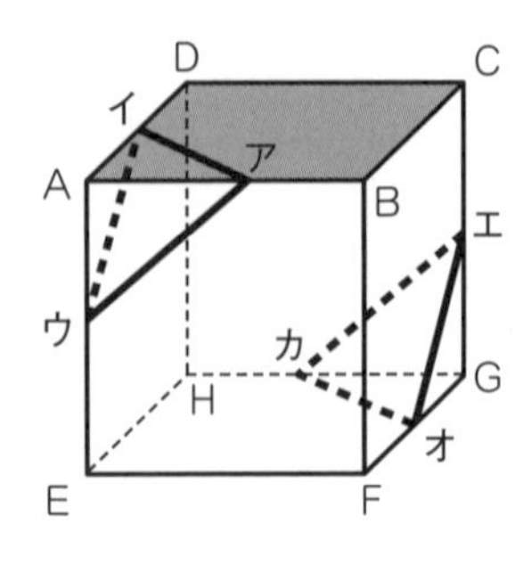

〔図2〕　展開図

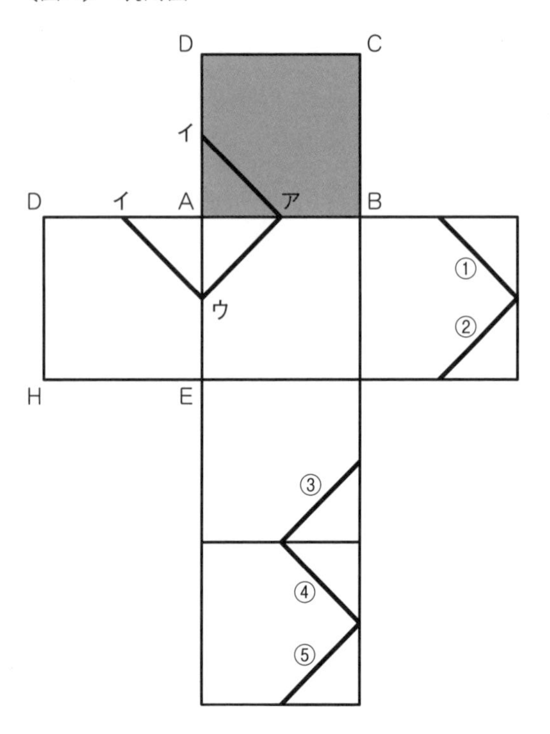

(1) 図2の展開図に，図1の線がすべてかいてあるものとするとき，点**エ**，**オ**，**カ**を結んだ線を図2の①～⑤の線の中からすべて選び，記号で書きなさい。

答え（　　　　　　　）

さらに他の箱を見てみると，次のような，縦横1cmの方眼の上に4種類のマークがえがかれた箱を見つけました。

ア

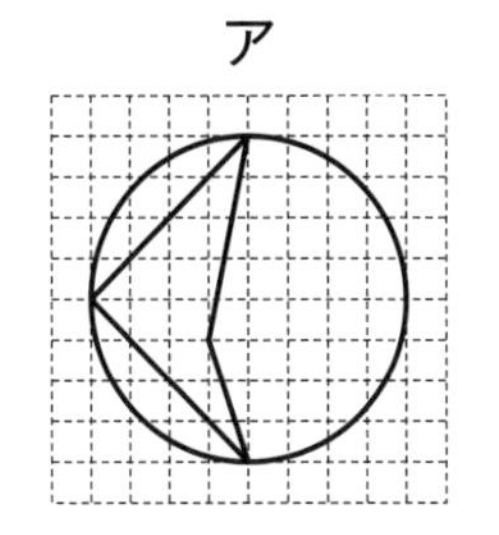

イ

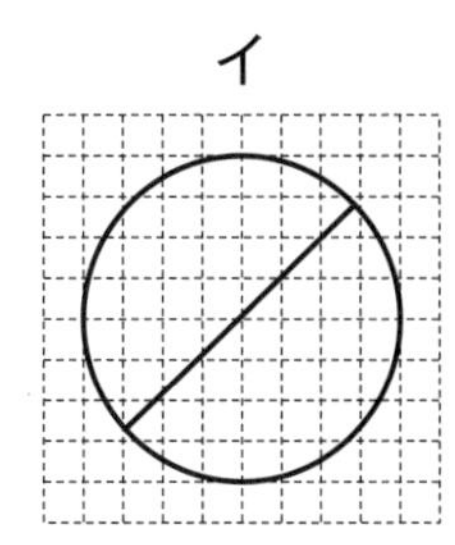

ウ

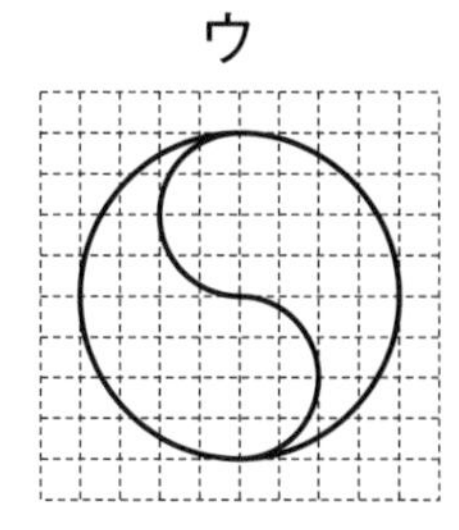

エ

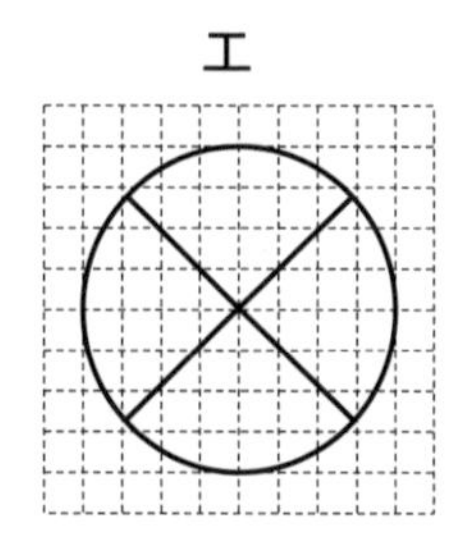

(2) 太線でえがかれた**ア**～**エ**のマークの中から，線対称でもあり点対称でもあるものをすべて選び，記号で書きなさい。

答え（　　　　　　　）

適性検査型 ❷

解答は別冊44ページ　　月　日

◆太郎さんと花子さんは〔図1〕のような立体を見てからいろいろなことを考えました。以下は太郎さんと花子さんと先生の会話です。（足立学園中）

〔図1〕

先生：〔図1〕のような立体があります。この立体の性質をいくつか挙げてみましょう。

太郎：この立体の辺の長さをものさしを使って測るとすべて等しい長さだったから，すべての面が同じ形でできているね。

花子：そうね。辺の長さがすべて等しい三角形なので，4つの面すべてが正三角形でできているわ。

太郎：どの頂点にも正三角形が3つ集まっているね。

先生：そう，その性質はとても大切です。1つの頂点に集まる面の数が2つでは立体はできないのです。

花子：へこんでいる部分がないわ。

太郎：このような性質をもっている立体は他にどんなものがあるんだろう。

先生：2人ともよくここまで挙げることができましたね。このような性質をもった立体には特別な名前がついています。例えば〔図1〕のように4つの面がある立体は正四面体と言います。さて，次は頂点の数や辺の数についても数え方を考えてみましょう。

花子：この立体の頂点の数は4つね。でも，わたしはただ数えるだけではなくて，ちゃんと計算方法も考えたわ。この立体の頂点の数は，「正三角形の頂点の数」×「面の数」÷「1つの頂点に集まっている面の数」で計算できるわよ。この場合だと，$3 \times 4 \div 3 = 4$ということになるわ。

太郎：ぼくはこの立体の辺の数の計算方法を考えたよ。「正三角形の辺の数」×「面の数」÷2で計算できると思う。この場合だと，$3 \times 4 \div 2 = 6$ということになるね。次に，他の立体について考えていこうよ。まずはこの〔図1〕の立体の1つの頂点Aに注目して次のような図を書いてみたよ。

面の形は正三角形のままにして，1つの頂点に集まる数を変えてみよう。1つの頂点に集まる面の数が2だと立体ができないので，増やすことを考えるよ。正三角形の1つの角度は60度で，それが3つあるから180度と考えられるね。1周は360度だから正三角形をまだ増やすことができそうだよ。

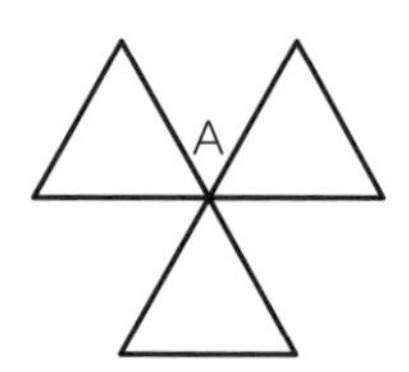

⑴　正三角形を1つの頂点にいくつまで集めて立体をつくることができるか，理由もふくめて答えなさい。

花子：次に面の形を正三角形ではなくて，正方形にして同じように考えてみましょうよ。

⑵　面の形を正方形にして考えたとき，1つの頂点に正方形をいくつ集めて立体をつくることができるか，理由をふくめて答えなさい。また，それによってできる立体の名前を答えなさい。

立体の名前（　　　　　　　　　　　　）

太郎：じゃあ，さらに面の形を正方形ではなくて，正五角形にしてみようよ。正五角形の1つの角度は108度だから，1つの頂点に集めることができる面の数は1通りしかないな。でもこれだけだと面の数がいくつなのかわからないな。

花子：先生にヒントをもらいましょうよ。先生，面の数を求(もと)めるためのヒントをください。

先生：わかりました。ここまでよく考えたね。君たちが今考えている立体だと，「頂点の数」＋「面の数」－「辺の数」＝2が成(な)り立ちます。がんばって調べてごらん。

⑶　面の形を正五角形にしたときにできる立体の面の数を答えなさい。また，面の形を正六角形にしたときは，立体ができるかできないかを理由をふくめて答えなさい。

面の数（　　　　　）

総合テスト❶

解答は別冊45ページ　月　日　点

次の問いに答えなさい。ただし，円周率(えんしゅうりつ)は3.14とする。

1 右の図のように，長方形ABCDをBDで折(お)り返すとき，xの大きさは何度になるか求(もと)めなさい。

（法政大学中）［15点］

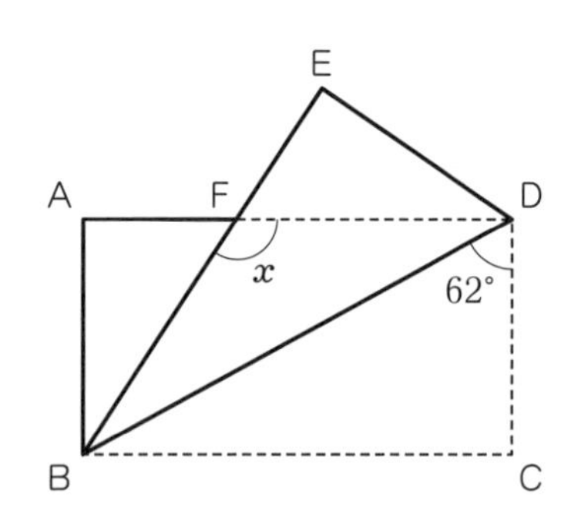

答え（　　　　度）

2 右の図のぬりつぶした部分（OA＝OBのおうぎ形）の面積(めんせき)を求めなさい。

（岡山白陵中）［15点］

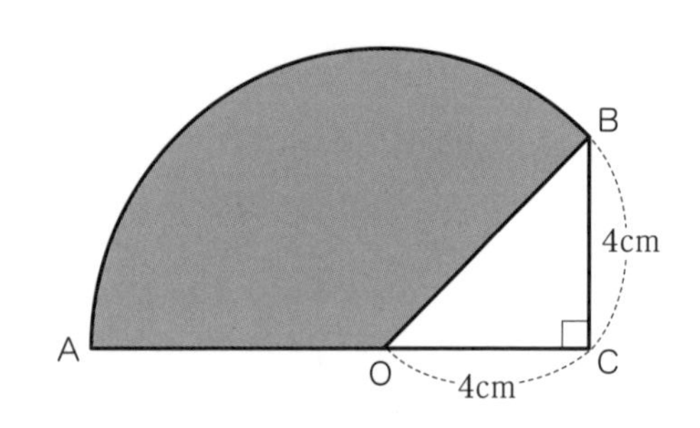

答え（　　　　cm²）

3 右図のように，平行四辺形(へいこうしへんけい)ABCDがある。点Eが辺BCを2等分するとき，ぬりつぶした部分の面積は平行四辺形ABCDの面積の何倍になるか求めなさい。

（鎌倉学園中）［15点］

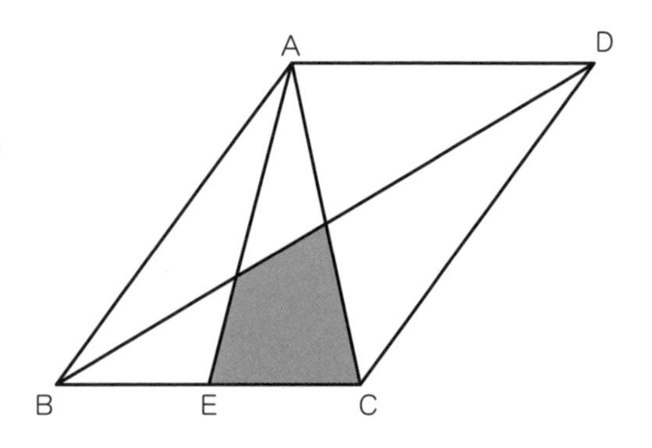

答え（　　　　倍）

4 下の図のように，直線ℓ上にある長方形ABCDを，辺ABがℓ上にもどってくるまですべることなく回転させる。辺AB上に，AE＝1cmとなる点Eをとる。Eが通った後にできる線と直線ℓとで囲まれた部分の面積は何cm^2か求めなさい。

（京都女子中）［20点］

答え（　　　　　cm^2）

5 右の図は，直方体から三角柱を切り取ってできた立体である。この立体の体積は何cm^3か求めなさい。

（同志社香里中）［15点］

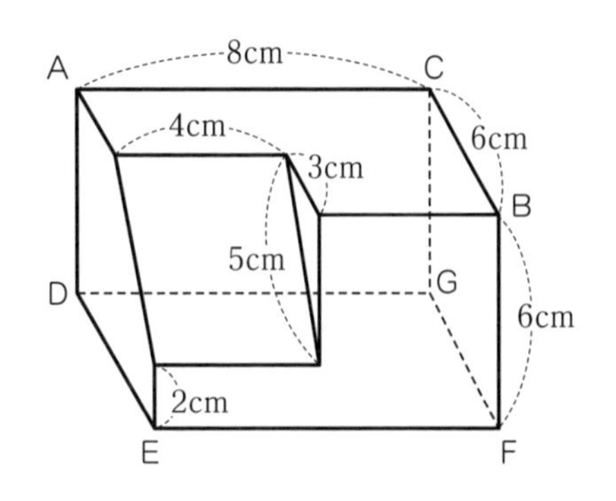

答え（　　　　　cm^3）

6 三角柱の容器に水が入っている。図のように，四角形BCFEを下にして床に置いたところ，水面の高さは2cmになった。この容器を，三角形ABCを下にして床に置きなおしたとき，水面の高さは何cmになるか求めなさい。

（西南学院中）［20点］

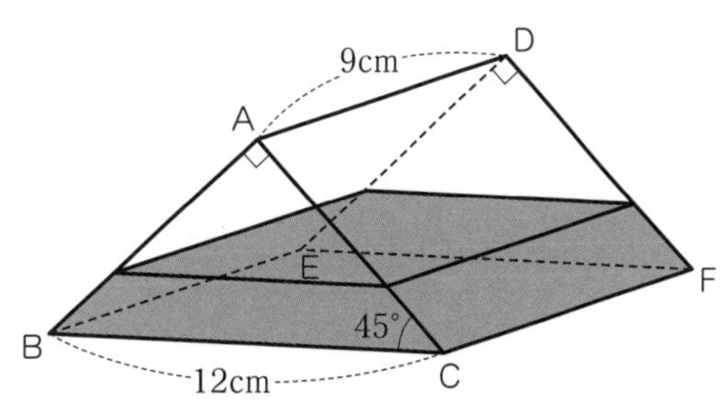

答え（　　　　　cm）

総合テスト❷

解答は別冊47ページ　月　日　点

次の問いに答えなさい。ただし，円周率は3.14とする。

1 右の図の直線ℓ，m，nは平行であり，三角形ABCは正三角形である。このとき，xの角度を求めなさい。　［15点］

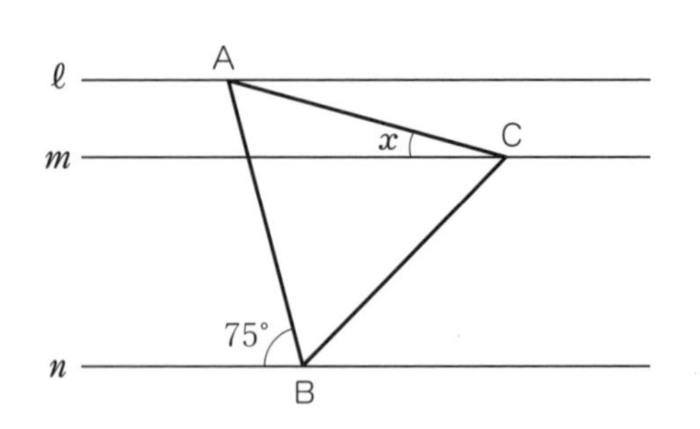

答え（　　　　度）

2 右の図は，正五角形と正三角形を重ねた図形である。このとき，xの角度を求めなさい。

（三重中）［15点］

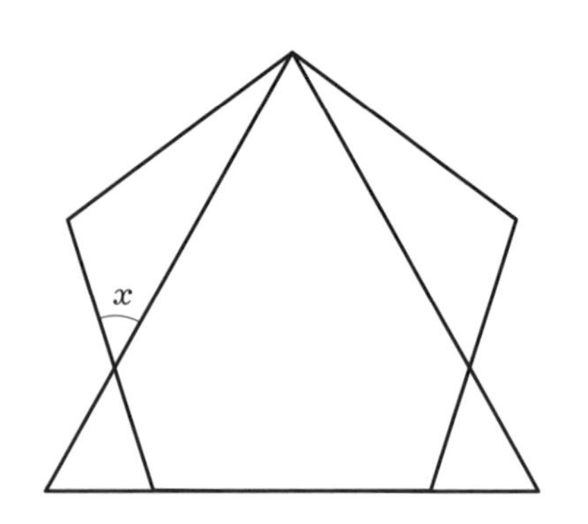

答え（　　　　度）

3 右の図のように，対角線の長さが8cmの正方形と，正方形の一辺を直径とする円がある。円の面積は何cm^2か求めなさい。

（中央大附中）［20点］

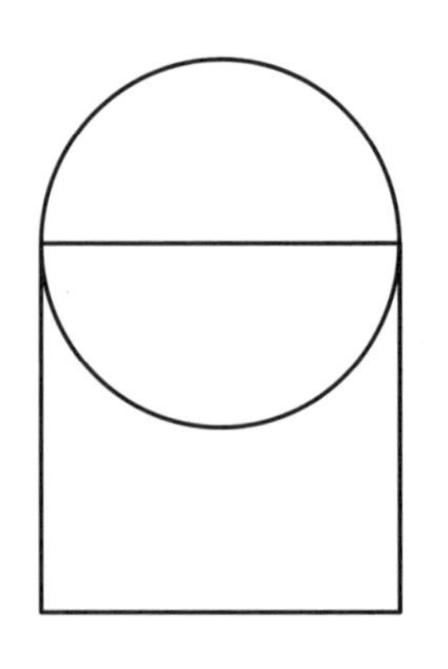

答え（　　　　cm^2）

4 右の図のように，半径1cmの円が，一辺の長さが3cmの正方形の外側(そとがわ)にふれながらまわりを1周するとき，円が通過(つうか)する部分の面積は何cm^2か求めなさい。（金蘭千里中）［15点］

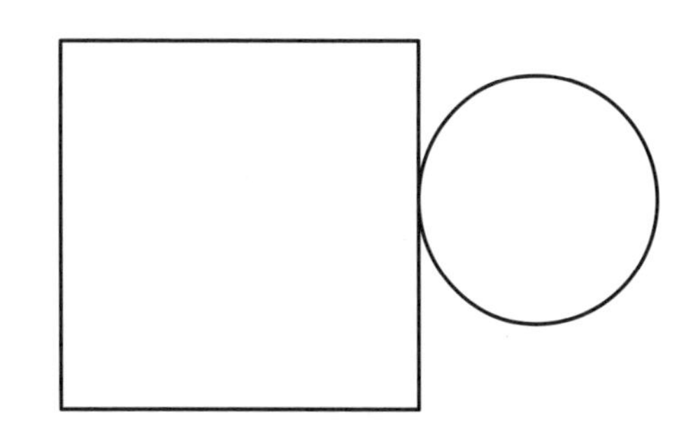

答え（　　　　　cm^2）

5 一辺1cmの立方体を27個(こ)はりつけて一辺3cmの立方体をつくった。図のように，ぬりつぶした一辺1cmの正方形と，直径1cmの円を向かい側の面までまっすぐくりぬいた。残(のこ)った立体の体積(たいせき)を求めなさい。

（関西学院中）［20点］

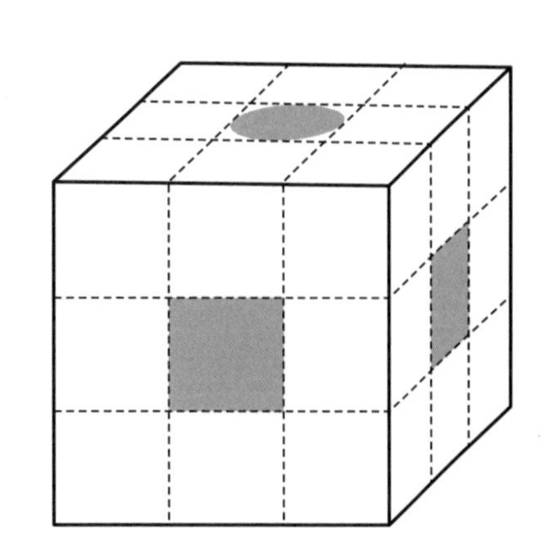

答え（　　　　　cm^3）

6 図1のような，12cmの深さまで水が入っている直方体の容器(ようき)に，図2のような直方体をまっすぐ入れていく。このとき，図1の容器からはじめて水があふれるのは，何本目を入れたときか求めなさい。（開明中）［15点］

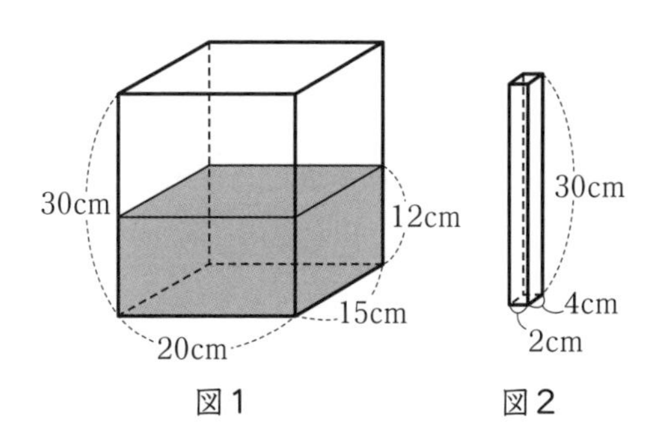

図1　　図2

答え（　　　　　本目）

総合テスト❸

解答は別冊48ページ　月　日　点

次の問いに答えなさい。ただし，円周率は3.14とする。

1 右の図のぬりつぶした部分の面積は何cm²か求めなさい。ただし，方眼紙の1目盛りは1cmとする。　（開星中）［15点］

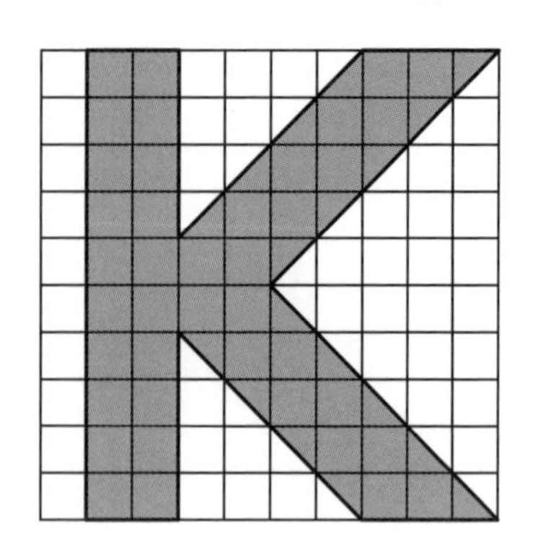

答え（　　　cm²）

2 右の図の角xの大きさを求めなさい。　（トキワ松学園中）［15点］

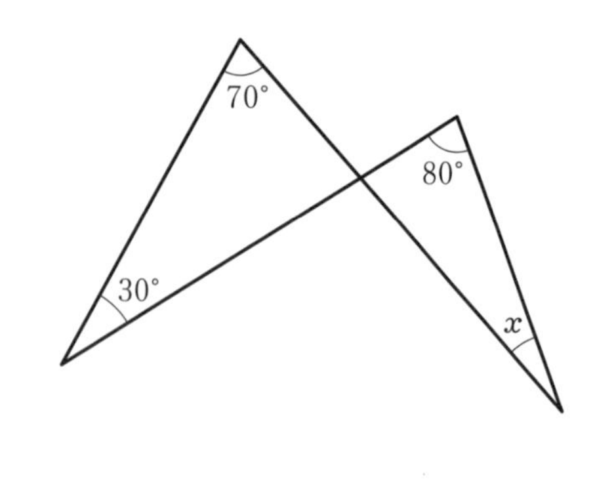

答え（　　　度）

3 右の図は，円柱と直方体を重ねた立体である。この立体の体積と表面積を求めなさい。ただし，点Aは円柱の底面の中心である。　（城西川越中）［20点］

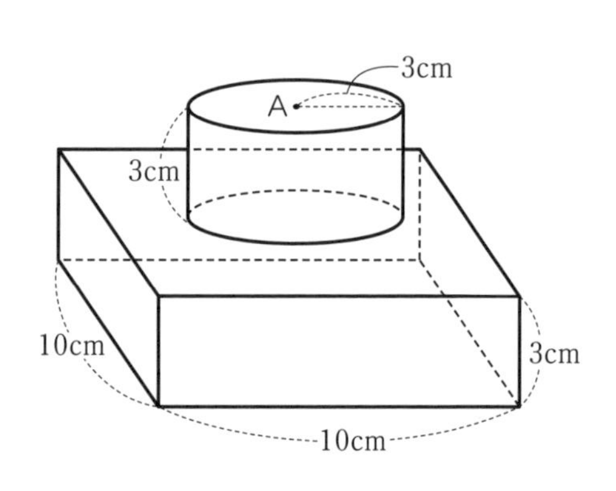

答え（体積　　　cm³，表面積　　　cm²）

4 右の図のような長方形ABCDを，辺ABを軸として1回転させたときにできる立体の表面積を求めなさい。

（関西大学第一中）［15点］

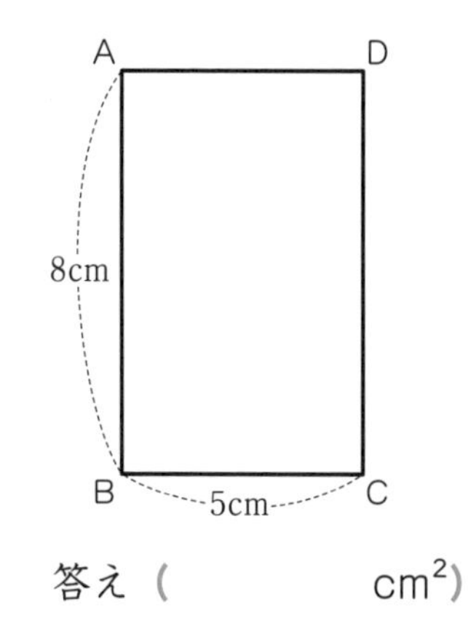

答え（　　　　　cm²）

5 図1のようなふたのない直方体の容器に，水が12cmの深さまで入っている。図1の容器を，図2のように水がこぼれない限界までかたむけるとき，図2の□に入る数を求めなさい。

（開明中）［15点］

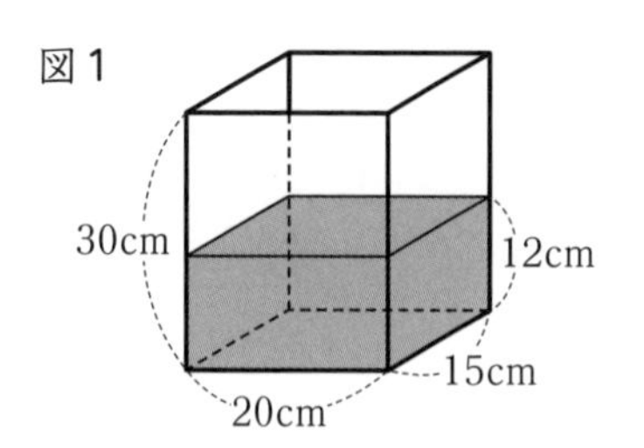

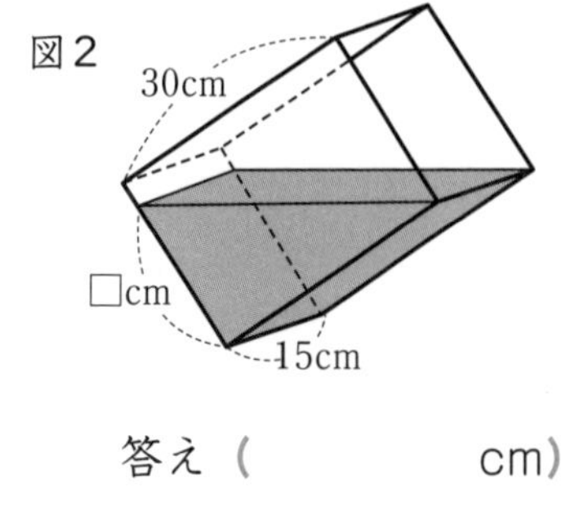

答え（　　　　　cm）

6 図のように，縦15cm，横40cm，深さ30cmの直方体の水そうが仕切りで分けられている。この容器にいっぱいになるまで水を入れたときの，仕切りの右側の水面のようすをグラフに表した。このとき，仕切りの高さは何cmか求めなさい。ただし，容器や仕切りの厚みは考えないものとする。

［20点］

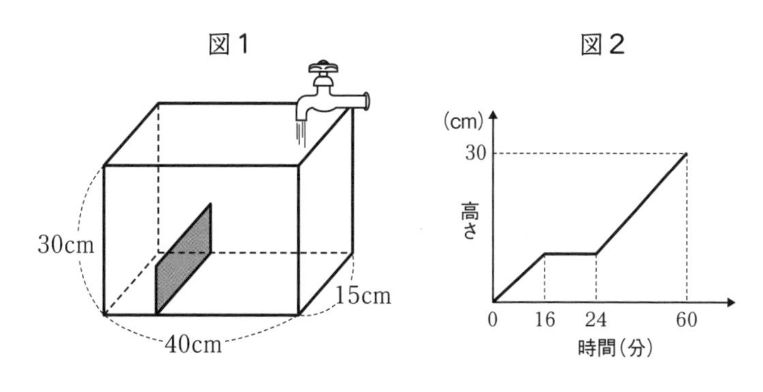

答え（　　　　　cm）

初版
第１刷　2020年７月１日　発行

●編 者

数研出版編集部

●カバー・表紙デザイン

株式会社ブランデザイン

発行者　星野 泰也

ISBN978-4-410-15470-6

中学入試 算数図形問題完全マスター

発行所　**数研出版株式会社**

〒101-0052 東京都千代田区神田小川町２丁目３番地３
〔振替〕00140-4-118431
〒604-0861 京都市中京区烏丸通竹屋町上る大倉町205番地
〔電話〕代表 (075)231-0161
ホームページ　https://www.chart.co.jp
印刷　創栄図書印刷株式会社
乱丁本・落丁本はお取り替えいたします　200601

1 三角形の内角と外角

1 (1) 64度　(2) 50度　(3) 76度
(4) 99度　(5) 93度　(6) 52度

1(1) わかっている角の大きさの合計は，

$29° + 87° = 116°$

角xは，三角形の内角の和からわかっている角の大きさの合計をひいて求められるので，

$180° - 116° = 64°$

よって，角xの大きさは64度。

(2) 三角形の外角の大きさは，その角ととなり合っていない2つの内角の和に等しいので，

$16° + 34° = 50°$

よって，角xの大きさは50度。

(3) (2)より，$x = 117° - 41° = 76°$

よって，角xの大きさは76度。

(4) 右の図のように，頂点をA～Eとおく。

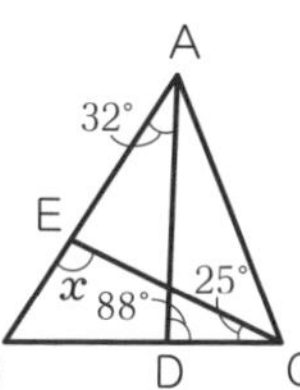

三角形の外角の大きさは，その角ととなり合っていない2つの内角の和に等しいので，角Bの大きさは，

$88° - 32° = 56°$

よって，三角形EBCの内角の和から，

$x = 180° - (56° + 25°) = 99°$

したがって，角xの大きさは99度。

(5) 右の図のように，頂点をA～Eとおく。三角形ABCの2つの角がわかっているので，内角の和から，

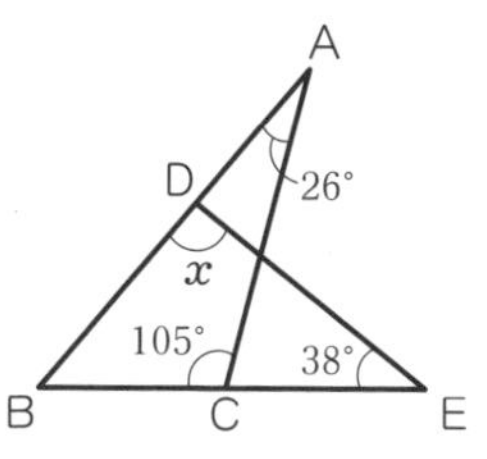

角$B = 180° - (26° + 105°)$
$= 49°$

三角形DBEの2つの角がわかったので，内角の和から，$x = 180° - (38° + 49°) = 93°$

よって，角xの大きさは93度。

(6) 右の図のように，頂点をA～Fとおく。

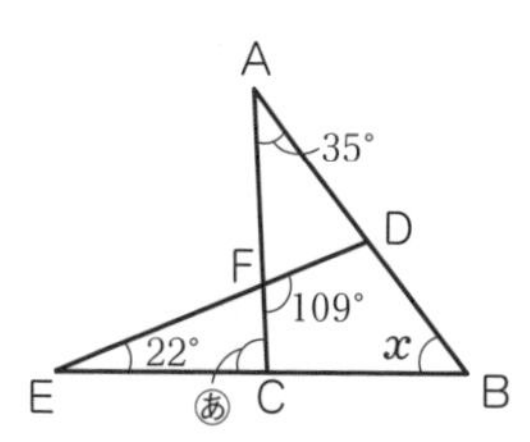

三角形の外角の大きさは，その角ととなり合っていない2つの内角の和に等しいので，三角形FECで

(あ)$= 109° - 22° = 87°$

同様に三角形ACBでは，

x＋角A＝角(あ)であるから，

$x = 87° - 35° = 52°$

したがって，角xの大きさは52度。

【参考】次の公式を使って解くこともできる。

右の図において，

(か)＋(き)＋(く)＝(け)

が成り立つ。このことを使うと，

$x + 35° + 22° = 109°$

$x + 57° = 109°$

$x = 109° - 57°$

$x = 52°$

よって，角xの大きさは52度。

2 三角定規の角

答え

1 (1) 15度　(2) 45度　(3) 75度
(4) 105度　(5) 75度
(6) 165度

1(1) 角xは，三角定規の角(あ)の大きさから角(い)の大きさをひいて求められるので，

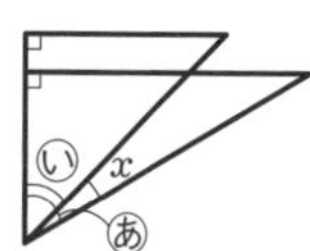

$60° - 45° = 15°$

よって，角xの大きさは15度。

(2) 角xの大きさは，三角定規の角(あ)の大きさから角(い)の大きさをひいて求められるので，

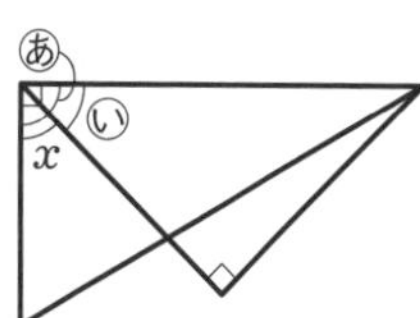

$90° - 45° = 45°$

よって，角xの大きさ

は45度。

(3)　わかっている角(あ)と角(い)の大きさの合計は,

$60° + 45° = 105°$

角xの大きさは，三角形の内角の和からわかっている角の大きさの合計をひいて求められるので,

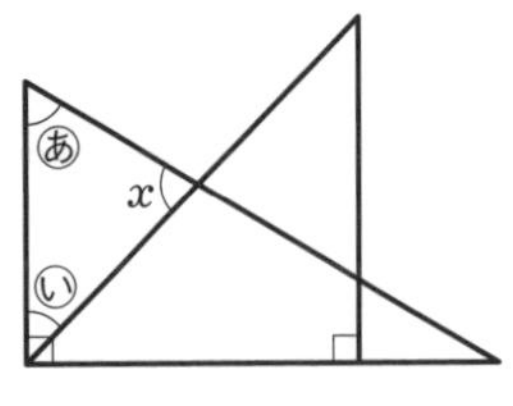

$180° - 105° = 75°$

よって，角xの大きさは75度。

(4)　わかっている角(あ)と角(い)の大きさの合計は,

$30° + 45° = 75°$

角xは，三角形の内角の和からわかっている角の大きさの合計をひいて求められるので,

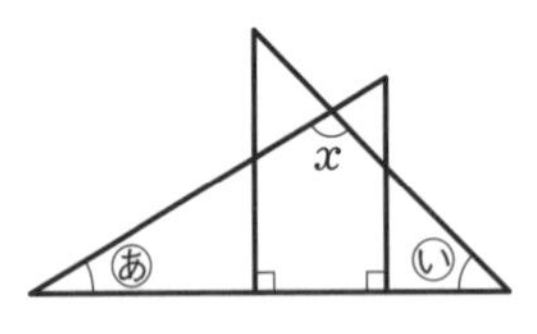

$180° - 75° = 105°$

よって，角xの大きさは105度。

(5)　わかっている角(あ)と角(い)の大きさの合計は,

$60° + 45° = 105°$

角xの大きさは，三角形の内角の和からわかっている角の大きさの合計をひいて求められるので,

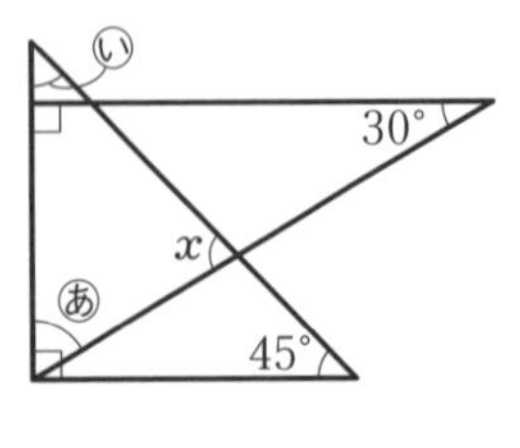

$180° - 105° = 75°$

よって，角xの大きさは75度。

(6)　角(あ)の大きさは,

$180° - 45° = 135°$

三角形の外角の大きさは，その角ととなり合っていない2つの内角の和に等しいので,

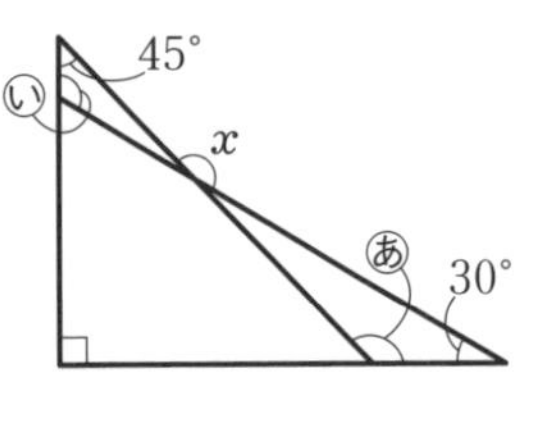

$135° + 30° = 165°$

よって，角xの大きさは165度。

【別解(べっかい)】

角(い)の大きさは,

$180° - 60° = 120°$

三角形の外角の大きさは，その角ととなり合っていない2つの内角の和に等しいので,

$120° + 45° = 165°$

よって，角xの大きさは165度。

3 二等辺三角形と正三角形の角

答え

1　(1) 77度　(2) 24度　(3) 36度
　(4) 69度　(5) 105度
　(6) 36度

1(1)　正三角形の1つの角は60°である。

三角形の内角と外角の関係(かんけい)より,

$x = 60° + 17°$

$= 77°$

よって，角xの大きさは77度。

(2)　正三角形の1つの角は60°である。

三角形の内角と外角の関係より,

$x = 84° - 60°$

$= 24°$

よって，角xの大きさは24度。

(3)　AC＝ADより,

角ADC＝角ACD

$= (180° - 36°) \div 2$

$= 72°$

BA＝BCより，角BAC＝角BCA＝72°

よって，三角形の内角の和より,

$x = 180° - (72° + 72°) = 36°$

したがって，角xの大きさは36度。

(4)　CB＝CAより,

角CAB＝角CBA

$= (180° - 26°) \div 2$

$= 77°$

よって，三角形の内角の和より,

$x = 180° - (34° + 77°)$

$= 69°$

したがって，角xの大きさは69度。

(5)　角ADE＝角CDA＋角EDC

$=90°+60°$

$=150°$

正三角形DCEの一辺の長さは，正方形ABCDと等しいので，三角形DAEは，DA＝DEの二等辺三角形である。

よって，

角DAE＝$(180°-150°)\div 2$

$=15°$

三角形の内角と外角の関係より，

$x=90°+15°$

$=105°$

したがって，角xの大きさは105度。

(6)　角ABC，角ACBを，xを用いて表す。

DA＝DBより，

角DAB＝角DBA＝x

三角形の内角と外角の関係より，

角CDB＝$x+x$

$=x\times 2$

DB＝BCより，

角DCB＝角CDB＝$x\times 2$

AB＝ACより，

角ABC＝角ACB＝$x\times 2$

よって，三角形ABCの内角は，

角BAC＋角ABC＋角ACB

$=x+x\times 2+x\times 2$

$=x\times 5$

と表せる。

三角形の内角の和は180°なので，

$x\times 5=180°$

$x=36°$

したがって，角xの大きさは36度。

4 二等辺三角形と円

答え **1**	(1) 60度　(2) 25度　(3) 38度 (4) 105度　(5) 160度 (6) 76度

1(1)　左の二等辺三角形の外角の大きさは，その角ととなり合っていない2つの内角の和に等しいので，

$30°+30°=60°$

右の二等辺三角形の底角は，三角形の内角の和からわかっている角の大きさをひいた$\frac{1}{2}$なので，

$(180°-60°)\div 2=120°\div 2=60°$

よって，角xの大きさは60度。

(2)　補助線を引いて二等辺三角形をつくる。右の二等辺三角形の外角㋐の大きさは，

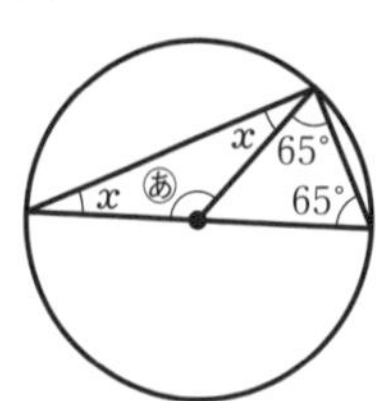

$65°+65°=130°$

左の三角形の角xは，三角形の内角の和から角㋐の大きさをひいた$\frac{1}{2}$なので，

$(180°-130°)\div 2=50°\div 2=25°$

よって，角xの大きさは25度。

(3)　右の二等辺三角形の外角の大きさは，

$52°+52°=104°$

左の三角形の角xは，三角形の内角の和からわかっている角の大きさをひいた$\frac{1}{2}$なので，

$(180°-104°)\div 2=38°$

よって，角xの大きさは38度。

(4)　右の図の角㋐の大きさは，

$(180°-100°)\div 2$

$=80°\div 2=40°$

角㋑の大きさは，

$(180°-50°)\div 2$

$=130°\div 2=65°$

角xの大きさは角㋐と角㋑の和であるので，

$40°+65°=105°$

よって，角xの大きさは105度。

(5)　右の図で，角㋐と角㋑の大きさは，

㋐＝50°　㋑＝30°

左右の二等辺三角形の外角㋒と外角㋓の大きさは，

㋒＝50°＋50°＝100°

㋓＝30°＋30°＝60°

角xの大きさは，角㋒と角㋓の和であるので，

100°＋60°＝160°

よって，角xの大きさは160度。

(6)　右の図のように，補助線を引いて2つの三角形に分ける。このとき，角㋐と角㋑の大きさは，

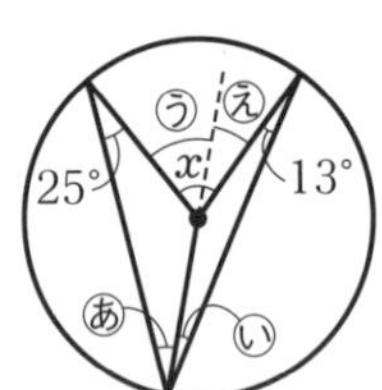

㋐＝25°　㋑＝13°

左右の二等辺三角形の外角㋒と外角㋓の大きさは，

㋒＝25°＋25°＝50°

㋓＝13°＋13°＝26°

角xの大きさは，角㋒と角㋓の和であるので，

50°＋26°＝76°

よって，角xの大きさは76度。

【参考(さんこう)】次の公式を使って解(と)くこともできる。

右の図において，

㋕＋㋖＋㋗＋㋘＝㋙

が成(な)り立つ。このことを使うと，

x＝25°＋25°＋13°＋13°

＝76°

よって，角xの大きさは76度。

5 平行線と角

答え	1	(1) 39度	(2) 57度	(3) 36度
		(4) 53度	(5) 65度	(6) 46度

1(1)　平行線の同位角(どういかく)は等しいので，角xのℓの線上左側(ひだりがわ)にとなり合っている角の大きさは141°

x＝180°－141°＝39°

よって，角xの大きさは39度。

(2)　平行線のさっ角は等しいので，右の図の角㋐の大きさは75°

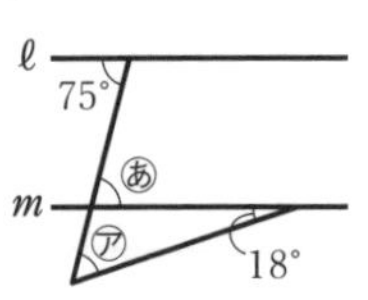

三角形の外角の大きさは，その角ととなり合っていない2つの内角の和に等しいので，

㋐＝75°－18°＝57°

よって，角㋐の大きさは57度。

(3)　平行線の同位角は等しいので，角xの左側にとなり合っている角の大きさは84°，角xの右側にとなり合っている角の大きさは60°

x＝180°－84°－60°＝36°

よって，角xの大きさは36度。

【参考(さんこう)】右の図のように，2直線が交わっているとき，向かい合っている角（対頂角(たいちょうかく)）は等しいので，

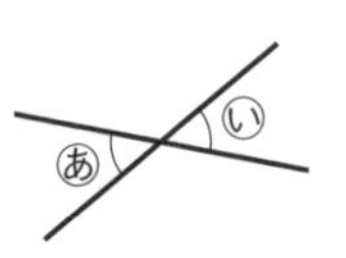

㋐＝㋑

が成り立つ。このことを使うと，角xを内角にもつ三角形の残りの2つの角の大きさが84°，60°になるので，

x＝180°－84°－60°＝36°

よって，角xの大きさは36度。

(4)　平行線のさっ角は等しいので，角xの左側にとなり合っている角の大きさは42°

平行線の同位角は等しいので，角xの右側にとなり合っている角の大きさは85°

x＝180°－42°－85°＝53°

したがって，角xの大きさは53度。

(5)　右下の図のように，2直線ℓ，mに平行な補助線(ほじょせん)を引くと，平行線のさっ角は等しいので，角ウの大きさは30°，角エの大きさは35°

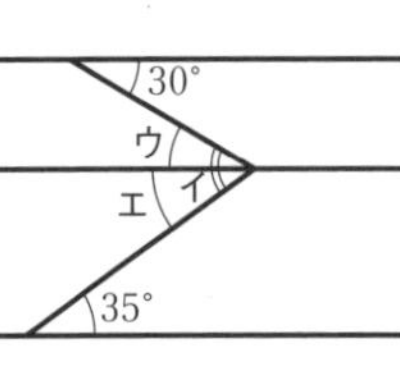

イ＝30°＋35°＝65°

よって，角イの大きさは65度。

(6)　右の図のように，長方形の横の辺と平行な補助線を引くと，平行線の同位角は等しいので，角イの大きさは14°

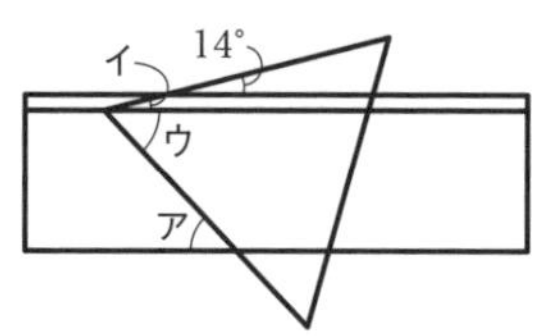

正三角形の1つの内角は60°なので，

ウ＝60°－14°＝46°

平行線のさっ角は等しいので，

ア＝ウ＝46°

よって，角アの大きさは46度。

6　多角形と角

答え　**1**
(1)　15度　(2)　106度
(3)　70度　(4)　70度
(5)　㋐ 108度，㋑ 72度，㋒ 18度

1(1)　平行四辺形の向かい合う角の大きさは等しいので，図の角㋑の大きさも75°である。

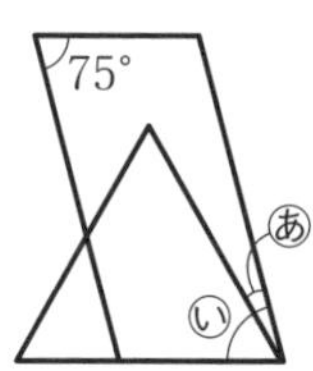

㋐＝75°－60°＝15°

よって，角㋐の大きさは15度。

(2)　外側の四角形について，四角形の内角の和は360度であるから，

×＋×＋○＋○＋100°＋112°＝360°

×＋×＋○＋○＝360°－100°－112°

＝148°

×＋○＝148°÷2＝74°

内側の三角形について，内角の和は180度であるから，

x＋×＋○＝180°

x＝180°－74°＝106°

よって，角xの大きさは106度。

(3)　平行四辺形の向かい合う1組の辺は平行であるので，ABとDCが平行であることに注目すると，

角BDC＝角ABD＝32°

また，三角形の内角と外角の関係より，

x＝角BDC＋角ECD＝32°＋38°＝70°

よって，角xの大きさは70度。

(4)　右の図のように，点Eを通るように辺ADと辺BCに平行な直線を引き，その直線と辺CDとの交点を点Fとすると，辺AD，直線EF，辺BCの3つの辺が平行となるので，角ADE＝角FED，角FEC＝角BCEが成り立つ。

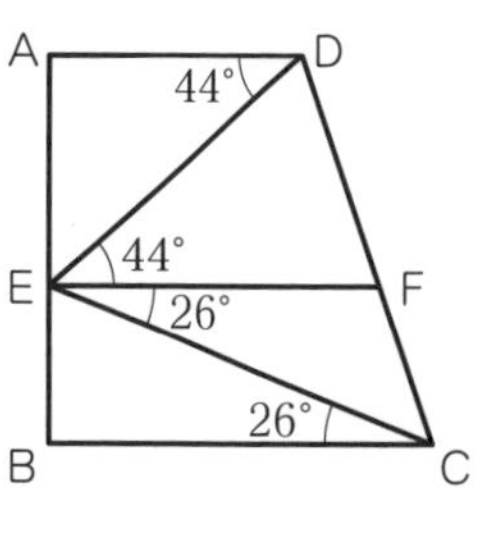

x＝角FED＋角FECであるので，

44°＋26°＝70°

よって，角xの大きさは70度。

(5)　右の図のように，点をA～Hとおく。正五角形の1つの内角の大きさは，

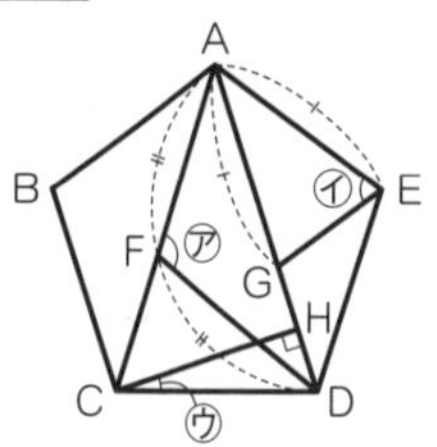

180°－(360°÷5)

＝108°

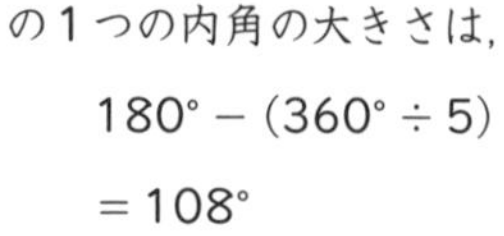

三角形EADはEA＝EDの二等辺三角形なので，

角EAD＝(180°－108°)÷2＝36°

三角形AGEはAG＝AEの二等辺三角形なので，

㋑＝(180°－36°)÷2＝72°

三角形BCAにおいても，三角形EADと同様に角BAC＝36°であるため，

角FAD＝108°－36°－36°＝36°

三角形FDAはFA＝FDの二等辺三角形なので，

㋐＝180°－36°×2＝108°

三角形HCDにおいて，

角HDC＝108°－36°＝72°

㋒＝180°－72°－90°＝18°

よって，角㋐の大きさは108度，角㋑の大きさは72度，角㋒の大きさは18度。

1~6 まとめ問題

答え

1	(1) 48度	(2) 106度	(3) 20度
	(4) 80度	(5) 125度	(6) 75度
2	(1) 29度	(2) 107度	(3) 81度
	(4) 52度	(5) 29度	
	(6) ア 65度，イ 130度		

1(1)　三角形の外角の大きさは，その角ととなり合っていない2つの内角の和に等しいので，

$63° + x = 111°$

$x = 111° - 63° = 48°$

よって，角xの大きさは48度。

(2)　右の図の角ⓐの大きさは，

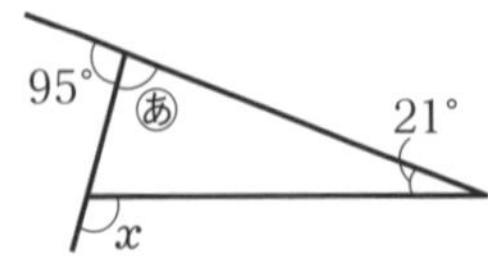

$180° - 95° = 85°$

三角形の外角の大きさは，その角ととなり合っていない2つの内角の和に等しいので，

$x = 85° + 21° = 106°$

よって，角xの大きさは106度。

(3)　三角形DBCは二等辺三角形(にとうへんさんかくけい)なので，角DBCと角DCBの大きさは，

$(180° - 100°) \div 2 = 40°$

三角形ABCは正三角形なので，角ABCは60°であるから，角ABDの大きさは，

$60° - 40° = 20°$

よって，角xの大きさは20度。

(4)　三角形ABCは二等辺三角形なので，角ABCは角Cと等しく，角Aの大きさは，

$180° - 65° \times 2 = 50°$

三角形DABも二等辺三角形なので，角Aは角ABDと等しい。

$x = 180° - 50° \times 2 = 80°$

よって，角xの大きさは80度。

(5)　三角形の外角の大きさは，その角ととなり合っていない2つの内角の和に等しいので，図の角ⓐは，

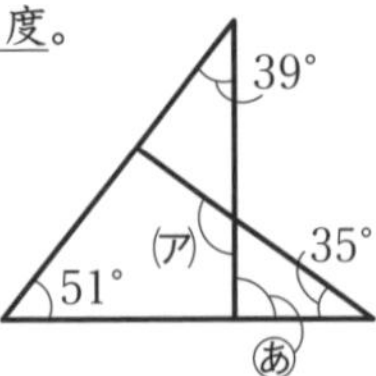

$39° + 51 = 90°$

角㋐$= 35° + 90° = 125°$

よって，角㋐の大きさは125度。

(6)　三角定規(じょうぎ)の角なので，右の図のⓐ$= 45°$，ⓘ$= 30°$である。三角形の外角の大きさは，その角ととなり合っていない2つの内角の和に等しいので，

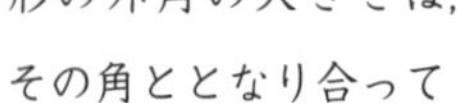

$x = 45° + 30° = 75°$

よって，角xの大きさは75度。

2(1)　円の半径(はんけい)は等しいので，右の図のⓐ$= 26°$，ⓘ$=$ $35°$，ⓤ$= x$である。

角xは，三角形の内角の和からわかっている角の大きさの合計をひいて求(もと)められるので，

$x \times 2 = 180° - 26° \times 2 - 35° \times 2$

$= 180° - 52° - 70°$

$= 58°$

$x = 58° \div 2 = 29°$

よって，角xの大きさは29度。

(2)　直線ℓ，mは平行な直線なので，右の図のⓐ$=$ $73°$である。

$x = 180° - 73°$

$= 107°$

よって，角xの大きさは107度。

(3)　右の図のように，直線ℓ，mに平行な直線を引く。ここで，ⓐ$= 39°$，ⓘ$= 42°$なので，角イの大きさは，

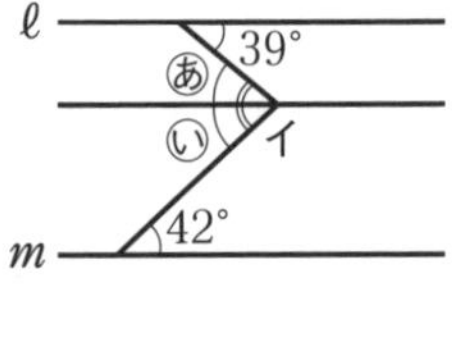

$39° + 42° = 81°$

よって，角イの大きさは81度。

(4)　直線ℓ，mは平行なので，次の図のⓐ$= 68°$である。

三角形の外角の大きさは，その角ととなり合っていない2つの内角の和に等しいので，

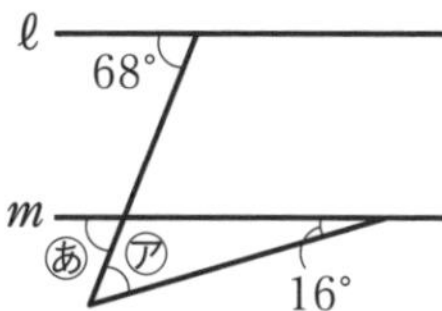

16°＋㋐＝68°

㋐＝68°－16°＝52°

よって，角㋐の大きさは52度。

(5)　右の図の四角形ABCDは平行四辺形であるので，角Aは，

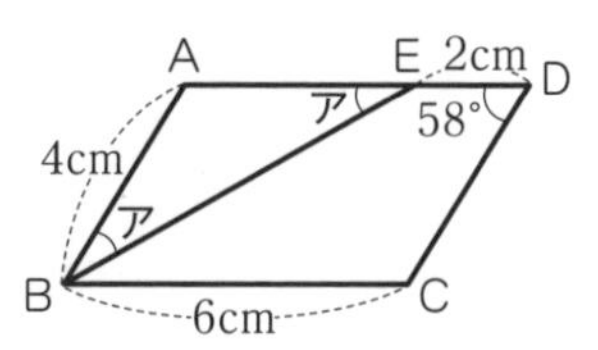

180°－58°＝122°

AE＝6－2＝4(cm)であるので，三角形ABEは二等辺三角形であるから，角AEBの大きさは，

(180°－122°)÷2

＝58°÷2＝29°

よって，角アの大きさは29度。

(6)　三角形の内角の和は180°より，

ア＝180°－90°－25°

＝65°

よって，角アの大きさは65度。

角AFBと角BFCの大きさがわかっているので，角CFEの大きさは，

角CFE＝180°－40°－90°

＝50°

図のように，辺CDをのばした直線の補助線(ほじょせん)を引く。

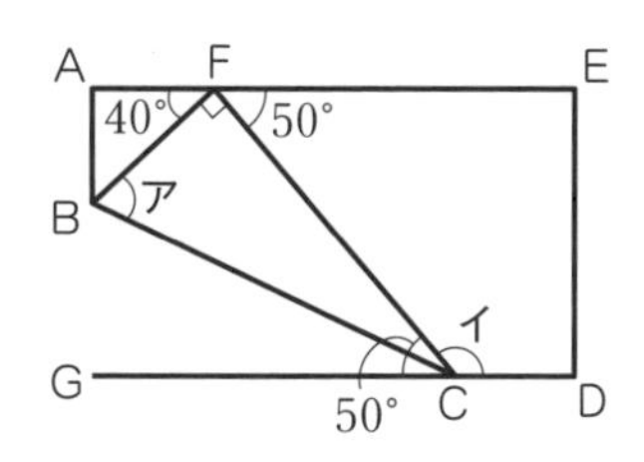

平行線のさっ角は等しいので，

角FCG＝50°

よって，

イ＝180°－50°＝130°

よって，角イの大きさは130度。

7 おうぎ形の面積・周の長さ

答え

1 (1) $21.5cm^2$　(2) $50.24cm^2$
(3) $9.12cm^2$　(4) $37.68cm^2$

2 (1) 25.12cm　(2) 113.04cm

3 (1) $13.76cm^2$　(2) $75.36cm^2$
(3) $169.56cm^2$　(4) $56.52cm^2$
(5) $144cm^2$　(6) $32cm^2$

1(1)　求(もと)める面積(めんせき)は，一辺(いっぺん)10cmの正方形の面積から直径(ちょっけい)10cm(半径5cm)の円の面積をひいたものである。

$10\times10-5\times5\times3.14=21.5(cm^2)$

よって，ぬりつぶした部分の面積は$21.5cm^2$。

(2)　求める面積は，半径5cmの円の面積から半径3cmの円の面積をひいたものである。

$5\times5\times3.14-3\times3\times3.14=50.24(cm^2)$

よって，ぬりつぶした部分の面積は$50.24cm^2$。

(3)　右の図のようにぬりつぶした部分の面積を移動(いどう)させると，求める面積は半径8cm，中心角45°のおうぎ形の面積から底辺(ていへん)8cm，高さ4cmの三角形の面積をひいたものである。

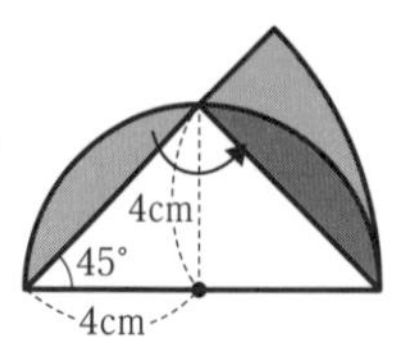

$$8\times8\times3.14\times\frac{45°}{360°}-8\times4\times\frac{1}{2}$$

$=9.12(cm^2)$

よって，求める面積は$9.12cm^2$。

(4)　右の図のようにぬりつぶした部分を移動させると，求める面積は半径6cm，中心角120°のおうぎ形となる。

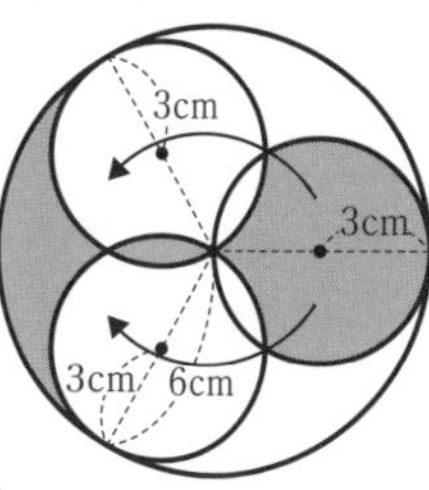

$$6\times6\times3.14\times\frac{120°}{360°}=37.68(cm^2)$$

よって，求める面積は$37.68cm^2$。

2(1)　求める周(しゅう)の長さは，直径3×2＋1×2＝8(cm)(半径4cm)の半円の弧(こ)の長さと，半径

3cmの半円の弧の長さと，半径1cmの半円の弧の長さをたしたものである。

$4\times2\times3.14\div2+3\times2\times3.14\div2+$
$1\times2\times3.14\div2$
$=25.12$(cm)

よって，ぬりつぶした部分の周の長さは25.12cm。

(2) 点Oは大きい円の中心であり，小さい円が点Oを通り，右はしで小さい円と大きい円が接しているため，小さい円の直径が大きい円の半径となる。よって，求める周の長さは，半径12cmの円の周の長さと半径6cmの円の周の長さをたしたものである。

$12\times2\times3.14+6\times2\times3.14$
$=113.04$ (cm)

よって，求める周の長さは113.04cm。

3(1) 求める面積は，一辺が8cmの正方形の面積から，半径4cm，中心角90°のおうぎ形の面積4つ分をひいたものである。

$8\times8-4\times4\times3.14\times\frac{90°}{360°}\times4$
$=13.76$(cm^2)

よって，求める面積は13.76cm^2。

(2) 求める面積は，半径9cm，中心角120°のおうぎ形の面積から，半径3cm，中心角120°のおうぎ形の面積をひいたものである。

$9\times9\times3.14\times\frac{120°}{360°}$
$-3\times3\times3.14\times\frac{120°}{360°}$
$=75.36$(cm^2)

よって，求める面積は75.36cm^2。

(3) 求める面積は，直径$12+6=18$(cm)の半円の面積から，直径6cmの半円の面積をひき，直径12cmの半円の面積をたしたものである。3つの半円の半径はそれぞれ9cm，3cm，6cmである。

$9\times9\times3.14\div2-3\times3\times3.14\div2$
$+6\times6\times3.14\div2$
$=169.56$(cm^2)

よって，求める面積は169.56cm^2。

(4) 右の図のようにぬりつぶした部分を移動させると，求める面積は半径6cmのおうぎ形3つ分である。また，2つの円の中心の2点と，その2つの円が中心以外の点で交わっている点を結んでできた三角形は，円の半径がすべて等しいため正三角形となり，おうぎ形の中心角は60°となる。

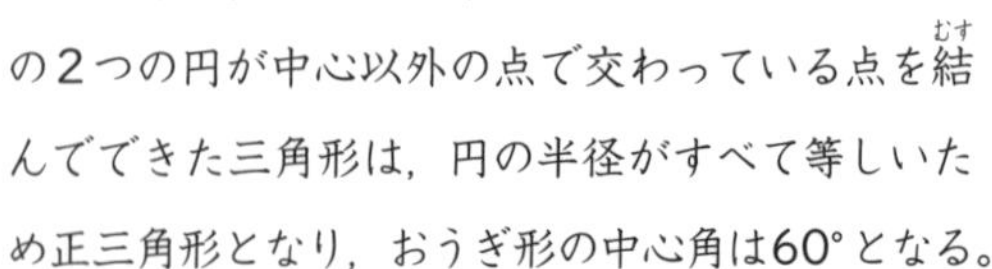

$6\times6\times3.14\times\frac{60°}{360°}\times3=56.52$(cm^2)

よって，求める面積は56.52cm^2。

(5) 図のようにぬりつぶした半円を移動させると，求める面積は正方形となる。円の直径が12cmであるため，正方形の一辺の長さは12cmとなる。

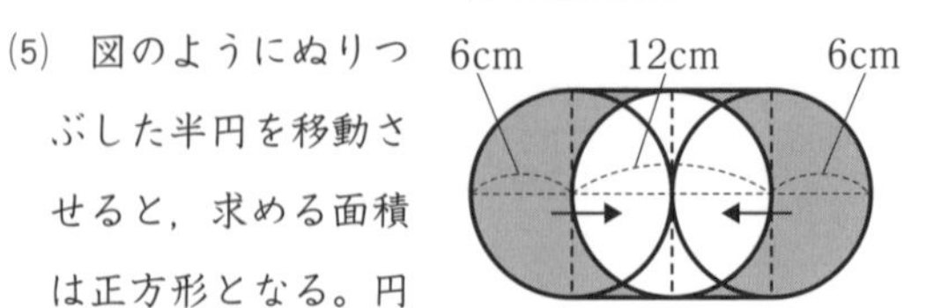

$12\times12=144$(cm^2)

よって，求める面積は144cm^2。

(6) 右の図のように補助線を引く。

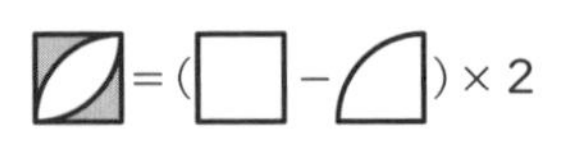

$=(2\times2-2\times2\times3.14$
$\div4)\times2$
$=1.72$(cm^2)

2cm

求める面積は，上の図形×4＋半円×4なので，

$1.72\times4+2\times2\times3.14\times\frac{1}{2}\times4$
$=32$(cm^2) より32cm^2。

8 円と正方形

答え

1 (1) 18cm^2 (2) 92.34cm^2
(3) 28.5cm^2 (4) 27.93cm^2
(5) 5.13cm^2 (6) 4.56cm^2

2 (1) ① 37.68cm ② 30.96cm^2
(2) ① 3cm ② 18cm^2
(3) ① 800cm^2 ② 43cm^2

1 (1)　円の内側にぴったりとくっついている正方形の面積は，その円の半径を一辺とする正方形の面積の２倍なので，

$3 \times 3 \times 2 = 18(\text{cm}^2)$

よって，ぬりつぶした部分の面積は18cm^2。

(2)　円の内側にぴったり入った正方形の面積は，その円の半径を一辺とする正方形の面積の２倍なので，

$9 \times 9 \times 2 = 162(\text{cm}^2)$

円の面積は，半径×半径×3.14で求められるので，

$9 \times 9 \times 3.14 = 254.34(\text{cm}^2)$

よって，ぬりつぶした部分の面積は，

$254.34 - 162 = 92.34(\text{cm}^2)$

より92.34cm^2。

(3)　半径の長さは直径の長さの半分なので

$10 \div 2 = 5(\text{cm})$

よって正方形の面積は，

$5 \times 5 \times 2 = 50(\text{cm}^2)$

円の面積は，

$5 \times 5 \times 3.14 = 78.5(\text{cm}^2)$

したがって，ぬりつぶした部分の面積は，

$78.5 - 50 = 28.5(\text{cm}^2)$ より　28.5cm^2。

【参考】正方形はひし形の一種なので，ひし形の面積の求め方を利用して解くこともできる。

ひし形の面積は　対角線×対角線÷２で求められる。

よって，内側の正方形の面積は，

$10 \times 10 \div 2 = 50(\text{cm}^2)$

(4)　正方形の面積は，

$7 \times 7 \times 2 = 98(\text{cm}^2)$

円の面積は，

$7 \times 7 \times 3.14 = 153.86(\text{cm}^2)$

ぬりつぶした部分の面積は，円から正方形をひいた面積の半分なので，

$(153.86 - 98) \div 2 = 27.93(\text{cm}^2)$

より27.93cm^2。

(5)　半円の中に正方形の半分の三角形が入っている図形である。内側の三角形の面積は，円の半径を一辺とする正方形１つ分なので，

$3 \times 3 = 9(\text{cm}^2)$

半円の面積は，

$3 \times 3 \times 3.14 \div 2 = 14.13(\text{cm}^2)$

半円の面積から三角形の面積をひくと，

$14.13 - 9 = 5.13(\text{cm}^2)$

よって，ぬりつぶした部分の面積は5.13cm^2。

(6)　半径の長さはわからないが，円周の長さがわかっているので，そこから求められる。

円周の長さ＝２×半径×3.14なので，半径を□cmとすると，

$12.56 = 2 \times \square \times 3.14$

$\square = 2(\text{cm})$

半径が2cmとわかったので，内側の正方形の面積は，

$2 \times 2 \times 2 = 8(\text{cm}^2)$

円の面積は，

$2 \times 2 \times 3.14 = 12.56(\text{cm}^2)$

ぬりつぶした部分の面積は，

$12.56 - 8 = 4.56(\text{cm}^2)$ より4.56cm^2。

2 (1)①　しゃ線部分の周の長さは，直径12cmの円の円周の長さと同じである。

$12 \times 3.14 = 37.68(\text{cm})$

よって，37.68cm。

②　しゃ線部分の面積は，一辺が12cmの正方形の面積から直径が12cmの円の面積をひいたものである。

正方形の面積は，

$12 \times 12 = 144(\text{cm}^2)$

円の面積は，半径が$12 \div 2 = 6(\text{cm})$なので，

$6 \times 6 \times 3.14 = 113.04(\text{cm}^2)$

しゃ線部分の面積は，

$144 - 113.04 = 30.96(\text{cm}^2)$

よって，30.96cm^2。

(2)①　円の直径の長さは，大きい正方形の一辺の長さと同じである。よって，円の半径は，

$6 \div 2 = 3(\text{cm})$

したがって，3cm。

② 小さい正方形の対角線の長さは，円の直径の長さと同じである。

ぬりつぶした正方形の面積は，

$3 \times 3 \times 2 = 18(\text{cm}^2)$

よって，18cm²。

(3)① 大きい円の半径の長さは20cmである。

正方形の面積は，

$20 \times 20 \times 2 = 800(\text{cm}^2)$

よって，800cm²。

② しゃ線部分の面積は，正方形から内側の小さい円をひいた面積の$\frac{1}{4}$の大きさである。

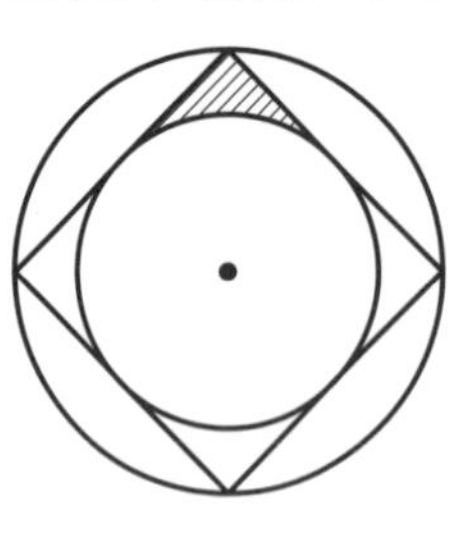

内側の小さい円の面積について，小さい円の半径の長さを□cmとすると，小さい円の面積は，

□×□×3.14(cm²)

正方形の面積は，

□×□×4＝800(cm²)

よって，□×□＝200なので，小さい円の面積は，

$200 \times 3.14 = 628(\text{cm}^2)$

正方形から内側の小さい円をひいた面積は，

$800 - 628 = 172(\text{cm}^2)$

求める面積は，

$172 \div 4 = 43(\text{cm}^2)$

よって，43cm²。

【参考】小さい円の半径の長さはわからないが，正方形の面積を求める式を利用して，小さい円の面積も求めることができる。

小さい円の半径の長さを□(cm)とおくと，小さい円の面積を求める式は，□×□×3.14である。正方形の面積はわかっているので，これを□×□が入った形の式で表すことで，□×□の値(あたい)を求めることができる。

9 三角形と四角形

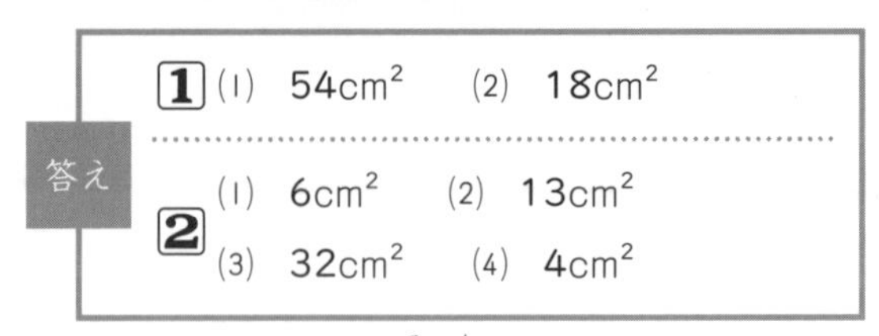

答え	
1	(1) 54cm²　(2) 18cm²
2	(1) 6cm²　(2) 13cm²　(3) 32cm²　(4) 4cm²

1(1) 三角形APDは，底辺(ていへん)を辺ADとすると，高さが辺CDになるので，面積(めんせき)は，

$12 \times 9 \div 2 = 54(\text{cm}^2)$

よって，54cm²。

(2) 三角形APQは，三角形APDの面積から三角形AQDの面積をひいたものである。三角形AQDは，底辺を辺ADとすると，高さが辺AQになるので，面積は，

$12 \times (9 - 3) \div 2 = 36(\text{cm}^2)$

三角形APQの面積は，

$54 - 36 = 18(\text{cm}^2)$

よって，18cm²。

2(1) 等積変形(とうせきへんけい)すると右の図のようになり，3つの三角形の面積の合計は三角形DBCと等しくなる。三角形DBCの面積は，

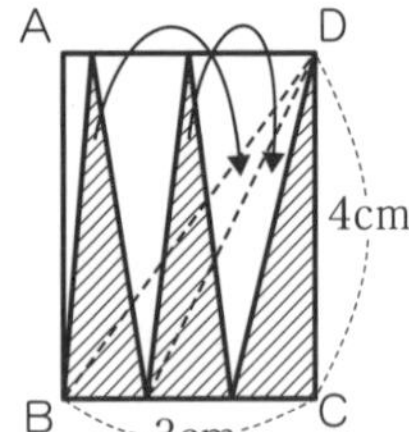

$3 \times 4 \div 2 = 6(\text{cm}^2)$

よって，6cm²。

(2) 三角形ABCと三角形AEFの面積から，四角形EBCFの面積は，

$20 - 15 = 5(\text{cm}^2)$

四角形DEFGの面積は，四角形DBCGと四角形EBCFの面積から，

$18 - 5 = 13(\text{cm}^2)$

よって，13cm²。

(3) 等積変形すると，下の図のようになる。

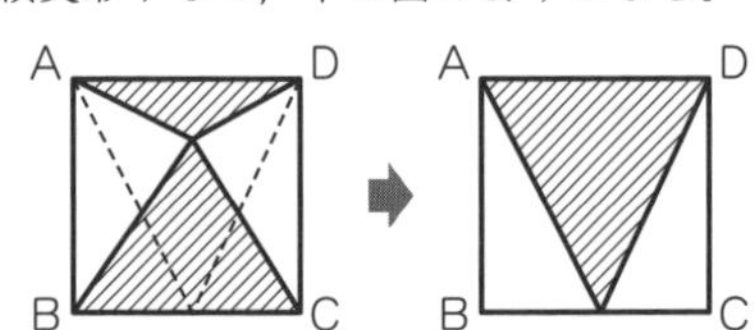

このしゃ線部分の三角形は，底辺が8cm，高

さが8cmなので，

$$8 \times 8 \div 2 = 32(\text{cm}^2)$$

よって，32cm²。

(4) 右の図より，三角形ACEと三角形DCEは等積変形により面積が等しいとわかる。ゆえに，しゃ線部分の面積は，三角形CDFの面積と等しいため，三角形CDFの面積を求(もと)めればよい。

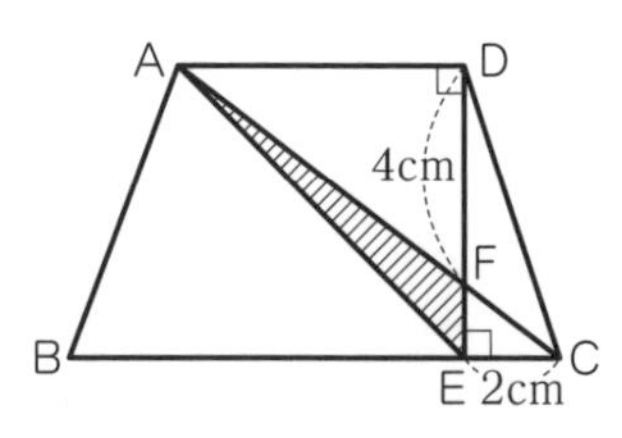

三角形CDFは底辺をDFとみると高さがCEになるので，

$$4 \times 2 \div 2 = 4(\text{cm}^2)$$

よって，しゃ線部分の面積は4cm²。

10 組み合わせた図形の面積と周の長さ

答え

1
(1) 面積(めんせき)：29.5cm²
周(しゅう)の長さ：35.7cm
(2) 面積：12.56cm²
(3) 面積：4.56cm²
周の長さ：18.84cm
(4) 面積：0.86cm²
(5) 面積：240cm²
周の長さ：125.6cm
(6) 面積：16cm²

2
(1) 18cm²　(2) 72cm²
(3) 90cm²　(4) 26.58cm²

1(1) 半径(はんけい)10cm，中心角90°のおうぎ形の面積から，一辺(いっぺん)7cmの正方形の面積をひく。

$$10 \times 10 \times 3.14 \times \frac{90°}{360°} - 7 \times 7$$

$$= 29.5(\text{cm}^2)$$

よって，ぬりつぶした部分の面積は29.5cm²。

正方形はすべての辺の長さが等しいため，この場合，ぬりつぶした部分の周の長さがおうぎ形の周の長さと等しくなる。

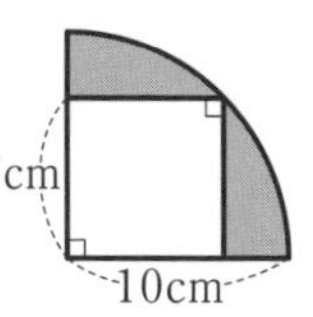

$$10 \times 2 \times 3.14 \times \frac{90°}{360°} + 10 \times 2$$

$$= 35.7(\text{cm})$$

よって，ぬりつぶした部分の周の長さは35.7cm。

(2) 右の図のようにぬりつぶした直角三角形を移動(いどう)させると，求(もと)める面積は半径4cm，中心角90°のおうぎ形の面積となる。

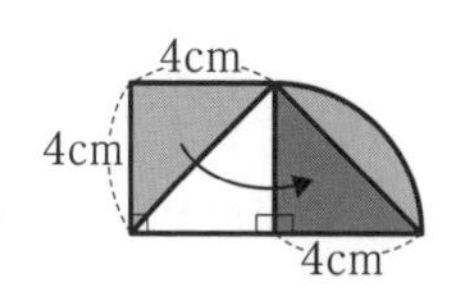

$$4 \times 4 \times 3.14 \times \frac{90°}{360°} = 12.56(\text{cm}^2)$$

よって，ぬりつぶした部分の面積は12.56cm²。

(3) 右の図のようにぬりつぶした部分を移動させて考えると，求める面積は半径4cm，中心角90°のおうぎ形の面積から等しい辺の長さが4cmの直角二等辺三角形(ちょっかくにとうへんさんかくけい)の面積をひいたものである。

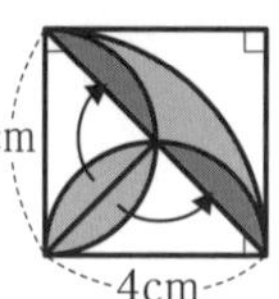

$$4 \times 4 \times 3.14 \times \frac{90°}{360°} - 4 \times 4 \div 2$$

$$= 4.56(\text{cm}^2)$$

よって，面積は4.56cm²。

周の長さは，半径4cm，中心角90°のおうぎ形の弧(こ)の長さと直径4cmの半円2つの弧の長さの合計である。

$$4 \times 2 \times 3.14 \times \frac{90°}{360°}$$

$$+ 4 \times 3.14 \times \frac{180°}{360°} \times 2$$

$$= 18.84(\text{cm})$$

よって，周の長さは18.84cm。

(4) 右の図においてアとイとウの面積は等しいので，ア＋ウ＝ウ＋イが成り立つ。

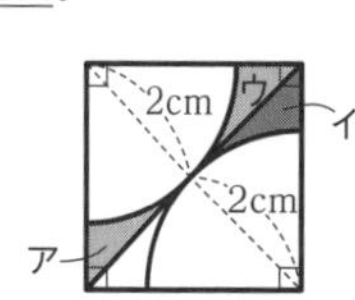

よって，直角二等辺三角形の面積から中心角45°のおうぎ形の面積2つ分をひいて求めればよい。

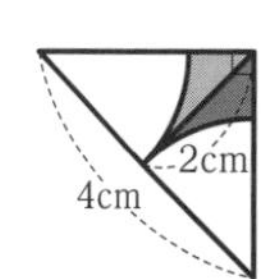

直角二等辺三角形の面積は，

$4 \times 2 \div 2 = 4(\text{cm}^2)$

おうぎ形の面積は，

$2 \times 2 \times 3.14 \times \frac{45^\circ}{360^\circ} \times 2 = 3.14(\text{cm}^2)$

ぬりつぶした部分の面積は，

$4 - 3.14 = 0.86(\text{cm}^2)$

よって，0.86cm^2。

(5) 求める面積は，半径15cmの半円と半径8cmの半円と直角三角形の面積をたしたものから，半径17cmの半円の面積をひいたものである。

$15 \times 15 \times 3.14 \times \frac{1}{2} + 8 \times 8 \times 3.14 \times \frac{1}{2}$

$+ 16 \times 30 \div 2 - 17 \times 17 \times 3.14 \times \frac{1}{2}$

$= 240(\text{cm}^2)$

よって，求める面積は240cm^2。

求める周の長さは，3つの半円の弧の長さの合計である。

$15 \times 2 \times 3.14 \times \frac{1}{2} + 8 \times 2 \times 3.14 \times \frac{1}{2}$

$+ 17 \times 2 \times 3.14 \times \frac{1}{2} = 125.6(\text{cm})$

よって，周の長さは125.6cm。

(6) 右の図のように補助線(ほじょせん)を引いて考える。オはエの部分と面積が等しく，イはウとエを合わせたものと面積が等しい。

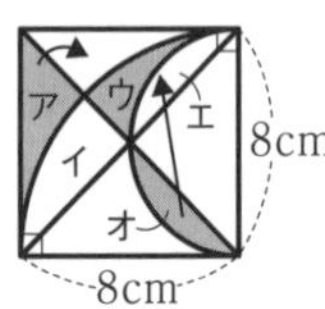

よって，求める面積は，

ア＋ウ＋オ＝ア＋ウ＋エ＝ア＋イ

ア＋イの部分は正方形の面積の$\frac{1}{4}$である。

$8 \times 8 \times \frac{1}{4} = 16(\text{cm}^2)$

よって，求める面積は16cm^2。

2(1) 右の図のように正六角形を面積の等しい二等辺三角形6つに分けると，ぬりつぶした部分は正六角形の面積の$\frac{1}{6}$になる。

$108 \times \frac{1}{6} = 18(\text{cm}^2)$

よって，求める面積は18cm^2。

(2) 次の図のようにぬりつぶした部分をア～エのように分ける。イ，ウの部分はア，エの部分と底辺(ていへん)と高さが同じで，面積も等しいため，求める面積は正六角形の$\frac{4}{6} = \frac{2}{3}$となる。

$108 \times \frac{2}{3} = 72(\text{cm}^2)$

よって，求める面積は72cm^2。

(3) 右の図のように補助線を引くと，ぬりつぶしていない1つの直角三角形の面積は，正六角形を6つに分けてできた正三角形の半分の面積であることがわかる。ぬりつぶしていない部分は直角三角形2つ分なので，ぬりつぶしていない部分は正三角形1つ分の面積$\left(=\text{正六角形の面積の}\frac{1}{6}\right)$になる。

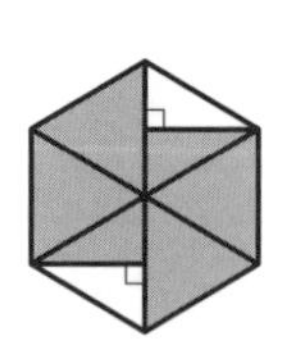

ぬりつぶした部分の面積は正六角形の面積の$\frac{5}{6}$となるので，

$108 \times \frac{5}{6} = 90(\text{cm}^2)$

よって，求める面積は90cm^2。

(4) ぬりつぶした部分の面積は，正六角形の面積の$\frac{1}{3}$から，半径3cm，中心角120°のおうぎ形の面積をひいたものである。

$108 \times \frac{1}{3} - 3 \times 3 \times 3.14 \times \frac{120^\circ}{360^\circ}$

$= 26.58(\text{cm}^2)$

よって，求める面積は26.58cm^2。

7~10 まとめ問題

答え

1 (1) 26.84cm (2) 31.4cm

2 (1) 71.5cm^2 (2) 7.125cm^2 (3) 3.44cm^2 (4) 21.5cm^2

3 (1) 12cm^2 (2) 22.88cm^2 (3) 20cm^2 (4) 72cm^2 (5) 5.13cm^2 (6) 25.12cm^2

1 (1)　周の長さは，中心角が90°で半径8cmと半径4cmのおうぎ形の弧の長さと，弧を結ぶ辺の長さ2つ分の合計となる。

おうぎ形の弧の長さの合計は，

$8\times2\times3.14\times\frac{90^\circ}{360^\circ}$

$+4\times2\times3.14\times\frac{90^\circ}{360^\circ}$

$=18.84\,(\mathrm{cm})$

弧を結ぶ辺の長さは，

$8-4=4\,(\mathrm{cm})$

ぬりつぶした部分の周の長さは，

$18.84+4\times2=26.84\,(\mathrm{cm})$

よって，26.84cm。

(2)　ぬりつぶした部分の周の長さは，中心角が120°で半径5cmのおうぎ形の弧の長さ3つ分であるから，

$5\times2\times3.14\times\frac{120^\circ}{360^\circ}\times3=31.4\,(\mathrm{cm})$

よって，31.4cm。

2 (1)　右の図のように補助線を引くと，ぬりつぶしていない部分の面積のうちの1つは，半径5cm，中心角90°のおうぎ形の面積2つ分から，一辺5cmの正方形をひいたものになる。

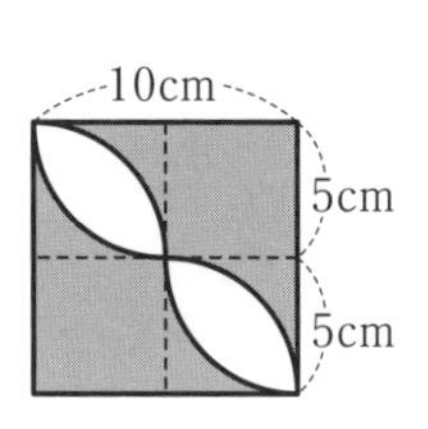

$5\times5\times3.14\times\frac{90^\circ}{360^\circ}\times2-5\times5$

$=14.25\,(\mathrm{cm}^2)$

求める面積は，

$10\times10-14.25\times2=71.5\,(\mathrm{cm}^2)$

よって，$71.5\mathrm{cm}^2$。

(2)　求める面積は，半径2.5cmの円の面積から，対角線の長さが2つとも5cmのひし形の面積をひいたものとなる。

$2.5\times2.5\times3.14-5\times5\div2$

$=7.125\,(\mathrm{cm}^2)$

よって，求める面積は$7.125\mathrm{cm}^2$。

(3)　求める面積は，一辺4cmの正方形の面積から，半径1cmの円の面積4つ分をひいたものである。

$4\times4-1\times1\times3.14\times4=3.44\,(\mathrm{cm}^2)$

よって，求める面積は$3.44\mathrm{cm}^2$。

(4)　求める面積は，一辺10cmの正方形の面積から，半径5cm，中心角90°のおうぎ形の面積4つ分をひいたものである。

$10\times10-5\times5\times3.14\times\frac{90^\circ}{360^\circ}\times4$

$=21.5\,(\mathrm{cm}^2)$

よって，求める面積は$21.5\mathrm{cm}^2$。

3 (1)　ぬりつぶした3つの部分の面積は，右図のように等積変形できる。

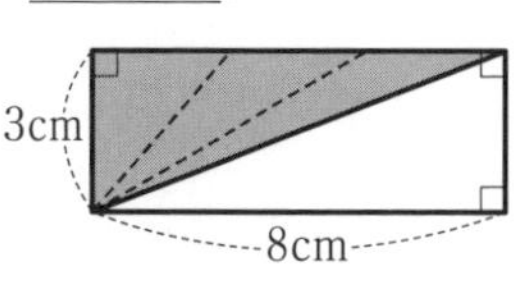

$3\times8\div2=12\,(\mathrm{cm}^2)$

より，求める面積は$12\mathrm{cm}^2$。

(2)　ぬりつぶしていない部分の面積は，半径4cmの半円2つ分の面積から，右の図の太い線でかこまれた①の部分の面積をひいたものとなる。

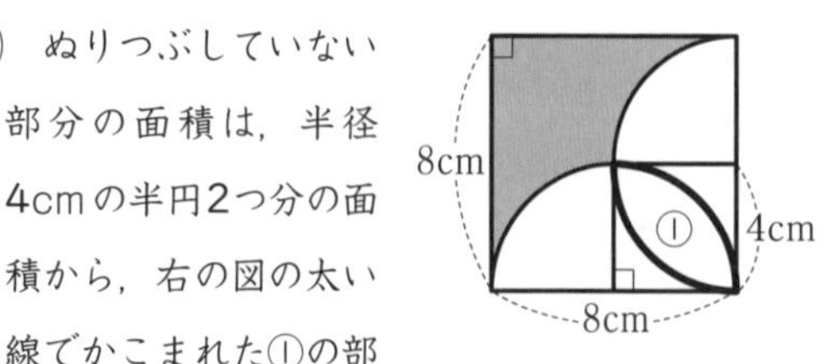

①の部分の面積は，半径4cm，中心角90°のおうぎ形の面積2つ分から，一辺4cmの正方形の面積をひいたものとなる。

$4\times4\times3.14\times\frac{90^\circ}{360^\circ}\times2-4\times4$

$=9.12\,(\mathrm{cm}^2)$

よって，ぬりつぶしていない部分の面積は，

$4\times4\times3.14\times\frac{180^\circ}{360^\circ}\times2-9.12$

$=41.12\,(\mathrm{cm}^2)$

求める面積は，一辺8cmの正方形の面積から，ぬりつぶしていない部分の面積をひいたものとなる。

$8\times8-41.12=22.88\,(\mathrm{cm}^2)$

よって，求める面積は$22.88\mathrm{cm}^2$。

(3)　底辺と高さが同じことに注目すると，三角形EBFと三角形DBFは面積が等しく，辺EFと辺DBの交点をGとすると，三角形GBFが2つの三角形に共通していることがわかる。よって，ぬ

りつぶした部分である三角形DGFの面積は，三角形EBGの面積に等しい。

求める面積は，

$4\times10\div2=20(\text{cm}^2)$

よって，20cm²。

(4) 求める面積は，底辺12cmの平行四辺形の面積から，底辺3cmの平行四辺形の面積をひいたものである。高さはどちらも8cmである。

$12\times8-3\times8=72(\text{cm}^2)$

よって，72cm²。

(5) 図の正方形の対角線は，おうぎ形を半分に分けている。求める面積は，半径6cm，中心角45°のおうぎ形の面積から，一辺6cmの正方形の面積の$\frac{1}{4}$をひいたものである。

$6\times6\times3.14\times\frac{45^\circ}{360^\circ}-6\times6\times\frac{1}{4}$

$=5.13(\text{cm}^2)$

よって，求める面積は5.13cm²。

(6) 右の図のように，アの部分の面積をイの部分に移動(いどう)させると，ぬりつぶした部分の面積は，

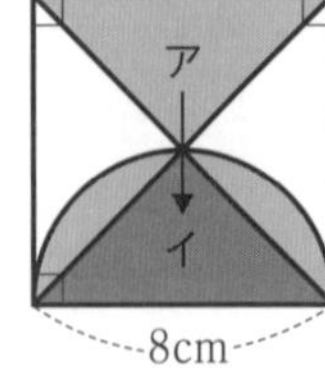

$4\times4\times3.14\times\frac{180^\circ}{360^\circ}$

$=25.12(\text{cm}^2)$

よって，25.12cm²。

11 合同な三角形

答え	1	(1) イとウ (2) 三角形FBCと三角形CED 1組の辺(へん)とその両端(りょうたん)の角がそれぞれ等しい (3) 三角形AEBと三角形GFD 2組の辺とその間の角がそれぞれ等しい (4) 45度　(5) 20度

1 (1) イとウの共通点(きょうつうてん)は，

DE＝GH，DF＝GI，角D＝角G

イとウは，2組の辺とその間の角がそれぞれ等しいので，合同である。

よって，答えはイとウ。

(2) 角ECD＝180°－(90°＋37°)＝53°

三角形FBCと三角形CEDにおいて，

FB＝CE，角BFC＝角ECD，

角FBC＝角CED，

よって，1組の辺とその両端の角がそれぞれ等しいので，三角形FBCと三角形CEDは合同である。

(3) GD＝10－4＝6(cm)

三角形AEBと三角形GFDにおいて，

AB＝GD，BE＝DF，角ABE＝角GDF

よって，2組の辺とその間の角がそれぞれ等しいので，三角形AEBと三角形GFDは合同である。

(4) 三角形ABEと三角形ECDにおいて，

AB＝EC，BE＝CD，角B＝角C

よって，2組の辺とその間の角がそれぞれ等しいので，三角形ABEと三角形ECDは合同である。

これより，角AEBと角EDC，角BAEと角CEDはそれぞれ等しいので，

角AED＝180°－(角AEB＋角CED)

＝180°－(角AEB＋角BAE)

＝180°－90°

$=90°$

となる。また，三角形ABEと三角形ECDは合同なので，三角形AEDは直角二等辺三角形であることがわかる。よって，

角ア$=(180°-90°)\div 2$

$=45°$

よって，アの角の大きさは45度。

(5) 図より，

AE＝BF，AB＝BC，角A＝角B

であることがわかる。よって，三角形ABEと三角形BCFにおいて，2組の辺とその間の角が等しいので，三角形ABEと三角形BCFは合同である。

よって，角ABE＝角BCFである。

また，

角BFC＝角AEB

＝180°－角BED

$=180°-110°$

$=70°$

となる。

したがって，三角形の内角の和より，

角BCF＝180°－(角FBC＋角BFC)

$=180°-(90°+70°)$

$=20°$

よって，イの角の大きさは20度。

12 相似な三角形

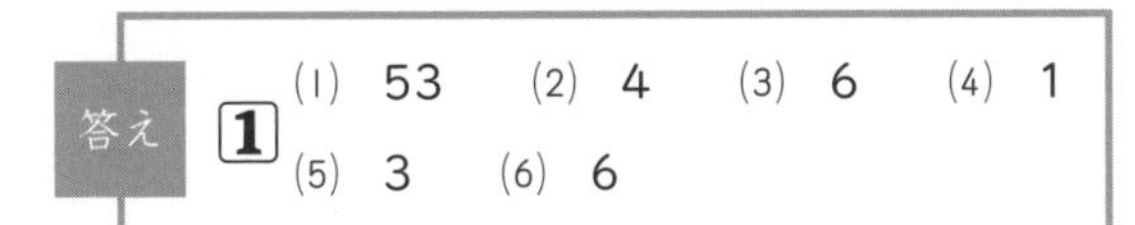

答え **1** (1) 53　(2) 4　(3) 6　(4) 1　(5) 3　(6) 6

1(1) 図より，三角形AEBと三角形DECにおいて，

AB：DC＝AE：DE＝3：1

角EAB＝角EDC＝55°　より，

2組の辺の比とその間の角がそれぞれ等しいので，三角形AEBと三角形DECは相似である。

よって，対応する角は等しいので，

角x＝角ABE＝53°

したがって，xは53。

(2) 図より，三角形ABCと三角形ADEにおいて，

角BAC＝角DAE＝30°

BCとDEが平行より，

角ACB＝角AED＝64°

よって，2組の角がそれぞれ等しいので，三角形ABCと三角形ADEは相似である。

相似な三角形の辺の比はすべて等しいので，

BC：DE＝AB：AD

$5:x=5:4$

よって，xは4。

(3) 図より，三角形AEBと三角形CEDにおいて，

角BAE＝角DCE＝60°

角ABE＝角CDE＝56°

よって，2組の角がそれぞれ等しいので，三角形AEBと三角形CEDは相似である。

相似な三角形の辺の比はすべて等しいので，

AE：CE＝AB：CD

$9:x=12:8$

$9:x=3:2$

よって，xは6。

(4) 図より，三角形ABCと三角形ADEにおいて，

角BAC＝角DAE

角ACB＝角AED＝57°より，

2組の角がそれぞれ等しいので，三角形ABCと三角形ADEは相似である。

AC：AE＝BC：DE

$2:x=2:1$

よって，xは1。

(5) 図より，△ACDと△AFEにおいて，DCとEFは平行より，

角ACD＝角AFE

角ADC＝角AEF

よって，2組の角がそれぞれ等しいので，三角形ACDと三角形AFEは相似である。

相似な三角形の辺の比はすべて等しいので，

DC：EF＝AD：AE

$9:x=12:4$

$9:x=3:1$

よって，xは3。

(6) 図より，四角形EDCFは正方形なので，ACとEDは平行である。

三角形ABCと三角形EBDにおいて，

角ABC＝角EBD

同位角は等しいので，

角BAC＝角BED

よって，2組の角がそれぞれ等しいので，三角形ABCと三角形EBDは相似である。

また，三角形ABCで

BC：CA＝15：10＝3：2

なので，三角形EBDでも

BD：DE＝3：2

となる。

DE＝DC＝x　なので

BD：DC＝3：2

BC＝15cmなので

$$x = 15 \times \frac{2}{3+2} = 6\text{(cm)}$$

したがって，xは6。

13 三角形の底辺や高さの比と面積比

1

(1)	18cm^2	(2)	9cm^2
(3)	36cm^2	(4)	24cm^2
(5)	6	(6)	24cm^2

1(1) 三角形全体の面積は，

$6 \times 10 \div 2 = 30$(cm^2)

底辺の比は，3：2なので，底辺の比を使ってしゃ線部分の面積を求めると，

$30 \div (3+2) \times 3 = 18$(cm^2)

よって，18cm^2。

(2) 三角形全体の面積は，

$6 \times 7 \div 2 = 21$(cm^2)

ななめの辺の比は，3：4なので，比を使ってしゃ線部分の面積を求めると，

$21 \div (3+4) \times 3 = 9$(cm^2)

よって，9cm^2。

(3) 底辺の比を使って三角形ABEの面積を求めると，

$60 \div (4+1) \times 4 = 48$(cm^2)

三角形ABDと三角形DBEの面積比を使ってしゃ線部分(三角形DBE)の面積を求めると，

$48 \div (1+3) \times 3 = 36$(cm^2)

よって，36cm^2。

(4) 底辺の比を使って三角形ADCの面積を求めると，

$56 \div (2+6) \times 6 = 42$(cm^2)

三角形ADEと三角形EDCの面積比を使って，しゃ線部分(三角形EDC)の面積を求めると，

$42 \div (3+4) \times 4 = 24$(cm^2)

よって，24cm^2。

(5) 底辺の比と三角形ADCの面積を使って三角形ABDの面積を求めると，

三角形ADC：三角形ABD＝4：8＝1：2

三角形ADCの面積が45cm^{2}より，

三角形ABDの面積は，

$45 \times 2 = 90$(cm^2)

三角形ABEの面積が36cm^{2}より，三角形BDEの面積は，

$90 - 36 = 54$(cm^2)

AE：EDは三角形ABE：三角形BDEに等しいので，

36：54＝2：3

2：3＝4：x

よって，xは6。

(6) 三角形の面積の求め方は，

(底辺)×(高さ)÷2

台形の面積の求め方は，

(上底＋下底)×(高さ)÷2

よって，

台形ABCDの(上底＋下底)：三角形DECの底辺

＝(8＋4＋6)：6＝3：1

この比は，台形ABCDと三角形DECの面積比に等しいので，

3：1＝72：三角形DEC

しゃ線部分（三角形DEC）の面積を求めると，

$72\times\frac{1}{3}=24(\mathrm{cm}^2)$

よって，<u>$24\mathrm{cm}^2$</u>。

14 相似比と面積（折り返した図形）

答え

1 $\frac{32}{3}\mathrm{cm}^2$

2 (1) $6\mathrm{cm}^2$　(2) $\frac{3}{2}\mathrm{cm}^2$

3 $15\mathrm{cm}^2$

1 折り返した図形なので，

$DH=GH$

$CH=DC-DH=8-5=3(\mathrm{cm})$

が成り立つ。

また，$BG=BC-GC=4(\mathrm{cm})$

よって，$BG:CH=4:3$

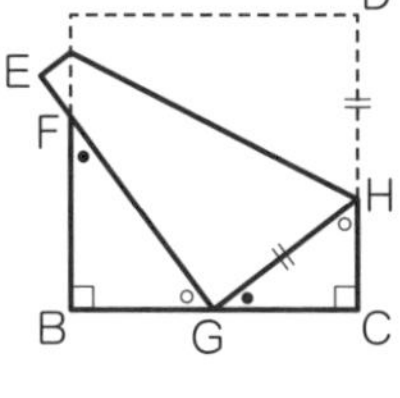

三角形FBGと三角形GCHは相似となるので，

$FB=GC\times\frac{4}{3}=4\times\frac{4}{3}$

$=\frac{16}{3}(\mathrm{cm})$

しゃ線部分の三角形FBGの面積は，

$4\times\frac{16}{3}\div2=\frac{32}{3}(\mathrm{cm}^2)$

よって，<u>$\frac{32}{3}\mathrm{cm}^2$</u>。

2 (1) 三角形BFEと三角形AEIは合同となるので，

$AI=BE=4\mathrm{cm}$

よって，三角形AEIの面積は，

$4\times3\div2=6(\mathrm{cm}^2)$ より，<u>$6\mathrm{cm}^2$</u>。

(2) 折り返した図形なので，

$EF=CF=5\mathrm{cm}$

$EH=CD=3+4$

$=7(\mathrm{cm})$

三角形BFEと三角形AEIは合同となるので，

$FE=EI=5\mathrm{cm}$

よって，

$IH=EH-EI=7-5=2(\mathrm{cm})$

したがって，

$IH:EB=2:4=1:2$

三角形IGHと三角形EFBは相似となるので，

$GH=FB\times\frac{1}{2}=3\times\frac{1}{2}=\frac{3}{2}(\mathrm{cm})$

したがって，三角形IGHの面積は，

$\frac{3}{2}\times2\div2=\frac{3}{2}(\mathrm{cm}^2)$

よって，<u>$\frac{3}{2}\mathrm{cm}^2$</u>。

3 長方形ABCDの面積は$40\mathrm{cm}^2$であり，AGとGDの長さは等しい。このとき，三角形EDGはGDを底辺，DCを高さとする三角形であるから，面積は，

$40\times\frac{1}{4}=10(\mathrm{cm}^2)$

折り返した図形なので，三角形EDFと三角形EDCは合同となり，三角形FGDと三角形EDGの面積の和は，三角形ECDの面積と等しい。よって，三角形ECDの面積は，

$5+10=15(\mathrm{cm}^2)$

したがって，四角形ABEGの面積は，

$40-10-15=15(\mathrm{cm}^2)$

よって，<u>$15\mathrm{cm}^2$</u>。

15 相似比と長さ（かげ）

答え

1 4m

2 2.5m

3 (1) 5.4m　(2) 12m

1 右の図の三角形ABCと三角形DEFは相似なので，

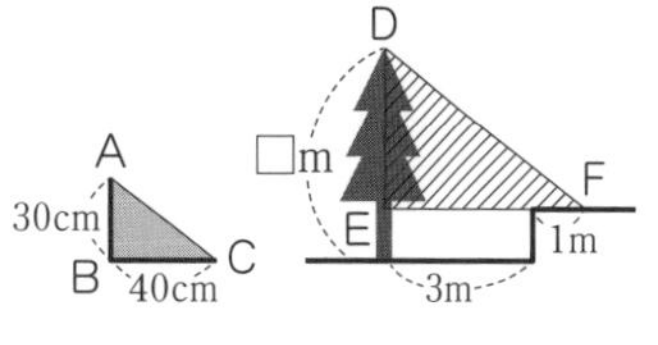

$(□-1):4=30:40=3:4$

$□-1=4\times\frac{3}{4}=3(\mathrm{m})$

$□=3+1=4(\mathrm{m})$

よって，木の高さは4m。

2 右の図の三角形ABCと三角形DECは相似なので，

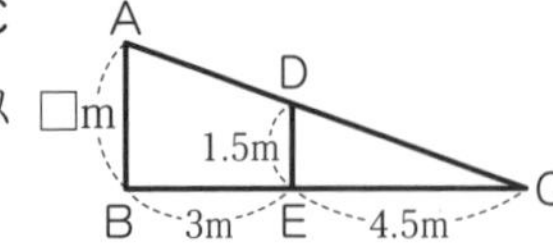

□：(3＋4.5)

＝1.5：4.5

＝1：3

$□=7.5\times\frac{1}{3}=2.5$(m)

よって，木の高さは2.5m。

3(1) 右の図のように三角形DEFを作図する。

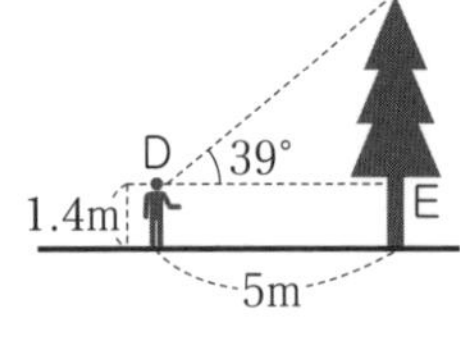

角Dの大きさが39°であるから，㋐の三角形が使える。

AB：BC＝1：0.8＝5：4

よって，$EF=5\times\frac{4}{5}=4$(m)

ここで木の高さは，4mと目の高さの和であるから，

4＋1.4＝5.4(m)

よって，5.4m。

(2) 右の図のように三角形GHIを作図する。

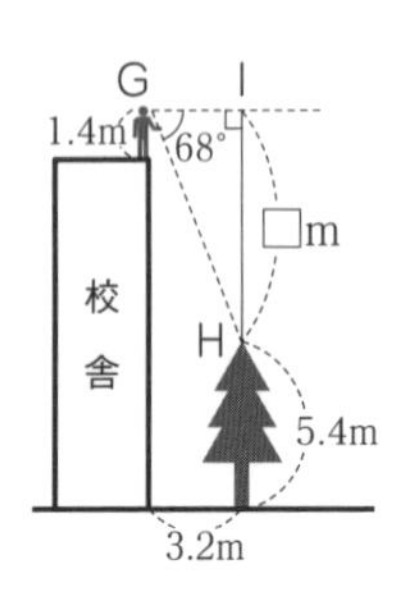

角Gの大きさが68°であるから，角Hの大きさは22°である。よって，㋒の三角形が使える。

AB：BC＝1：0.4＝5：2

$HI=3.2\times\frac{5}{2}=8$(m)

ここで校舎(こうしゃ)の高さは，8mと木の高さの和から目の高さをひいた値(あたい)になるから，

8＋5.4－1.4＝12(m)

よって，12m。

16 面積比と相似

答え **1** (1) 4.5　(2) 2.5　(3) 14　(4) $\frac{16}{3}$

1(1) 三角形EADと三角形ECBは相似(そうじ)なので，

AD：CB＝DE：BE

2：6＝1.5：x

よって，xは4.5。

(2) 三角形EADと三角形ECBは相似なので，

AD：CB＝AE：CE

4：8＝x：5

よって，xは2.5。

(3) 三角形EADと三角形ECBは相似なので，

AD：CB＝AE：CE

2：12＝2：$(x-2)$

よって，xは14。

(4) 三角形EADと三角形ECBは相似なので，

AD：CB＝AE：CE

3：5＝2：$(x-2)$

よって，xは$\frac{16}{3}$。

17 ダイヤグラムにおける相似比の利用

答え **1** (1) 1800m　(2) 400m　(3) 7時50分30秒　(4) ① 6km　② 1時55分

1(1) 相似(そうじ)な三角形は図のようになっている。

横軸(よこじく)の目盛(めも)りより，相似比(そうじひ)は，3：2である。

Aさんとbさんがすれちがう地点を求(もと)めたいので，比を縦(たて)軸(じく)に移(うつ)してきょりを3：2に分ける。

P地点から何mかを求めたいので，

$$4500 \times \frac{2}{3+2} = 1800(\mathrm{m})$$

よって，1800m。

(2) 2回目にすれちがった場所を求めるので，図のように三角形の相似を利用する。横軸の目盛りより，相似比は4：5である。2回目にすれちがう場所を求めるので，縦軸に比を移す。

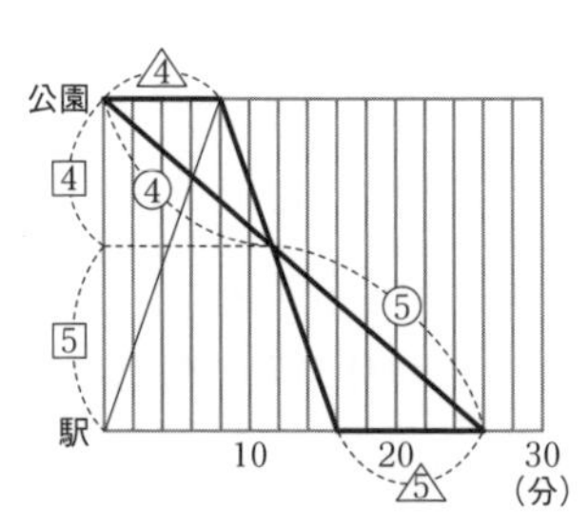

二人が2回目にすれちがう場所が公園からどれだけはなれているかを求めたいので，

$$900 \times \frac{4}{4+5} = 400(\mathrm{m})$$

よって，400m。

(3) 図のように三角形の相似を利用する。横軸の目盛りより，相似比は3：5である。

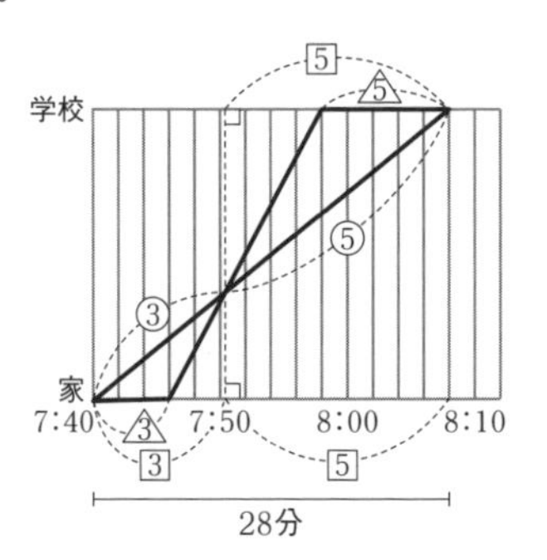

追いついた時刻を求めるので，すれちがった地点から縦に線を引き，できた三角形の相似を考える。この三角形も，相似比は3：5になっている。

目盛りの時刻を読むと，7時40分から8時8分の間を3：5に分けている。

7時40分から8時8分の間は28分間あるので，

$$28 \times \frac{3}{3+5} = 10.5(\text{分})$$

よって，Aくんのお兄さんがAくんに追いついたのは，10.5分後＝10分30秒後なので，追いついた時刻は，

7時40分＋10分30秒＝7時50分30秒

(4)① 図のように相似な三角形を見つける。相似比は，横軸の目盛りより3：7である。

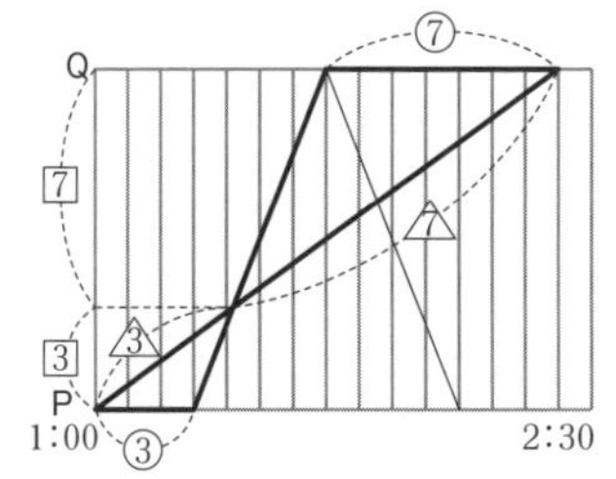

すれちがった場所を求めるので，縦軸に比を移す。P地点とQ地点は20kmはなれているので，P地点からのきょりは，

$$20 \times \frac{3}{3+7} = 6(\mathrm{km})$$

よって，6km。

② 図のように相似な三角形を見つける。相似比は，横軸の目盛りより，7：11である。すれちがう時刻を求めるので，図のように縦に線を引き，新しく⑦：⑪の相似比である三角形をつくる。

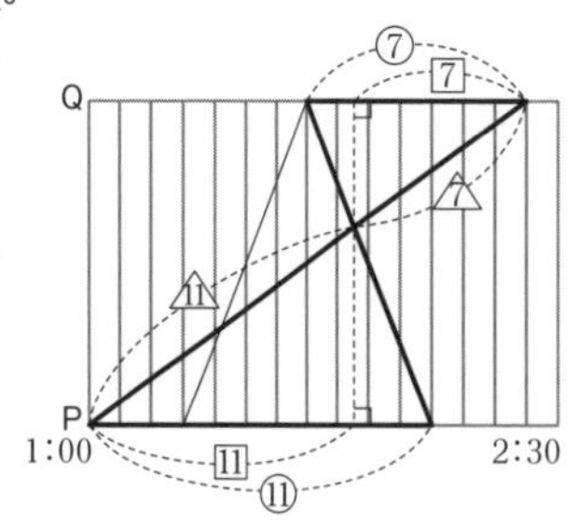

よって，1時ちょうどから2時30分の間が11：7に分けられる。

1時から2時30分の間は90分間なので，

$$90 \times \frac{11}{11+7} = 55(\text{分})$$

つまり1時ちょうどから55分後にすれちがうので，1時55分。

11~17 まとめ問題

答え

1 (1) 144度 (2) 45度

2 (1) $15\mathrm{cm}^2$ (2) $34\mathrm{cm}^2$ (3) $\frac{77}{4}\mathrm{cm}^2$ (4) $\frac{49}{3}\mathrm{cm}^2$

3 (1) $\frac{5}{6}\mathrm{cm}$ (2) $\frac{72}{5}\mathrm{cm}$

4 9m

5 (1) 1500m (2) 10時22分30秒

1 (1) 三角形DECの内角の和から，

角DEC＝180°－90°－27°＝63°

ここで，三角形ABCと三角形DECは，

AC＝DC＝4(cm)

$BC = EC = 2$(cm)

角 $C = 90°$

であるから，合同な三角形である。

よって，角 $ABC = 63°$

四角形の内角の和は，$360°$ であるから，

$x = 360° - 63° - 63° - 90° = 144°$

よって，角 x は144度。

(2) 辺ADを4cmと3cmに分ける点をEとする。三角形ABEと三角形DECは合同な三角形であるので，

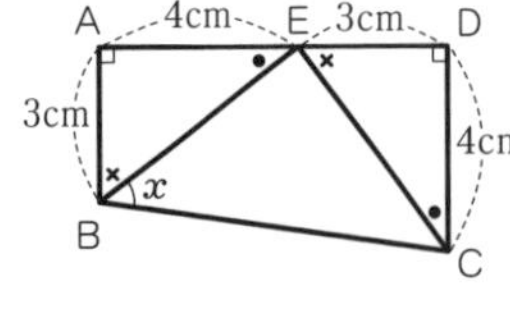

角 ABE = 角 DEC = ×

角 AEB = 角 DCE = ●

× + ● + $90° = 180°$

× + ● = $90°$

よって，

角 BEC = $180°$ − (× + ●) = $90°$

また，$BE = CE$ であるから，三角形EBCは直角二等辺三角形である。

$x = 90° \div 2 = 45°$

したがって，角 x は45度。

2(1) $BD : DC = 3 : 5$ なので，三角形ABDの面積は，

$$64 \times \frac{3}{3+5} = 24 \text{(cm}^2\text{)}$$

次に，$AE : ED = 5 : 3$ なので，三角形ABEの面積は，

$$24 \times \frac{5}{5+3} = 15 \text{(cm}^2\text{)}$$

よって，三角形ABEの面積は，15cm^2。

(2) 折り返した図形であるから，

$HE = AE = 6$cm

$HI = AB = 8$cm

よって，三角形HEIは3辺の比が

$6 : 8 : 10$

$= 3 : 4 : 5$

である。

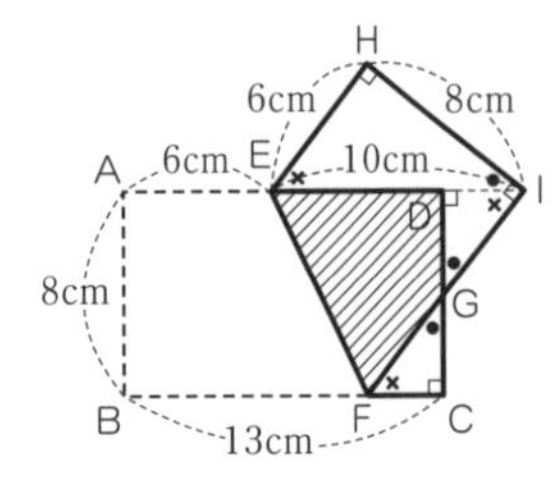

また，折り返した図形の性質から，三角形HEIは前の図のように，三角形DIG，三角形CFGと相似の関係にある。

EDの長さは，

$13 - 6 = 7$(cm)

IDの長さは，

$10 - 7 = 3$(cm)

よって，

$DG : DI = DG : 3 = 4 : 3$　　$DG = 4$(cm)

三角形DIGの面積は，

$3 \times 4 \div 2 = 6 \text{(cm}^2\text{)}$

次に，三角形EFIの面積は，底辺をEIとしたときの高さが，長方形の高さに等しいので，

$10 \times 8 \div 2 = 40 \text{(cm}^2\text{)}$

四角形EFGDの面積は，

$40 - 6 = 34 \text{(cm}^2\text{)}$

よって，求める面積は，34cm^2。

(3) 三角形ABEと台形AECDの面積が等しいことから，BEとECの長さを求める。

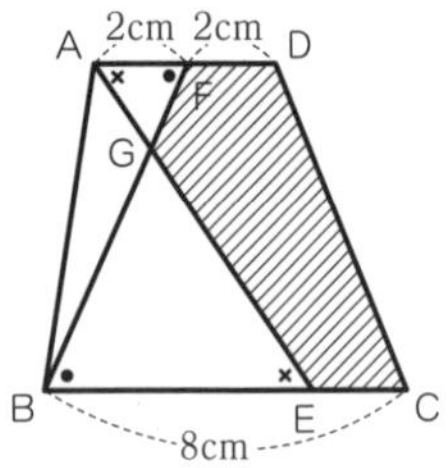

高さを□cmとすると，

三角形ABEの面積は，

BE × □ ÷ 2

$= 21 \text{(cm}^2\text{)}$

台形AECDの面積は，

(4 + EC) × □ ÷ 2 = 21

すなわち，

$BE = 4 + EC$

また，$BE + EC = 8$(cm)　なので

$BE + EC = 4 + EC + EC = 8$(cm)

$EC = 2$(cm)

よって，$BE = 6$(cm)

三角形AGFと三角形EGBは相似の関係にあり，相似比は，$2 : 6 = 1 : 3$ なので，

$AG : EG = 1 : 3$

辺の比と面積比の関係から，

三角形EGBの面積は，

$$21 \times \frac{3}{1+3} = \frac{63}{4} \text{(cm}^2\text{)}$$

相似比と面積比の関係から，三角形AGFの面積は，

$$\frac{63}{4}\times\frac{1}{3\times3}=\frac{7}{4}\ (\text{cm}^2)$$

五角形FGECDの面積は，

$$21-\frac{7}{4}=\frac{77}{4}\ (\text{cm}^2)$$

よって，求める面積は，$\frac{77}{4}$cm^2。

(4) 三角形AFHと三角形BFEは相似である。

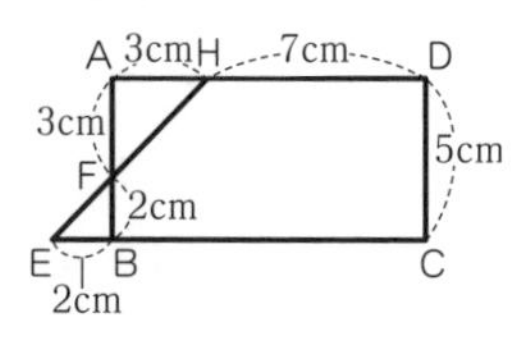

$$FB=5-3$$
$$=2(\text{cm})$$

より，相似比は3：2になるので，

$$EB=3\times\frac{2}{3}=2(\text{cm})$$

次に，三角形AGDと三角形BGEは相似であり，相似比は，

$$10:2=5:1$$

よって，BGの長さは，

$$5\times\frac{1}{5+1}=\frac{5}{6}\ (\text{cm})$$

また，AGの長さは，$\frac{25}{6}$cm

四角形FGDHの面積は，三角形AGDの面積から三角形AFHの面積をひいたものである。

$$\left(\frac{25}{6}\times10\div2\right)-(3\times3\div2)=\frac{49}{3}\ (\text{cm}^2)$$

したがって，求める面積は，$\frac{49}{3}$cm^2。

3(1) ADとFEは平行なので，三角形ABDと三角形FBEは相似である。

角ADB＝角FEB＝×

角FBE＝●とすると，三角形FBEは直角三角形なので，

●＋×＝90°

三角形EBGに着目すると，

角BEG＝90°，角EBG＝●なので，

角EGB＝×

次に，三角形FEGに着目すると，

角GFE＝90°，角EGF＝×なので，

角FEG＝●

よって，三角形EBGと三角形FEGは三角形ABDと相似である。

三角形ABDと三角形FBEの相似比は，2：1であるから，

$$FE=1\text{cm},\ FB=\frac{3}{2}\text{cm}$$

また，三角形ABDと三角形FEGの相似比は，

AB：FE＝3：1

GFの長さは，

$$2\times\frac{1}{3}=\frac{2}{3}\ (\text{cm})$$

したがって，AGの長さは，

$$3-\frac{3}{2}-\frac{2}{3}=\frac{5}{6}\ (\text{cm})$$

よって，$\frac{5}{6}$cm。

(2) 面積比と底辺の比の関係から

BF：FG＝2：1

BG：GC＝4：1

ここで，BF：FG：GCの比を考える。

比の式に，ある数をかけても関係は変わらないので，

BF：FG＝2：1＝8：4

BG：GC＝4：1＝12：3

この比の関係は，下の図のようになる。

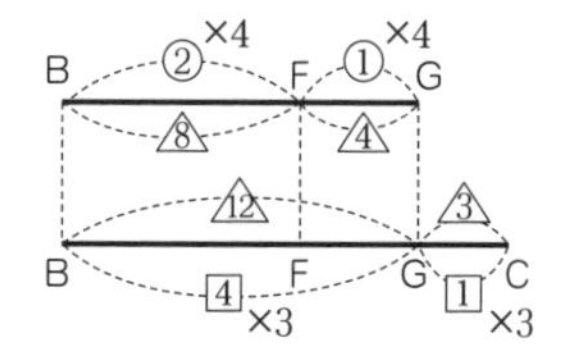

BF：FG：GC＝8：4：3

BFの長さは，

$$27\times\frac{8}{8+4+3}=\frac{72}{5}\ (\text{cm})$$

よって，$\frac{72}{5}$cm。

4　右の図の三角形ABCと三角形DEFは相似。木の高さをxmとすると,

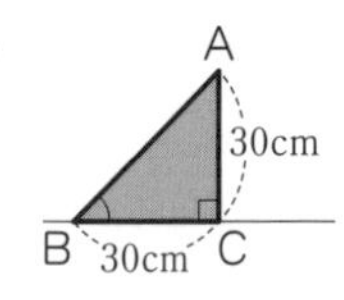

$(5+6):(x+2)=30:30$

$=1:1$

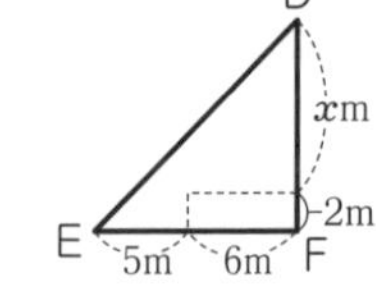

よって，$x+2=11$

$x=9$(m)

したがって，木の高さは9m。

5(1)　右の図のぬりつぶした三角形は相似で，相似比は

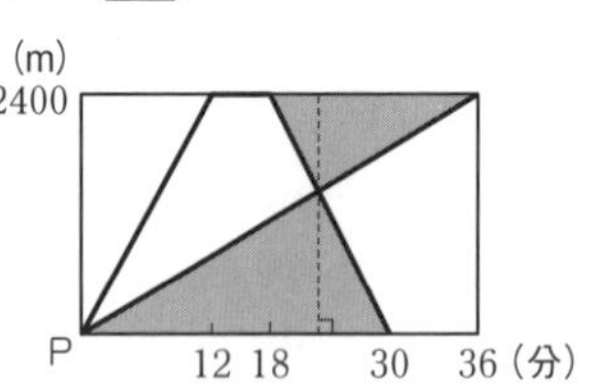

$(36-18):30=3:5$

よって，AさんとBさんが出会った場所は,

$2400\times\frac{5}{3+5}=1500$(m)

したがって，地点Pからのきょりは1500m。

(2)　出会った場所から縦に線を引いてできた三角形の相似比も3：5なので,

$36\times\frac{5}{3+5}=22.5$(分後)

したがって，出会った時刻は10時22分30秒。

18 平行移動

答え	
1	(1) 6cm^2　(2) 4cm^2
2	(1) 5秒後から15秒後まで (2) 200cm^2

1(1)　三角形DEFは三角形ABCを12cm平行移動させたものであることから，BEの長さは12cmである。よって，ECの長さは

$16-12=4$(cm)

である。三角形ABCと三角形GECは相似であるため,

AB：GE＝BC：EC

これより,

$12:GE=16:4=4:1$

であるため，GEの長さは

$12\div4\times1=3$(cm)

である。ここから，ぬりつぶした部分の面積は

$3\times4\div2=6$(cm^2)

よって，6cm^2。

(2)　直角二等辺三角形Bは6秒で12cm移動するため，AとBが重なった部分の底辺の長さは

$12-8=4$(cm)

である。重なった部分は直角二等辺三角形となる。直角二等辺三角形の高さは底辺の長さの半分になるので，この三角形の高さは,

$4\div2=2$(cm)

である。ここから,

重なっている部分の面積は

$4\times2\div2=4$(cm^2)

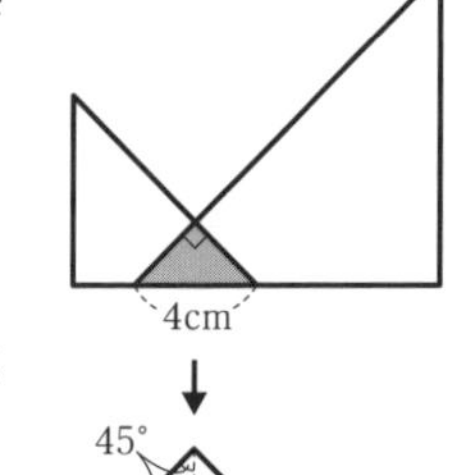

よって，4cm^2。

2(1)　重なっている部分が長方形となるのは，重なり始めてから右の図のようになるまでである。重なり始めるのは,

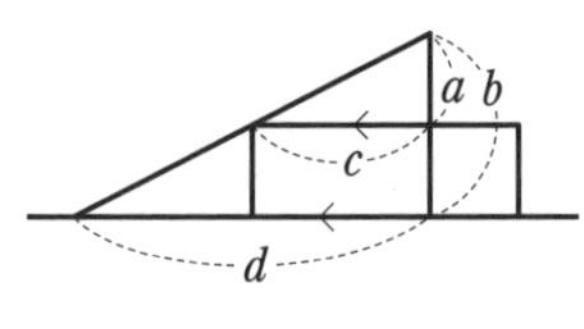

$10 \div 2 = 5$(秒後)

また，相似の考えを用いて，前ページの図において$a : b = c : d$である。長方形Bの高さが10cmであることからaの長さは，

$20 - 10 = 10$(cm)

である。bの長さは20cmであるため，

$a : b = 1 : 2$

であることがわかる。dの長さは40cmであることからcの長さは

$40 \div 2 \times 1 = 20$(cm)

である。cが20cmになるのは

$(10 + 20) \div 2 = 15$(秒後)

よって，長方形となるのは5秒後から15秒後まで。

(2) (1)より，15秒後に重なっている部分は長方形である。

AとBが重なった部分の底辺の長さは20cmなので，重なった部分は縦(たて)10cm，横20cmの長方形であることがわかる。その面積は

$10 \times 20 = 200$(cm^2)

したがって，200cm^2。

19 回転移動，転がり移動

答え		
1	(1) 37.68cm	(2) 7.625cm^2
2	(1) 44.56cm	(2) 16cm

1(1) 点Aが動いた道すじは下の図のように，2つのおうぎ形を合わせたものとなる。

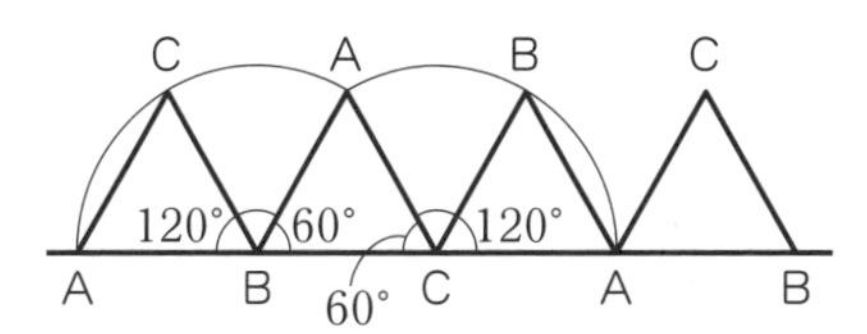

1つのおうぎ形の半径(はんけい)は，正三角形の一辺(いっぺん)の長さである9cmで，中心角は120°となる。ここから，このおうぎ形の弧(こ)の長さは，

$$9 \times 2 \times 3.14 \times \frac{120°}{360°} = 18.84 \text{(cm)}$$

同じおうぎ形が2つあるため，

$18.84 \times 2 = 37.68$(cm)

よって，求める長さは37.68cm。

(2) しゃ線部の面積(めんせき)は，おうぎ形ACEの面積から，三角形ACDと三角形ECFの面積をひいたものである。まず，おうぎ形ACEの面積を求(もと)める。

$$5 \times 5 \times 3.14 \times \frac{90°}{360°} = 19.625 \text{(cm}^2\text{)}$$

次に，三角形ACDの面積は，

$4 \times 3 \div 2 = 6$(cm^2)

であり，三角形ECFの面積も同じく6cm^{2}である。

よって，

$19.625 - 6 \times 2 = 7.625$(cm^2)

したがって，求める面積は7.625cm^2。

2(1) 円Pの中心がえがく線は右の図の太線のようになる。4つの角の部分を合わせると，半径2cmの円になる。

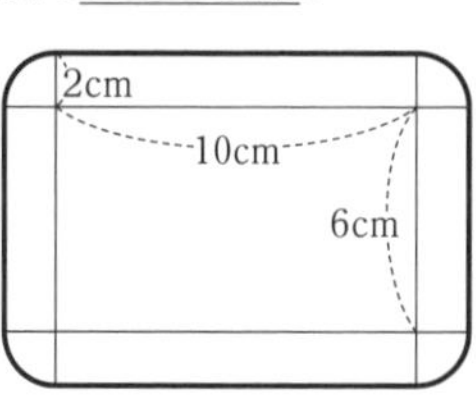

よって，この4つの角の部分の長さを求めると，

$2 \times 2 \times 3.14 = 12.56$(cm)

それ以外(いがい)の部分は長方形のまわりの長さと等しいため，

$(6 + 10) \times 2 = 32$(cm)

これらより，円Pの中心がえがく線の長さは

$12.56 + 32 = 44.56$(cm)

よって，44.56cm。

(2) 円Qの中心がえがく線は右の図の太線のようになる。この長さを求めると，

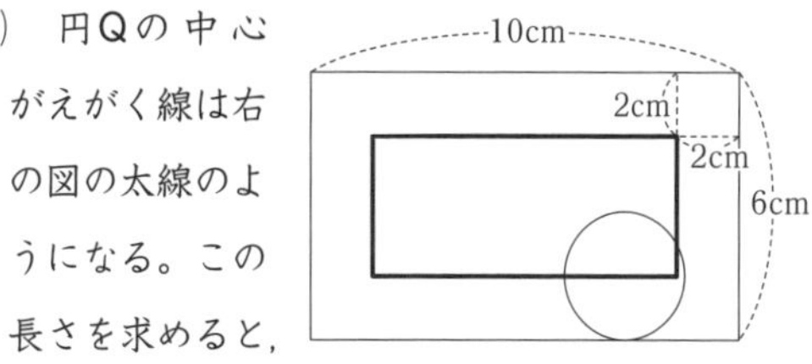

$(6 - 2 \times 2) \times 2 + (10 - 2 \times 2) \times 2$

$= 2 \times 2 + 6 \times 2 = 16$(cm)

よって，16cm。

20 点の移動と面積(図形上を動く点)

答え

1 (1) $24cm^2$　(2) 7秒後

2 (1) 毎秒2cm　(2) 12cm
(3) 4秒後，26秒後

1(1) 点Pは毎秒2cmの速さで動くので，動いた長さは

$2\times11=22$(cm)

点Pは，B→C→D→Aの順に動くので，点Pが22cm動くとき，点Pは辺DA上にある。

辺BCと辺CDの長さの和は，18cmであるから，点Pは，頂点Dから$22-18=4$(cm)はなれた点である。

三角形ABPの面積は，

$8\times(10-4)\div2=24(cm^2)$

よって，$24cm^2$。

(2) 三角形ABPが二等辺三角形になるのは，3回あり，以下のようなときである。

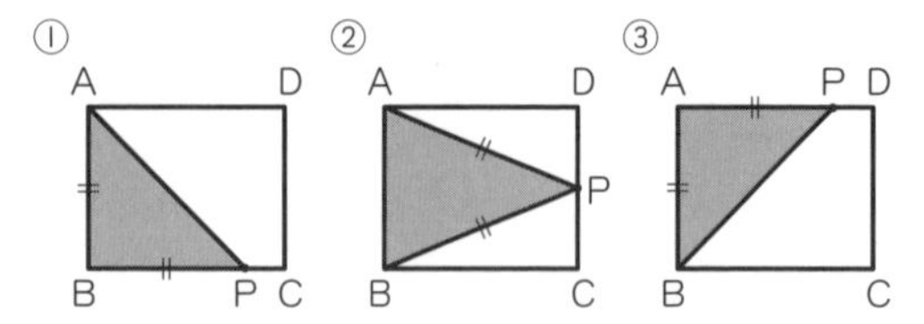

2回目に二等辺三角形になるのは，点Pが辺CD上で$CP=8\div2=4$(cm)のときである。

このとき，点Pの動いた長さは

$10+4=14$(cm)

よって2回目に二等辺三角形になるときの時間は，$14\div2=7$(秒後)より，7秒後。

2(1) グラフより，点Pは12秒後に点Bに移動している。

よって，12秒で$AB=24$(cm)移動するので，点Pが動く速さは，

$24\div12=$(毎秒)2(cm)

よって，毎秒2cm。

(2) 面積が変化しない時間が辺BC間を移動していた時間と等しい。よって，辺BC上を移動した時間は，

$18-12=6$(秒)

辺BCの長さは，時間と速さのかけ算より，

$2\times6=12$(cm)

よって，12cm。

(3) 三角形APDは底辺の長さは12cmで，高さは□cmとする。面積が$48cm^2$になるとき，

$12\times□\div2=48$

$□=8$(cm)

よって，点Pの位置は以下の2通りとなる。

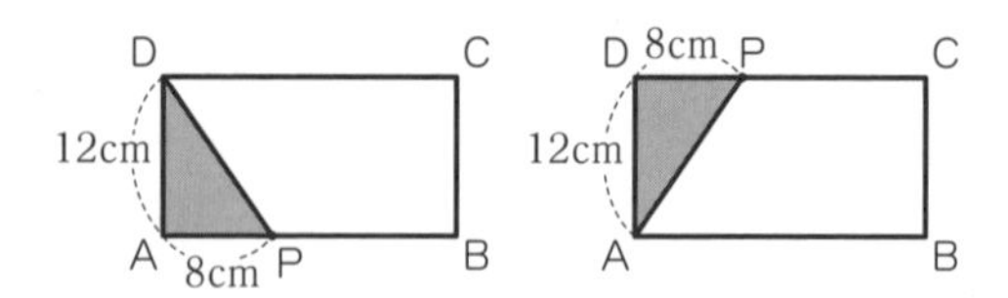

$AP=8$(cm)のとき点Pが動いた時間は，

$8\div2=4$(秒)

$DP=8$(cm)のとき点Pが動いた時間は，

$(AB+BC+CP)\div2$

$=(24+12+24-8)\div2$

$=26$(秒)

三角形APDの面積が$48cm^2$になるのは，4秒後と26秒後。

21 点の移動と面積(まきつけ)

答え

1 $10.99m^2$

2 $314cm^2$

3 (1) 23.55cm　(2) $82.425cm^2$

1 馬は右の図のような範囲を動く。

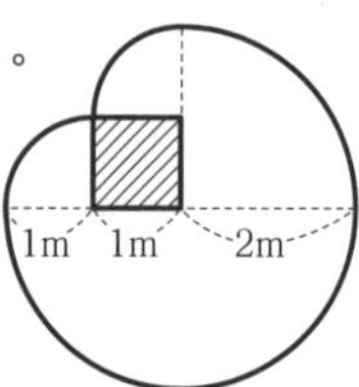

大きなおうぎ形の中心角は270°，半径は2mであるから，面積は，

$2\times2\times3.14\times\frac{270°}{360°}$

$=9.42(m^2)$

小さなおうぎ形の中心角は90°

半径は1mであるから，面積は，

$$1 \times 1 \times 3.14 \times \frac{90^\circ}{360^\circ} = 0.785(\text{m}^2)$$

馬が動ける範囲は，

$$9.42 + 0.785 \times 2 = 10.99(\text{m}^2)$$

よって，10.99m²。

2 糸EFは，右の図のような範囲を動く。おうぎ形ア，イの中心角はそれぞれ90°で，おうぎ形ア，イの半径はそれぞれ，16cm，12cmである。

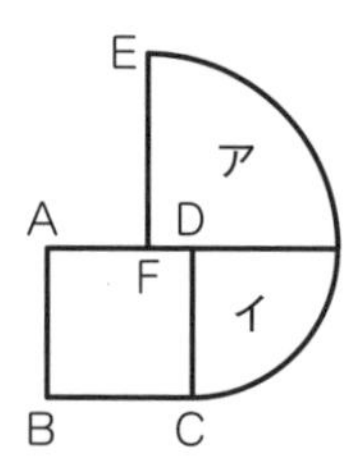

よって，おうぎ形ア，イの面積はそれぞれ

おうぎ形ア：$16 \times 16 \times 3.14 \times \frac{90^\circ}{360^\circ}$

$= 200.96(\text{cm}^2)$

おうぎ形イ：$12 \times 12 \times 3.14 \times \frac{90^\circ}{360^\circ}$

$= 113.04(\text{cm}^2)$

糸EFが通過する面積は，

$$200.96 + 113.04 = 314(\text{cm}^2)$$

よって，314cm²。

3(1) 糸FCは右の図のように動く。おうぎ形ア，イ，ウの中心角はそれぞれ90°，30°，120°で，おうぎ形ア，イ，ウの半径はそれぞれ，9cm，6cm，3cmである。

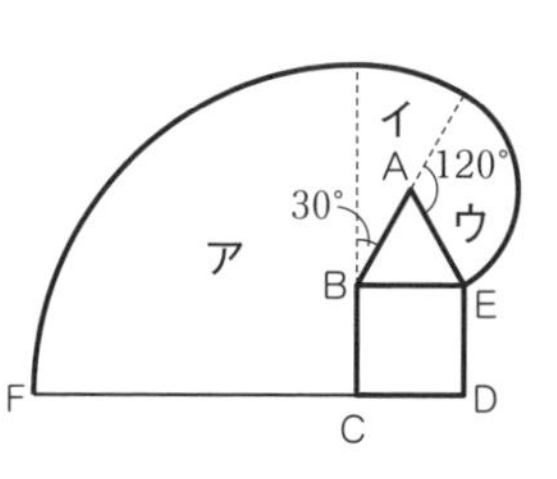

よって，おうぎ形ア，イ，ウの弧(こ)の長さはそれぞれ

おうぎ形ア：$9 \times 2 \times 3.14 \times \frac{90^\circ}{360^\circ}$

$= 14.13(\text{cm})$

おうぎ形イ：$6 \times 2 \times 3.14 \times \frac{30^\circ}{360^\circ}$

$= 3.14(\text{cm})$

おうぎ形ウ：$3 \times 2 \times 3.14 \times \frac{120^\circ}{360^\circ}$

$= 6.28(\text{cm})$

点Fが動いた長さは，

$$14.13 + 3.14 + 6.28 = 23.55(\text{cm})$$

よって，23.55cm。

(2) おうぎ形ア，イ，ウの面積はそれぞれ

おうぎ形ア：$9 \times 9 \times 3.14 \times \frac{90^\circ}{360^\circ}$

$= 63.585(\text{cm}^2)$

おうぎ形イ：$6 \times 6 \times 3.14 \times \frac{30^\circ}{360^\circ}$

$= 9.42(\text{cm}^2)$

おうぎ形ウ：$3 \times 3 \times 3.14 \times \frac{120^\circ}{360^\circ}$

$= 9.42(\text{cm}^2)$

糸FCが通過する面積は，

$$63.585 + 9.42 + 9.42 = 82.425(\text{cm}^2)$$

よって，82.425cm²。

18~21 まとめ問題

答え

1 (1) $\frac{27}{8}$cm²　(2) 8cm²　(3) 1cm²　(4) 30.28cm

2 (1) 120cm²　(2) 3秒後　(3) 628m²　(4) 345.4cm²

1(1) 図より，DC = 15 − 12 = 3(cm)

また，三角形ABCと三角形DGCは相似(そうじ)である。

$$AB : DG = AC : DC = 12 : 3 = 4 : 1$$

よって，$DG = 9 \times \frac{1}{4} = \frac{9}{4}$ (cm)

ぬりつぶした部分の面積(めんせき)は，

$$3 \times \frac{9}{4} \div 2 = \frac{27}{8}\ (\text{cm}^2)$$

よって，$\frac{27}{8}$cm²。

(2) 正方形は8cm動いたので，重なった部分の底辺(ていへん)の長さは，

$$8 - 4 = 4(\text{cm})$$

重なった部分は直角二等辺三角形(ちょっかくにとうへんさんかくけい)なので，高さは4cmである。

重なった部分の面積は，

$$4 \times 4 \div 2 = 8(\text{cm}^2)$$

よって，8cm²。

(3) 重なった部分は直角二等辺三角形になり，直角二等辺三角形イは5cm動いたので，重なった部分の底辺の長さは，

$5-3=2$(cm)

重なった部分は，直角二等辺三角形なので，高さは1cmである。

2つの三角形が重なった部分の面積は，

$2\times1\div2=1$(cm^2)

よって，<u>1cm^2</u>。

(4) 円Pの中心が動いた線の直線部分の長さは，

$(5\times2)+(7\times2)=10+14=24$(cm)

円Pが各頂点(かくちょうてん)のまわりを回った部分は，おうぎ形であり，4つの角の部分を合わせると，半径(はんけい)1cmの円になる。この円の円周(えんしゅう)を求めればよいので，

$1\times2\times3.14=6.28$(cm)

円Pの中心が動いた長さは，

$24+6.28=30.28$(cm)

よって，<u>30.28cm</u>。

2(1) Aを出発してから8秒後の点Pは辺AD上にあり，APの長さは8cmである。

Aを出発してから8秒後の点Qは辺BC上にある。

点QがAを出発してからBにとう着するまでにかかる時間は，

$12\div3=4$(秒)

なので，点QはBを出発して4秒後ということになる。

よって，BQの長さは，

$3\times4=12$(cm)

台形ABQPの面積は，

$(8+12)\times12\div2=120$(cm^2)

よって，<u>120cm^2</u>。

(2) 三角形APDの高さを$x$cmとすると，

$14\times x\div2=42$

$x=6$(cm)

点Pは毎秒2cmの速さで動くので，三角形APDの面積が42cm^{2}になるのは<u>3秒後</u>である。

(3) 長さ20mのひもでつながれている犬が動ける範囲(はんい)の面積は，半径20mの半円の面積に等しい。

$20\times20\times3.14\times\frac{1}{2}=628$(m^2)

よって，<u>628m^2</u>。

(4) 長さ12cmのひもの先端(せんたん)Pが届(とど)く範囲は，右の図のようになる。

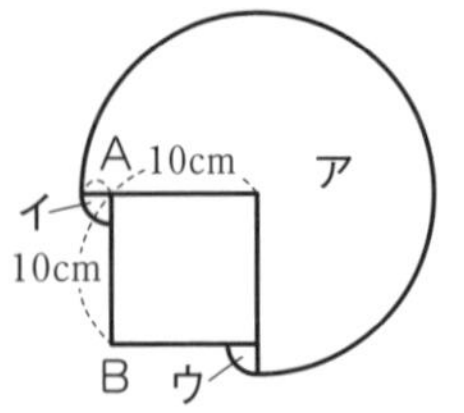

ア，イ，ウの面積をそれぞれ求める。

アは，半径12cmの円の面積の$\frac{3}{4}$である。

$12\times12\times3.14\times\frac{3}{4}=339.12$(cm^2)

イ，ウは，半径2cmの円の面積の$\frac{1}{4}$である。

$2\times2\times3.14\times\frac{1}{4}=3.14$(cm^2)

先端Pが動く範囲の面積の合計は，

$339.12+3.14\times2=345.4$(cm^2)

よって，<u>345.4cm^2</u>。

22 立方体・直方体の表面積

1 (1) 864cm^2　(2) 248cm^2　(3) 988cm^2　(4) 181.5cm^2

1 (1) 一辺12cmの立方体の表面積を求める。

$12 \times 12 \times 6 = 864(\text{cm}^2)$

よって，864cm^2。

(2) まず，縦×横の面2つの面積を求める。

$6 \times 4 \times 2 = 48(\text{cm}^2)$

次に，横×高さの面2つの面積を求める。

$4 \times 10 \times 2 = 80(\text{cm}^2)$

次に，高さ×縦の面2つの面積を求める。

$10 \times 6 \times 2 = 120(\text{cm}^2)$

これらをすべてたしあわせると，

$48 + 80 + 120 = 248(\text{cm}^2)$

よって，248cm^2。

(3) まず，縦×横の面2つの面積を求める。

$10 \times 17 \times 2 = 340(\text{cm}^2)$

次に，横×高さの面2つの面積を求める。

$17 \times 12 \times 2 = 408(\text{cm}^2)$

また，高さ×縦の面2つの面積を求める。

$12 \times 10 \times 2 = 240(\text{cm}^2)$

これらをすべてたしあわせると，

$340 + 408 + 240 = 988(\text{cm}^2)$

よって，988cm^2。

(4) 一辺5.5cmの立方体の表面積を求める。

$5.5 \times 5.5 \times 6 = 181.5(\text{cm}^2)$

よって，181.5cm^2。

23 立方体・直方体の体積

1 (1) 1331cm^3　(2) 420cm^3　(3) 274.625cm^3　(4) 297.16m^3

1 (1) 一辺11cmの立方体の体積を求めると，

$11 \times 11 \times 11 = 1331(\text{cm}^3)$

よって，1331cm^3。

(2) 縦5cm，横6cm，高さ14cmの直方体の体積を求めると，

$5 \times 6 \times 14 = 420(\text{cm}^3)$

よって，420cm^3。

(3) 一辺6.5cmの立方体の体積を求めると，

$6.5 \times 6.5 \times 6.5 = 274.625(\text{cm}^3)$

よって，274.625cm^3。

(4) 縦8.5m，横9.2m，高さ3.8mの直方体の体積を求めると，

$8.5 \times 9.2 \times 3.8 = 297.16(\text{m}^3)$

よって，297.16m^3。

24 角柱の表面積

1 (1) 264cm^2　(2) 510cm^2　(3) 904cm^2　(4) 204cm^2

1 (1) 底面積は，

$8 \times 6 \div 2 = 24(\text{cm}^2)$

側面積は，

$9 \times (8 + 6 + 10) = 216(\text{cm}^2)$

表面積は，

$24 \times 2 + 216 = 264(\text{cm}^2)$

よって，求める表面積は264cm^2。

(2) 底面積は，

$5 \times 12 \div 2 = 30(\text{cm}^2)$

側面積は，

$15 \times (5 + 12 + 13) = 450(\text{cm}^2)$

表面積は，

$30 \times 2 + 450 = 510(\text{cm}^2)$

よって，求める表面積は510cm^2。

(3) 底面積は，

$6 \times 12 = 72(\text{cm}^2)$

側面積は，

$20 \times (6 + 6 + 13 + 13) = 760(\text{cm}^2)$

表面積は，

$72 \times 2 + 760 = 904(\text{cm}^2)$

よって，求める表面積は904cm^2。

(4)　底面積は，

$(3+11)\times 6\div 2=42(\text{cm}^2)$

側面積は，

$4\times(6+3+10+11)=120(\text{cm}^2)$

表面積は，

$42\times 2+120=204(\text{cm}^2)$

よって，求める表面積は<u>204cm^2</u>。

25 円柱の表面積

答え **1** (1)　150.72cm^2　(2)　94.8cm^2　(3)　20cm　(4)　89.4cm^2

1(1)　底面積(ていめんせき)は，

$3\times 3\times 3.14=28.26(\text{cm}^2)$

側面積(そくめんせき)は，

$3\times 2\times 3.14\times 5=94.2(\text{cm}^2)$

表面積は，

$28.26\times 2+94.2=150.72(\text{cm}^2)$

よって，求(もと)める表面積は<u>150.72cm^2</u>。

(2)　底面積は，半径(はんけい)2cmの半円なので，

$2\times 2\times 3.14\div 2=6.28(\text{cm}^2)$

側面積は，曲面の部分は底面が半径2cm，高さが8cmの円柱の側面積の半分なので，

$2\times 2\times 3.14\times 8\div 2=50.24(\text{cm}^2)$

断面(だんめん)の部分は，縦(たて)の長さが円柱の高さ，横の長さが底面の円の直径である長方形となるので，

$8\times 4=32(\text{cm}^2)$

表面積は，

$6.28\times 2+50.24+32=94.8(\text{cm}^2)$

よって，求める表面積は<u>94.8cm^2</u>。

(3)　底面の半径が6cm，高さが10cmの円柱について，底面積は

$6\times 6\times 3.14=113.04(\text{cm}^2)$

側面積は，

$6\times 2\times 3.14\times 10=376.8(\text{cm}^2)$

よって，この円柱の表面積は，

$113.04\times 2+376.8=602.88(\text{cm}^2)$

一方，底面の半径が4cmの円柱について，底面積は

$4\times 4\times 3.14=50.24(\text{cm}^2)$

であるから，側面積は

$602.88-50.24\times 2=502.4(\text{cm}^2)$

半径4cmの円の円周(えんしゅう)の長さは

$4\times 2\times 3.14=25.12(\text{cm})$

なので，この円柱の高さは，

$502.4\div 25.12=20(\text{cm})$

よって，底面の半径が4cmの円柱の高さは<u>20cm</u>。

(4)　切り口が平らであり，底面からの高さがもっとも高いところが6cm，もっとも低いところが4cmであるので，この立体は，図のように高さ10cmのもとの円柱をちょうど半分に切ったものと考えることができる。

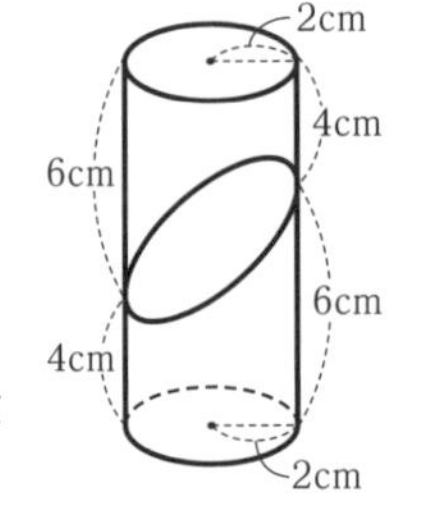

底面である半径2cmの円の面積は，

$2\times 2\times 3.14$

$=12.56(\text{cm}^2)$

また，もとの円柱の側面積は，

$2\times 2\times 3.14\times 10=125.6(\text{cm}^2)$

であるから，この立体の側面積は

$125.6\div 2=62.8(\text{cm}^2)$

よって，この立体の表面積は

$12.56+14.04+62.8=89.4(\text{cm}^2)$

したがって，求める表面積は<u>89.4cm^2</u>。

26 角柱・円柱の体積

答え **1** (1)　4cm^3　(2)　502.4cm^3　(3)　110cm^3　(4)　30cm^3

1(1)　底面積(ていめんせき)は，

$2\times 2\div 2=2(\text{cm}^2)$

高さは2cmなので，体積は，

$2\times 2=4(\text{cm}^3)$

よって，三角柱の体積は4cm^3。

(2) 底面積は，

$4\times4\times3.14=50.24(\text{cm}^2)$

高さは10cmなので，体積は，

$50.24\times10=502.4(\text{cm}^3)$

よって，円柱の体積は502.4cm^3。

(3) 底面の台形の面積は，

$(3+8)\times4\div2=22(\text{cm}^2)$

高さは5cmなので，体積は，

$22\times5=110(\text{cm}^3)$

よって，四角柱の体積は110cm^3。

(4) 展開図を組み立てるときに対応する辺を考えると，底面の三角形において直角をはさむ2つの辺の長さは3cm，4cmであることがわかる。

よって，底面積は，

$3\times4\div2=6(\text{cm}^2)$

高さは5cmとなるので，体積は，

$6\times5=30(\text{cm}^3)$

したがって，三角柱の体積は30cm^3。

27 角すいの表面積・体積

答え

1 (1) 260cm^2 (2) $\dfrac{140}{3}$cm^3 (3) 36cm^3 (4) 6cm

1 (1) 底面の正方形ABCDの面積は，

$10\times10=100(\text{cm}^2)$

側面の三角形OAB，OBC，OCD，ODAの面積の合計は，

$10\times8\div2\times4=160(\text{cm}^2)$

表面積は，

$100+160=260(\text{cm}^2)$

よって，表面積は260cm^2。

(2) 底面の長方形の面積は，

$7\times5=35(\text{cm}^2)$

高さは4cmなので，

$35\times4\div3=\dfrac{140}{3}(\text{cm}^3)$

よって，体積は$\dfrac{140}{3}$cm^3。

(3) 底面の三角形の面積は，

$6\times6\div2=18(\text{cm}^2)$

高さは6cmなので，

$18\times6\div3=36(\text{cm}^3)$

よって，体積は36cm^3。

(4) 底面の台形の面積は，

$(4+5)\times3\div2=\dfrac{27}{2}(\text{cm}^2)$

四角すいの体積が27cm^{3}であるので，

$\dfrac{27}{2}\times x\div3=27$

$x=6$

よって，xは6cm。

28 円すいの表面積・体積

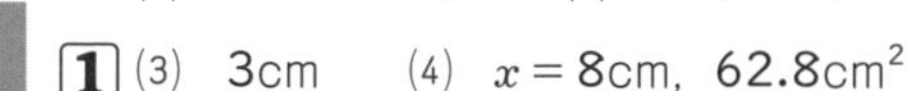

答え

1 (1) 113.04cm^2 (2) 65.94cm^3 (3) 3cm (4) $x=8$cm，62.8cm^2 (5) 113.04cm^2 (6) 6cm

1 (1) 底面積は，

$4\times4\times3.14=50.24(\text{cm}^2)$

側面のおうぎ形の面積は，

$5\times5\times3.14\times\dfrac{4}{5}=62.8(\text{cm}^2)$

表面積は，

$50.24+62.8=113.04(\text{cm}^2)$

よって，表面積は113.04cm^2。

(2) 底面積は，

$3\times3\times3.14=28.26(\text{cm}^2)$

高さは7cmなので，

$28.26\times7\div3=65.94(\text{cm}^3)$

よって，体積は65.94cm^3。

(3) 2つの円すいに分けて考える。底面積は，

$2\times2\times3.14=12.56(\text{cm}^2)$

下の円すいの体積は，

$12.56\times6\div3=25.12(\text{cm}^3)$

体積の合計が37.68cm^{3}であるので，上の円

すいの体積は，

$37.68 - 25.12 = 12.56(\mathrm{cm}^3)$

上の円すいの高さは

$x = 12.56 \div 12.56 \times 3 = 3(\mathrm{cm})$

よって，xは3cm。

(4) 側面のおうぎ形の中心角が90°であり，おうぎ形の弧の長さと底面の円の円周の長さが等しいので，

$x \times 2 \times 3.14 \times \frac{90°}{360°} = 2 \times 2 \times 3.14$

$x \times 1.57 = 12.56(\mathrm{cm})$

$x = 8$

よって，側面のおうぎ形の面積は，

$8 \times 8 \times 3.14 \times \frac{2}{8} = 50.24(\mathrm{cm}^2)$

底面積は，

$2 \times 2 \times 3.14 = 12.56(\mathrm{cm}^2)$

表面積は，

$50.24 + 12.56 = 62.8(\mathrm{cm}^2)$

したがって，xは8cm，表面積は$62.8\mathrm{cm}^2$。

(5) 底面の円の半径は，

$6 \div 2 = 3(\mathrm{cm})$

であることに注意する。

底面の円の面積は，

$3 \times 3 \times 3.14 = 28.26(\mathrm{cm}^2)$

側面のおうぎ形の面積は，

$9 \times 9 \times 3.14 \times \frac{3}{9} = 84.78(\mathrm{cm}^2)$

表面積は，

$28.26 + 84.78 = 113.04(\mathrm{cm}^2)$

よって，表面積は$113.04\mathrm{cm}^2$。

(6) 底面積は，

$x \times x \times 3.14(\mathrm{cm}^2)$

円すいの体積が$75.36\mathrm{cm}^3$であるので，

$x \times x \times 3.14 \times 2 \div 3 = 75.36$

$x \times x = 36(\mathrm{cm}^2)$

$6 \times 6 = 36$であるので，$x = 6$

よって，xは6cm。

29 組み合わせたりへこんだりしている立体の表面積・体積

答え **1** (1) 表面積：$36\mathrm{cm}^2$，体積：$10\mathrm{cm}^3$
(2) $12600\mathrm{cm}^3$ (3) $6430\mathrm{cm}^3$

1(1) 立体の手前の面を底面とすると，その面積は，

$4 \times 1 + 2 \times 3 = 10(\mathrm{cm}^2)$

側面積は，

$1 \times (1 + 2 + 3 + 2 + 4 + 4) = 16(\mathrm{cm}^2)$

したがって立体の表面積は，

$10 \times 2 + 16 = 36(\mathrm{cm}^2)$

底面積は$10\mathrm{cm}^2$，高さは1cmなので，立体の体積は，

$10 \times 1 = 10(\mathrm{cm}^3)$

よって，表面積は$36\mathrm{cm}^2$，体積は$10\mathrm{cm}^3$。

(2) 立体の手前の面を底面とすると，その面積は，

$9 \times 30 + 9 \times 20 + 15 \times 12 = 630(\mathrm{cm}^2)$

立体の高さは20cmなので，立体の体積は，

$630 \times 20 = 12600(\mathrm{cm}^3)$

よって，$12600\mathrm{cm}^3$。

(3) 底面は，一辺20cmの正方形から半径5cmの円をくりぬいた図形なので，その面積は，

$20 \times 20 - 5 \times 5 \times 3.14 = 321.5(\mathrm{cm}^2)$

立方体なので高さは20cmであるから，体積は，

$321.5 \times 20 = 6430(\mathrm{cm}^3)$

よって，求める立体の体積は$6430\mathrm{cm}^3$。

30 容　積

答え **1** (1) $3024\mathrm{cm}^3$ (2) $392\mathrm{cm}^3$
(3) $62.8\mathrm{cm}^3$

1(1) 底面積は，

$(24 - 3 \times 2) \times (20 - 3 \times 2) = 18 \times 14$

$= 252(\mathrm{cm}^2)$

入れ物の深さは，

$15 - 3 = 12(\mathrm{cm})$

したがって，この入れ物の容積は，

$252 \times 12 = 3024 (\text{cm}^3)$

より，$\underline{3024\text{cm}^3}$。

(2) 底面積は，

$(11 - 2 \times 2) \times (18 - 2 \times 2) = 7 \times 14$

$= 98 (\text{cm}^2)$

入れ物の深さは，

$6 - 2 = 4 (\text{cm})$

したがって，この入れ物の容積は，

$98 \times 4 = 392 (\text{cm}^3)$

よって，$\underline{392\text{cm}^3}$。

(3) 内側の円の半径は，

$3 - 1 = 2 (\text{cm})$

よって，底面積は，

$2 \times 2 \times 3.14 = 12.56 (\text{cm}^2)$

入れ物の深さは，

$6 - 1 = 5 (\text{cm})$

したがって，この入れ物の容積は，

$12.56 \times 5 = 62.8 (\text{cm}^3)$

よって，$\underline{62.8\text{cm}^3}$。

31 体積比と相似比

答え **1**

(1) 13cm^3　(2) $8:1$（$1:8$ も可）

(3) 81cm^3　(4) 1000cm^3

(5) $27:1$（$1:27$ も可）

(6) 904.32cm^3

1(1) 図より，四角すいA-BCDEと四角すいA-FGHIの相似比は，

$12 : 6 = 2 : 1$

よって，体積比は，

$(2 \times 2 \times 2) : (1 \times 1 \times 1) = 8 : 1$

$8 : 1 = 104 :$ (四角すいA-FGHIの体積) より，四角すいA-FGHIの体積は，

$104 \times 1 \div 8 = 13 (\text{cm}^3)$

よって，$\underline{13\text{cm}^3}$。

(2) 問題文と図より，2つの円すいの相似比は $2:1$ である。体積比は，

$(2 \times 2 \times 2) : (1 \times 1 \times 1) = 8 : 1$

よって，$\underline{8:1}$。

(3) 四角すいA-FGHIの体積は，

$4 \times 3 \times 6 \div 3 = 24 (\text{cm}^3)$

図より，四角すいA-BCDEと四角すいA-FGHIの相似比は，

$(6 + 3) : 6 = 9 : 6 = 3 : 2$

よって，体積比は，

$(3 \times 3 \times 3) : (2 \times 2 \times 2) = 27 : 8$

$27 : 8 =$ (四角すいA-BCDEの体積) $: 24$

四角すいA-BCDEの体積は，

$24 \times 27 \div 8 = 81 (\text{cm}^3)$

よって，$\underline{81\text{cm}^3}$。

(4) 図より，四角すいA-BCDEと四角すいA-FGHIの相似比は，

$10 : 2 = 5 : 1$

よって，体積比は

$(5 \times 5 \times 5) : (1 \times 1 \times 1) = 125 : 1$

$125 : 1 =$ (四角すいA-BCDEの体積) $: 8$

四角すいA-BCDEの体積は，

$8 \times 125 \div 1 = 1000 (\text{cm}^3)$

よって，$\underline{1000\text{cm}^3}$。

(5) 問題文と図より，2つの円すいの相似比は，

$(3 + 6) : 3 = 3 : 1$

である。体積比は，

$(3 \times 3 \times 3) : (1 \times 1 \times 1) = 27 : 1$

よって，$\underline{27:1}$。

(6) 下の図より，三角形ABEと三角形ACDは相似であり，$BE : CD = 1 : 2$ より，

$AE : AD = 1 : 2$

$AE : ED = 1 : 1$,

$AE = 9\text{cm}$

となる。

体積は，

$8 \times 8 \times 3.14 \times (9 + 9) \div 3 - 4 \times 4 \times 3.14 \times 9 \div 3 \times 2$

$= 904.32 (cm^3)$

よって，$\underline{904.32cm^3}$。

22~31 まとめ問題

答え

1
(1) $126.96cm^2$　(2) $192.5cm^2$
(3) $48cm^3$　(4) 12個
(5) $352cm^2$
(6) $240cm^2$，$180cm^3$

2
(1) $164.85cm^2$　(2) $571.48cm^2$
(3) $31.4cm^3$
(4) $207.36cm^2$，$110.592cm^3$
(5) $72cm^3$
(6) $703.36cm^2$，$1230.88cm^3$

3
(1) 105個　(2) 4倍
(3) $33.12cm^3$　(4) $8000cm^3$

1 (1) 立方体の表面積は，一辺×一辺×6で求められるので，

$4.6 \times 4.6 \times 6 = 126.96 (cm^2)$

よって，表面積は$\underline{126.96cm^2}$。

(2) 底面の正方形2つ分の面積は

$3.5 \times 3.5 \times 2 = 24.5 (cm^2)$

側面の長方形4つ分は，縦の長さが直方体の高さである12cm，横の長さが正方形の周りの長さである$3.5 \times 4 = 14$(cm)の長方形の面積と考えることができるので，

$12 \times 14 = 168 (cm^2)$

表面積は，

$24.5 + 168 = 192.5 (cm^2)$

よって，求める表面積は$\underline{192.5cm^2}$。

(3) 展開図を組み立てると，縦の長さ，横の長さ，高さが4cm，6cm，2cmの直方体ができる。

$4 \times 6 \times 2 = 48 (cm^3)$

よって，立体の体積は$\underline{48cm^3}$。

(4) 図で示された直方体の体積は，

$18 \times 18 \times 1 = 324 (cm^3)$

一方，一辺が3cmの立方体の体積は，

$3 \times 3 \times 3 = 27 (cm^3)$

$324 \div 27 = 12$

よって，図の立体の体積は立方体の体積の$\underline{12個分}$に等しい。

(5) 底面の台形2つ分の面積は，

$(6 + 12) \times 4 \div 2 \times 2 = 72 (cm^2)$

側面は，縦の長さが10cm，横の長さが台形のまわりの長さである$5 + 6 + 5 + 12 = 28$ (cm)の長方形の面積と考えることができるので，

$10 \times 28 = 280 (cm^2)$

これらを合計すると，

$72 + 280 = 352 (cm^2)$

よって，求める表面積は$\underline{352cm^2}$。

(6) 展開図を組み立てるとできるのは，3つの辺の長さが5cm，12cm，13cmである直角三角形を底面とし，高さが6cmの三角柱である。

底面の三角形2つ分の面積は

$5 \times 12 \div 2 \times 2 = 60 (cm^2)$

側面の面積は，

$6 \times (5 + 12 + 13) = 180 (cm^2)$

表面積は，

$60 + 180 = 240 (cm^2)$

体積は，

$5 \times 12 \div 2 \times 6 = 180 (cm^3)$

よって，求める表面積は$\underline{240cm^2}$，体積は$\underline{180cm^3}$。

2 (1) 底面の円2つ分の面積は

$2.5 \times 2.5 \times 3.14 \times 2 = 39.25 (cm^2)$

側面積は，縦の長さが高さである8cm，横の長さが底面の円のまわりの長さである$2.5 \times 2 \times 3.14 = 15.7$(cm)の長方形の面積と等しいので，

$8 \times 15.7 = 125.6 (cm^2)$

表面積は，

$39.25 + 125.6 = 164.85 (cm^2)$

よって，求める表面積は$\underline{164.85cm^2}$。

(2) 底面の半径が5cm，高さ10cmの円柱から，底面の半径が2cm，高さ10cmの円柱をくりぬい

た立体である。

底面のドーナツ型の図形2つ分の面積は，

$(5 \times 5 \times 3.14 - 2 \times 2 \times 3.14) \times 2$

$= 131.88(\text{cm}^2)$

側面積は，外側が，

$10 \times (5 \times 2 \times 3.14) = 314(\text{cm}^2)$

内側が，

$10 \times (2 \times 2 \times 3.14) = 125.6(\text{cm}^2)$

これらを合計すると，

$131.88 + 314 + 125.6 = 571.48(\text{cm}^2)$

よって，求める表面積は571.48cm²。

(3) 展開図を組み立ててできるのは，高さが5cmの円柱を直径にそって2等分した立体である。

底面の半円の弧と弦の長さの合計が10.28cmになっている。底面の半円の直径を$\boxed{1}$とおくと，半円の弧の長さは，

$\boxed{1} \times 3.14 \div 2 = \boxed{1.57}$

$\boxed{1} + \boxed{1.57} = \boxed{2.57}$

直径の長さは，

$10.28 \div 2.57 = 4(\text{cm})$

よって，半径は2cmだとわかるので，この立体の体積は，

$2 \times 2 \times 3.14 \div 2 \times 5 = 31.4(\text{cm}^3)$

したがって，求める体積は31.4cm³。

(4) 表面積について，底面の正方形の面積は，

$9.6 \times 9.6 = 92.16(\text{cm}^2)$

側面は合同な4つの三角形からなっており，側面積は，

$9.6 \times 6 \div 2 \times 4 = 115.2(\text{cm}^2)$

これらを合計すると，

$92.16 + 115.2 = 207.36(\text{cm}^2)$

体積は，$9.6 \times 9.6 \times 3.6 \div 3 = 110.592(\text{cm}^3)$

よって，求める表面積は207.36cm²，体積は110.592cm³。

(5) 4点A，C，F，Hを頂点とする立体は，一辺6cmの立方体から，次の図のような三角すい4つを切り取った立体である。

三角すい1つ分の体積は，

$6 \times 6 \div 2 \times 6 \div 3 = 36(\text{cm}^3)$

よって，求める立体の体積は，

$6 \times 6 \times 6 - 36 \times 4$

$= 72(\text{cm}^3)$

4点A，C，F，Hを頂点とする立体の体積は72cm³。

(6) 表面積について，底面の円の面積は，

$7 \times 7 \times 3.14 = 153.86(\text{cm}^2)$

側面のおうぎ形の面積は，

$25 \times 25 \times 3.14 \times \frac{7}{25} = 549.5(\text{cm}^2)$

底面の円の面積と合わせると，

$549.5 + 153.86 = 703.36(\text{cm}^2)$

体積は，

$7 \times 7 \times 3.14 \times 24 \div 3 = 1230.88(\text{cm}^3)$

よって求める表面積は703.36cm²，体積は1230.88cm³。

3 (1) 図の容器は，一辺が10cmの立方体から，底面が一辺4cmの正方形で高さが10cmの直方体を切り取った立体であるので，容積は，

$10 \times 10 \times 10 - 4 \times 4 \times 10 = 840(\text{cm}^3)$

一辺2cmの立方体の体積は，

$2 \times 2 \times 2 = 8(\text{cm}^3)$

であるから，

$840 \div 8 = 105$(個)

よって，必要な立方体の数は105個。

(2) 円柱Bは，半径が2cm，高さが20cmなので体積は，

$2 \times 2 \times 3.14 \times 20 = 80 \times 3.14(\text{cm}^3)$

円柱Cは，半径が8cm，高さが5cmなので体積は，

$8 \times 8 \times 3.14 \times 5 = 320 \times 3.14(\text{cm}^3)$

よって，$(320 \times 3.14) \div (80 \times 3.14)$

$= 320 \div 80 = 4$(倍)

したがって，円柱Cの体積は円柱Bの体積の4倍である。

(3) 下の円柱の部分の体積は，

$2 \times 2 \times 3.14 \times 2 = 25.12(\text{cm}^3)$

直方体の底面の正方形は，対角線の長さが円柱の底面の直径に等しく，4cmである。よって，この正方形の面積は，

$4\times4\div2=8(\text{cm}^2)$

であるから，直方体の体積は，

$8\times1=8(\text{cm}^3)$

体積の合計は，

$25.12+8=33.12(\text{cm}^3)$

したがって，求める体積は33.12cm^3。

(4) 容器を真上から見ると右の図のようになる。

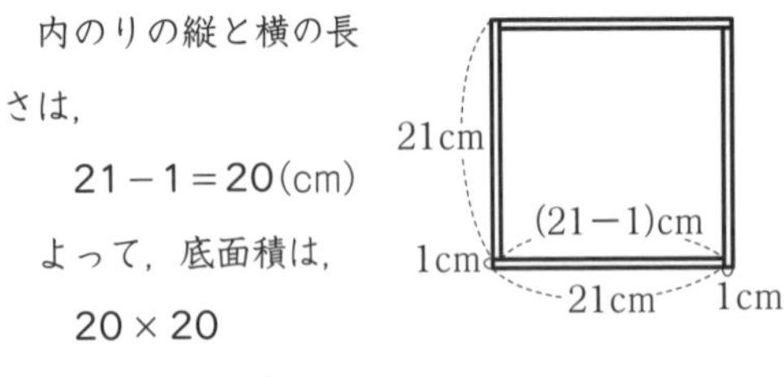

内のりの縦と横の長さは，

$21-1=20(\text{cm})$

よって，底面積は，

20×20

$=400(\text{cm}^2)$

容器の底には板をはめこむので，容器の深さは，

$21-1=20(\text{cm})$

$400\times20=8000(\text{cm}^3)$

よって，求める容積は8000cm^3。

32 展開図

1 (1) 面イ，エ，オ，カ　(2) 点E
(3) 面オ　(4) 辺ED
(5) 面ア，イ，エ，オ　(6) 12

1(1) 面アがいちばん上になるように展開図を組み立てると，面アに向かい合っている面，すなわち平行な面は面ウであり，それ以外の面が垂直な面となる。よって，垂直な面は面イ，エ，オ，カ。

(2) 展開図を組み立てると，辺CBは辺CDに，辺BAは辺DEに重なることがわかるので，点Aは点Eに一致する。よって，求める答えは点E。

(3) 面ウがいちばん上になるように展開図を組み立てると，面ア，イ，エ，カは側面，面オは底面となる。よって，面ウに平行な面は面オ。

(4) 四角形CDEFがいちばん上の面になるように展開図を組み立てると，展開図の横ならびの4つの面が側面となり，辺FGは辺FEに重なり，辺GHは辺EDに重なる。よって，求める答えは辺ED。

(5) 展開図を見ると，面ウは面カと同じ形であり，展開図を組み立ててできる直方体において，面ウと面カは平行である。直方体の側面は底面に垂直であるため，面カに垂直なのは面ウ以外の面である。よって，求める答えは面ア，イ，エ，オとなる。

(6) 展開図を組み立てると，面アに平行な面は3の面であり，それ以外の面は垂直な面となる。

よって，$1+2+4+5=12$ より求める答えは12。

33 図形の回転

答え

1 (1) 703.36cm^3　(2) 150.72cm
(3) 408.2cm^3　(4) 113.04cm^3

1(1) 1回転させてできた立体は，図のように大きな円柱から小さな円柱を取りのぞいたものとなる。

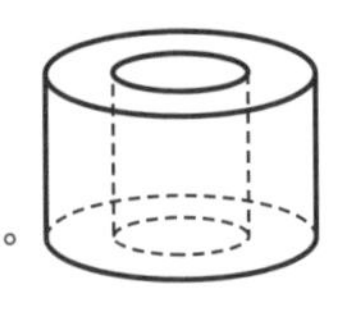

大きな円柱の半径は$4+2=6$(cm)，小さな円柱の半径は2cmとなる。

$6\times6\times3.14\times7-2\times2\times3.14\times7$

$=703.36(\text{cm}^3)$

よって，求める体積は，703.36cm^3。

(2) 円すいをねかせて1周させたときにできる円周の長さは，底面の円周の長さに円すいの回転数をかけたものと等しくなる。

底面の円周の長さに円すいの回転数をかけると，

$6\times2\times3.14\times4=150.72(\text{cm})$

よって，求める答えは150.72cm。

(3) 回転させてできた立体は，図のように大きな円柱から小さな円柱を取りのぞいたものとなる。

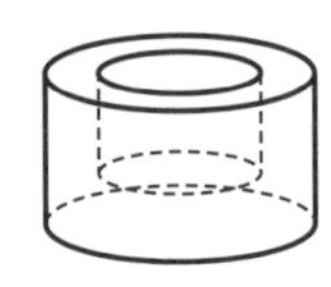

$5\times5\times3.14\times7-3\times3\times3.14\times5$

$=408.2(\text{cm}^3)$

よって，求める体積は，408.2cm^3。

(4) 回転させてできた立体は，図のように円すい，中を取りのぞいた円柱，円柱を組み合わせたものとなる。

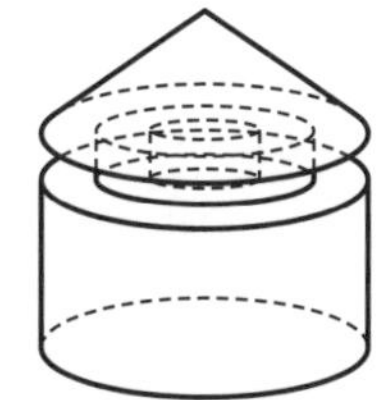

円すいの体積は，

$3\times3\times3.14\times2\div3=18.84(\text{cm}^3)$

中を取りのぞいた円柱の体積は，

$(3-1)\times(3-1)\times3.14\times1-1\times1\times3.14\times1=12.56-3.14$

$=9.42(\text{cm}^3)$

円柱の体積は，

$3\times3\times3.14\times3=84.78(\text{cm}^3)$

3つの体積の合計は，

$18.84+9.42+84.78=113.04(\text{cm}^3)$

よって，求める体積は，113.04cm^3。

34 円すい台・角すい台

答え **1**

(1)	28cm^3	(2)	197.82cm^3
(3)	13cm^3	(4)	9796.8cm^3
(5)	91cm^3	(6)	56cm^3

1(1) 右図のように角すい台の4辺を延長させてできた大きな四角すいの体積から，小さな四角すいをひいたものが求める体積である。

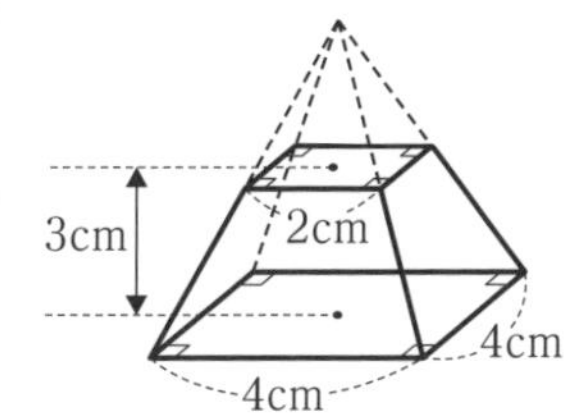

大きな四角すいと小さな四角すいの側面の三角形は相似の関係であり，底辺の長さの比は2：4＝1：2であるため，2つの立体の高さの比も1：2になる。よって大きな四角すいの高さは，

$3\times\dfrac{2}{2-1}=6(\text{cm})$

となる。それぞれの四角すいの底面が正方形であることをふまえると，

$4\times4\times6\div3-2\times2\times(6-3)\div3$

$=28(\text{cm}^3)$

よって，求める体積は28cm^3。

(2) 右図のように，辺BAと辺CDの延長線上で交わる点を点Eとする。

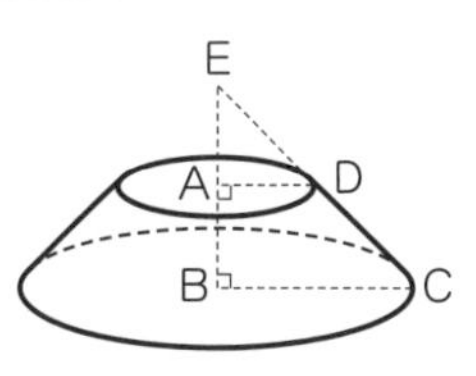

三角形EADと三角形EBCは相似の関係にあるので，

AD：BC＝1：2より，EA：EB＝1：2

EAの長さは$3\times(1+1)\div2=3(\text{cm})$

よって，この円すい台は，底面の半径が6cm，高さが6cmの円すいから，底面の半径が3cm，高さが3cmの円すいをひいたものである。

したがって体積は，

$6\times6\times3.14\times6\div3-3\times3\times3.14\times3\div3$

$=226.08-28.26$

$=197.82(\text{cm}^3)$

よって，求める答えは197.82cm^3。

(3) 右図のように角すい台の3辺を延長させてできた大きな三角すいの体積から，小さな三角すいの体積をひいたものが求める体積となる。

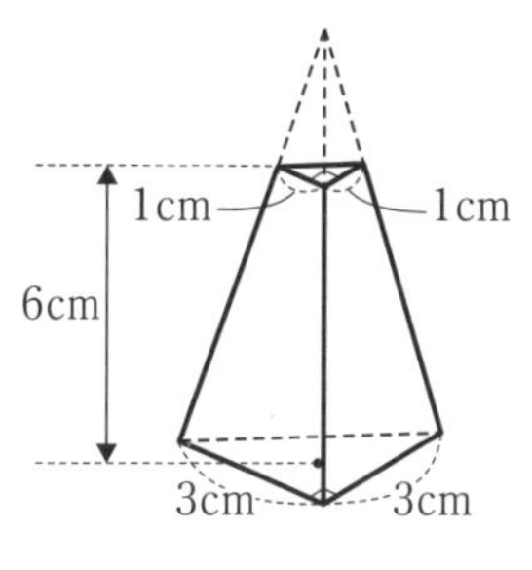

大きな三角すいと小さな三角すいの側面の三角形は相似であり，底辺の長さの比は1：3であるため，2つの立体の高さの比も1：3になる。よって，大きな三角すいの高さは，

$6\times\dfrac{3}{3-1}=9(\text{cm})$

となる。求める体積は，

$3\times3\div2\times9\div3-1\times1\div2\times(9-6)\div3$

$=13(\text{cm}^3)$

より，求める答えは13cm^3。

(4)　辺BAと辺CDの延長線上で，三角形EADと三角形EBCは相似の関係にあるので，AD：BC＝6：18より，

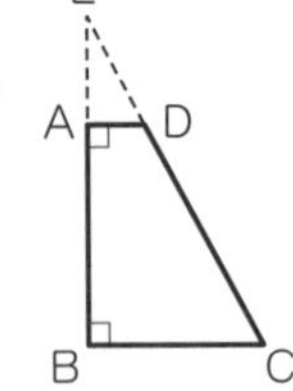

EA：EB＝1：3

EA：AB＝1：2

EAの長さは，20÷2＝10(cm)

図形を直線ℓのまわりに1回転させてできる立体は円すい台となる。この円すい台は，底面の半径が18cm，高さが10＋20＝30(cm)の円すいから，底面の半径が6cm，高さが10cmの円すいをひいたものであるから，体積は，

$18\times18\times3.14\times30\div3-6\times6\times3.14\times10\div3=9796.8(\text{cm}^3)$

よって，求める答えは9796.8cm³。

(5)　(3)と同じように，3辺を延長させて考える。

大きな三角すいと小さな三角すいの側面の三角形は相似であり，底辺の長さの比は15：18＝5：6であるため，2つの立体の高さの比も5：6になる。よって大きな三角すいの高さは，

$2\times\dfrac{6}{6-5}=12(\text{cm})$　となる。求める体積は，

$18\times6\div2\times12\div3-15\times5\div2\times(12-2)\div3=91(\text{cm}^3)$

よって，91cm³。

(6)　(1)と同じように，4辺を延長させて考える。

延長してできた大きな四角すいと小さな四角すいの側面の三角形は相似であり，底辺の長さの比は3：6＝1：2であるため，2つの立体の高さの比も1：2になる。よって，大きな四角すいの高さは，$4\times\dfrac{2}{2-1}=8(\text{cm})$　となる。求める体積は，

$6\times4\times8\div3-3\times2\times(8-4)\div3=56(\text{cm}^3)$

よって，56cm³。

35 立体の積み重ね・くりぬき

答え	
1	(1)　20cm³　(2)　36cm³
2	432cm³
3	301.76cm³

1　立方体を積み重ねた立体の体積は，立方体が合計何個あるかを求めればよい。そのために1段ずつ，立方体が何個あるかを求める。下から順に，

(1)　1段目：6＋4＝10(個)

2段目：3＋3＝6(個)

3段目：1＋2＝3(個)

4段目：1(個)

つまり，この立体の立方体の合計は，

10＋6＋3＋1＝20(個)

この立方体1個分の体積が

$1\times1\times1=1(\text{cm}^3)$

であるため，立体の体積は，

$1\times20=20(\text{cm}^3)$

よって，体積は20cm³。

(2)　この立体は，くりぬかれている部分に注意して立方体の数を下から1段ずつ考える。正面を右下図のように決めると，

4段目：上からくりぬかれているので，

4×4－2＝14(個)

4段目

3段目：右から8個と上から2個くりぬかれているので，

4×4－8＝8(個)

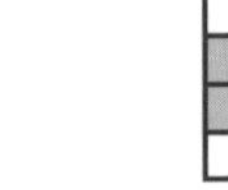

3段目

2段目：上から2個と右から8個と正面から4個くりぬかれていて，右図のようになっているので，

4×4－10＝6(個)

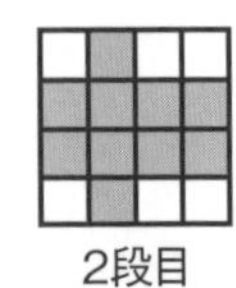

2段目

1段目：上から2個と正面から8個くりぬかれていて，右図のようになっているので，

4×4－8＝8(個)

1段目

よって，この立体の体積は，

$1 \times (14+8+6+8)=36(\text{cm}^3)$

したがって，36cm^3。

2 この立体は，立方体から3方向に直方体をくりぬいたものである。1つの直方体の体積が，

$2 \times 2 \times 8 = 32(\text{cm}^3)$

3方向からの直方体の重なりは，

$2 \times 2 \times 2 = 8(\text{cm}^3)$

なので，くりぬかれている体積は，

$(32-8) \times 3 + 8 = 80(\text{cm}^3)$

よって，求める体積は，

$8 \times 8 \times 8 - 80 = 432(\text{cm}^3)$

したがって，432cm^3。

3 この立体は立方体から，正面と横の2方向から角柱を，上の1方向から円柱をくりぬいたものである。横からくりぬいている角柱が残りの両方の立体と重なってくりぬかれているので，これをもとにして考える。横からくりぬいた角柱の体積は，

$(8-2\times 2) \times (8-2\times 2) \times 8 = 128(\text{cm}^3)$

正面からくりぬいた角柱のうち，横からくりぬいた角柱に重なっていない部分の体積は，

$(8-2\times 2) \times 2 \times (8-4) = 32(\text{cm}^3)$

上からくりぬいた円柱のうち，くりぬいた2つの角柱に重なっていない部分の体積は，底面の円の半径が，$(8-2\times 2) \div 2 = 2(\text{cm})$ なので，

$2 \times 2 \times 3.14 \times (8-4) = 50.24(\text{cm}^3)$

よって，求める体積は，

$8 \times 8 \times 8 - (128 + 32 + 50.24)$

$= 301.76(\text{cm}^3)$

したがって，301.76cm^3。

36 最短距離

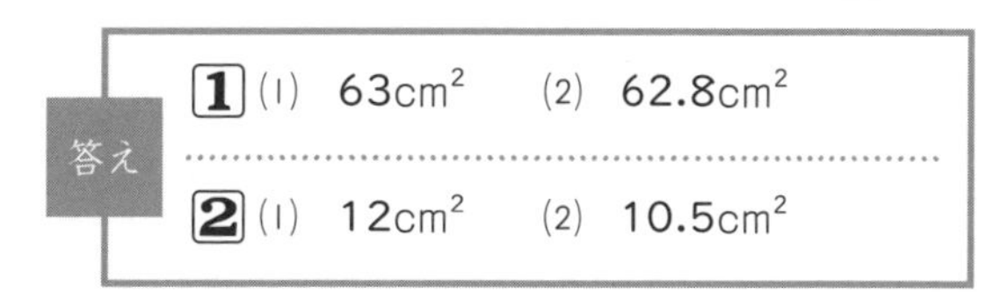

1(1)

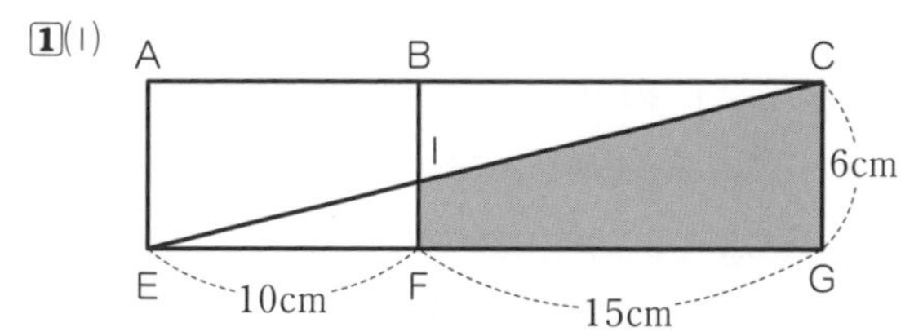

展開図は上のようになる。三角形BICと三角形FIEは相似な三角形であるため，

$\text{BI} : \text{FI} = \text{BC} : \text{FE}$

である。これより，

$\text{BI} : \text{FI} = 15 : 10 = 3 : 2$

であるため，FIの長さを求めると，

$6 \times \dfrac{2}{5} = 2.4(\text{cm})$

よって，台形IFGCの面積を求めると，

$(2.4+6) \times 15 \div 2 = 63(\text{cm}^2)$

したがって，63cm^2。

(2) 展開図は右のようになる。この展開図の三角形ACBの面積を求める。点Aと点Cは円の反対側にあるということから，ACの長さは，半径5cmの円周の半分の長さであるということがわかる。これを求めると，

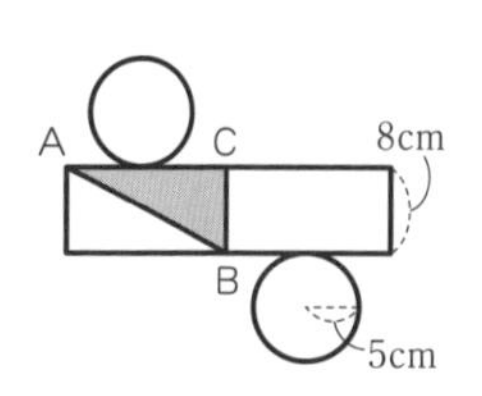

$5 \times 2 \times 3.14 \div 2 = 15.7(\text{cm})$

三角形ACBの面積は縦8cm，横15.7cmの長方形の面積の半分であるため，

$8 \times 15.7 \div 2 = 62.8(\text{cm}^2)$

よって，62.8cm^2。

2(1) 展開図は右のようになる。三角形AIBと三角形HIFは相似な三角形であるため，

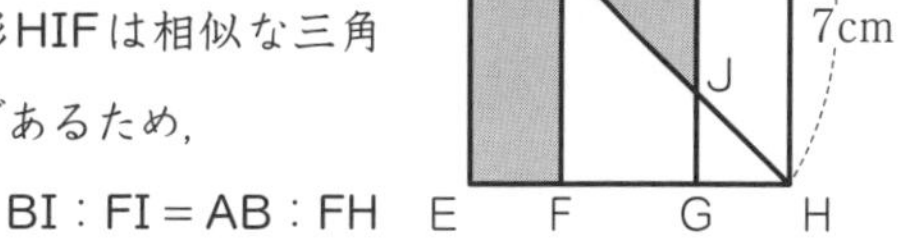

$\text{BI} : \text{FI} = \text{AB} : \text{FH}$

$= 2 : 5$

となる。ここからFIの長さを求めると，

$$7 \times \frac{5}{7} = 5 \text{(cm)}$$

四角形AIFEは台形であり，この面積を求めると

$$(5 + 7) \times 2 \div 2 = 12 \text{(cm}^2\text{)}$$

よって，$\underline{12\text{cm}^2}$。

(2)　(1)より，FI＝5cmであるため，BI＝2cmである。

ここで，三角形ACJと三角形HGJは相似な三角形であるため，

$$\text{CJ} : \text{GJ} = \text{AC} : \text{HG} = 5 : 2$$

となる。ここからCJの長さを求めると，

$$7 \times \frac{5}{7} = 5 \text{(cm)}$$

四角形BIJCは台形であり，この面積を求めると

$$(2 + 5) \times 3 \div 2 = 10.5 \text{(cm}^2\text{)}$$

よって，$\underline{10.5\text{cm}^2}$。

37 立体の切断

答え　解説の通り。

1(1)　頂点A上にある点と，CDの間にある点は同じ面上にある。また，頂点G上にある点と，CDの間にある点も同じ面上にある。よって，それぞれを結ぶ。

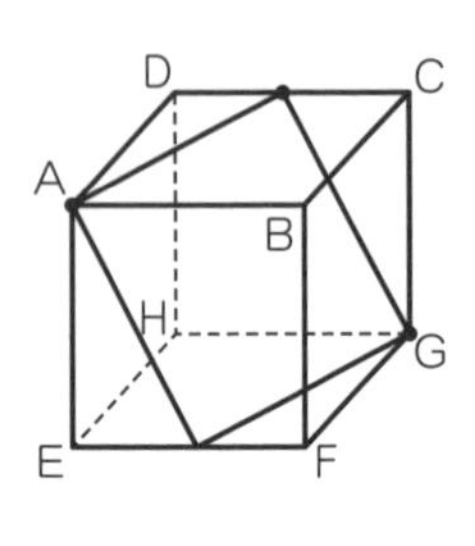

最後に，線を引いた面と向かい合う面に平行な線を引く。

(2)　頂点Bと頂点D，頂点Bと頂点E，頂点Dと頂点Eはそれぞれ同じ面上にある。よって，それぞれを結ぶ。

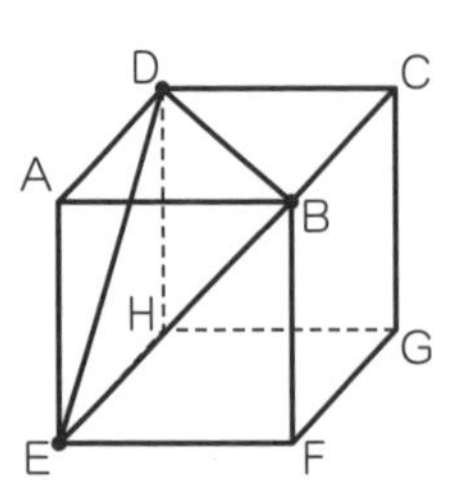

(3)　頂点GとCDの間の点は同じ面上にある。また，CD間の点とAD間の点は同じ面上にある。まずこの2つを結ぶ。

向かい合う面上にある切り口の線は平行になるので，面ABCD上にある線と平行になるように面EFGH上に，面DHGC上にある線と平行になるように面AEFB上に直線をかきこむ。最後に，切り口ができるように，最後の一辺をかきたす。

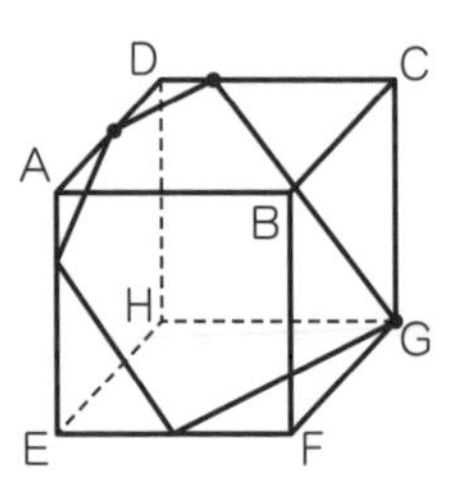

(4)　CD間の点は，頂点B，頂点Hと同じ面上にある。これらを結ぶ。

向かい合う面上にある切り口線は平行になるので，面ABCD上にある線と平行になるように，面EFGH上に直線をかきこむ。最後に，切り口ができるように，最後の一辺をかきたす。

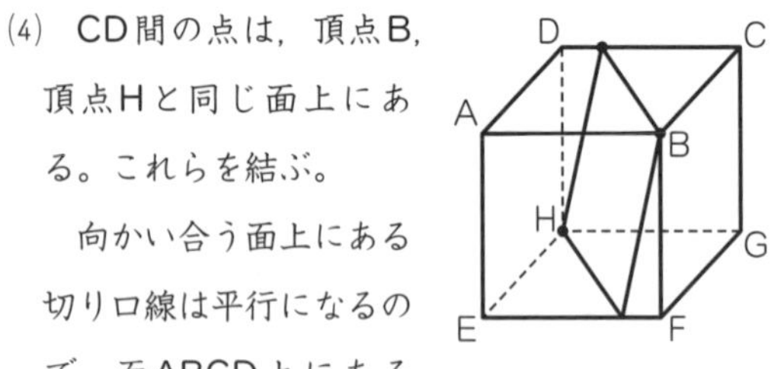

(5)　立方体を2つ積み重ねた形である。立方体のときと同じように考える。

頂点AとB，頂点AとC，頂点BとCがそれぞれ同じ面上にあるので，線で結ぶ。

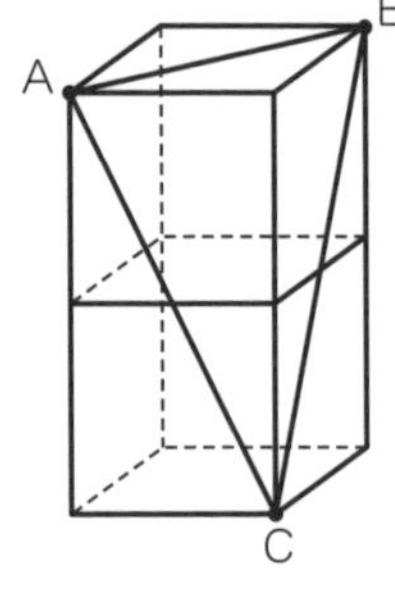

(6)　AD間の点，CB間の点は同じ面上にある。AD間，EH間の点は同じ面上にある。これらを結ぶ。また，面ABCDとEFGH上の線が平行になるように線を引く。さらに面ADHEと面BCGF上の線が平行になるように線を引く。

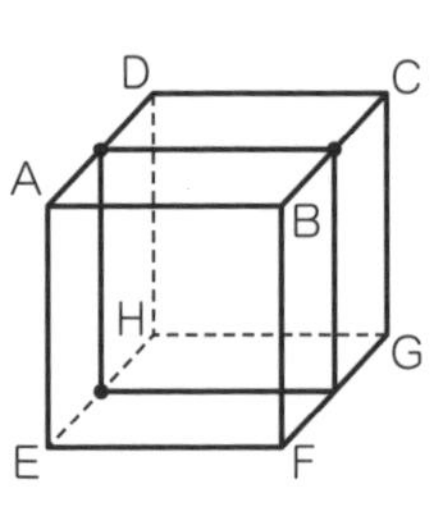

32~37 まとめ問題

答え

1 (1) 面C　(2) 面ア，ウ，オ，カ
(3) $84.78cm^3$　(4) $715.92cm^3$
(5) $131.88cm^3$　(6) $38cm^3$

2 (1) $35cm^3$　(2) $32cm^3$
(3) $16cm^2$　(4) 五角形

1 (1) 展開図(てんかいず)を組み立てると，右のような立方体になる。よって，面Aと平行な面は面C。

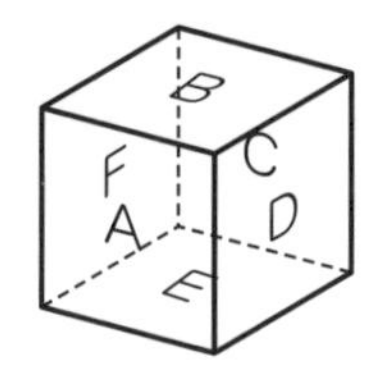

(2) 展開図を組み立てると，右のような直方体になる。よって，イの面と垂直(すいちょく)な面は面ア，ウ，オ，カ。

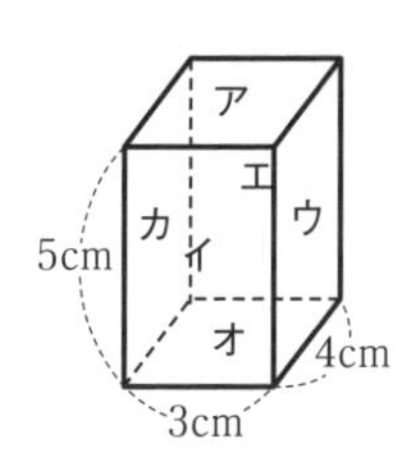

(3) この台形を1回転させると，右のような立体になる。これは，底面(ていめん)が半径(はんけい)3cmの円で高さが4cmの円柱から，底面が半径3cmで高さが3cmの円すいをくりぬいたものである。まず，円柱の体積(たいせき)を求(もと)めると，

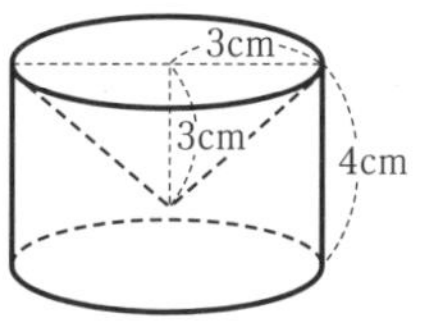

$3 \times 3 \times 3.14 \times 4 = 113.04(cm^3)$

次に，円すいの体積を求めると，

$3 \times 3 \times 3.14 \times 3 \div 3 = 28.26(cm^3)$

この立体の体積は

$113.04 - 28.26 = 84.78(cm^3)$

よって，$84.78cm^3$。

(4) この図形を1回転させると，右のような立体になる。これは，底面が半径9cmで高さが12cmの円すいから，底面が半径6cmで高さが8cmの円すいをくりぬいたものである。まず，

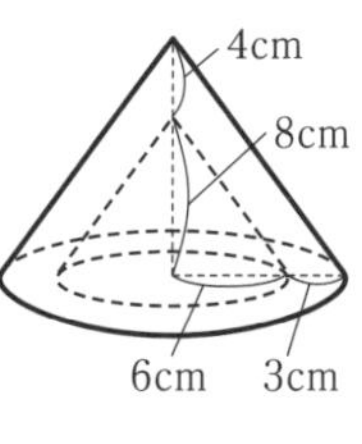

大きい円すいの体積を求めると，

$9 \times 9 \times 3.14 \times 12 \div 3 = 1017.36(cm^3)$

次に，小さい円すいの体積を求めると，

$6 \times 6 \times 3.14 \times 8 \div 3 = 301.44(cm^3)$

この立体の体積は

$1017.36 - 301.44 = 715.92(cm^3)$

よって，$715.92cm^3$。

(5) 辺BCを$x$cmとすると，三角形ABCと三角形ADEは相似(そうじ)なので，

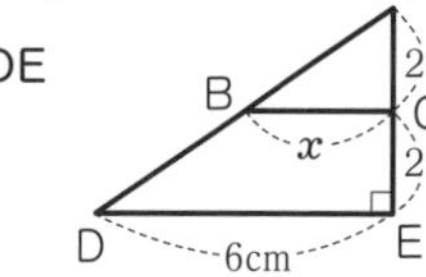

$x : 6 = 2 : (2 + 2)$

$= 1 : 2$

$x = 3(cm)$

よって，求める体積は，

$6 \times 6 \times 3.14 \times 4 \div 3 - 3 \times 3 \times 3.14 \times 2 \div 3$

$= (48 - 6) \times 3.14 = 131.88(cm^3)$

したがって，$131.88cm^3$。

(6) 四角すい台の辺(へん)AE，辺BF，辺CG，辺DHを延長(えんちょう)してできた交点をOとすると，四角すいO-ABCDができる。四角すいO-ABCDと四角すいO-EFGHは相似であり，相似比(そうじひ)は

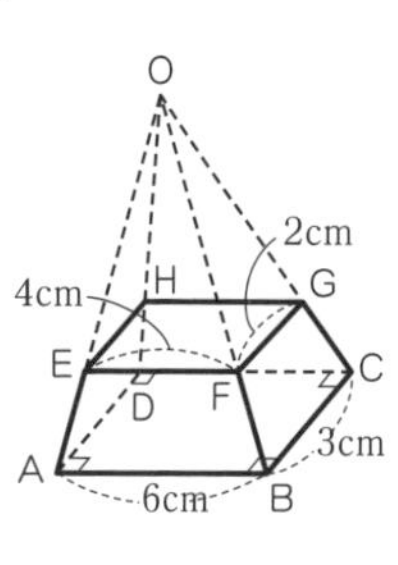

AB : EF = 6 : 4 = 3 : 2

であるため，四角すいO-ABCDの高さは，

$3 \times \frac{3}{3-2} = 9(cm)$である。よって，この体積は

$6 \times 3 \times 9 \div 3 = 54(cm^3)$

である。また，四角すいO-EFGHの体積は

$4 \times 2 \times (9 - 3) \div 3 = 16(cm^3)$

である。求める体積は，

$54 - 16 = 38(cm^3)$

よって，$38cm^3$。

2 (1) 立方体の積木(つみき)を何個(なんこ)使っているかを考える。いちばん下の段(だん)に15個，2段目に10個，3段目に6個，4段目に3個，5段目に1個使っているため，

$15+10+6+3+1=35$(個)

この体積は,

$1\times1\times1\times35=35(\text{cm}^3)$

よって,35cm^3。

(2) はじめに大きな立方体の体積を求めると,

$4\times4\times4=64(\text{cm}^3)$

次に,くりぬいた立方体の個数を求めると,

下から1段目と4段目が中央の4個,

下から2段目と3段目が4つの角以外の12個なので,くりぬいた立体の体積は,

$1\times(4+12+12+4)=32(\text{cm}^3)$

くりぬいた後の立体の体積は

$64-32=32(\text{cm}^3)$

よって,32cm^3。

(3) 展開図は右の図のようになり,最短経路はAHになる。三角形APBと三角形HPFは相似で,

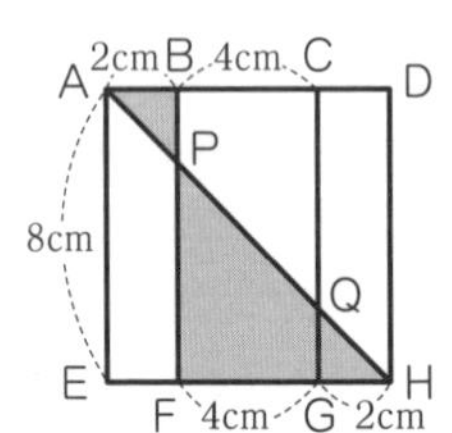

BP:PF=AB:FH

=1:3

であるため,

$$BP=8\times\frac{1}{1+3}=2(\text{cm})$$

同様に三角形AQCと三角形HQGは相似で,

CQ:QG=AC:GH=3:1

CQの長さを求めると,

$$8\times\frac{3}{3+1}=6(\text{cm})$$

四角形BPQCは台形になるので,面積を求めると,

$(2+6)\times4\div2=16(\text{cm}^2)$

よって,16cm^2。

(4) PQをのばして,HGとHEをのばした直線と交わる点をそれぞれKとIとする。

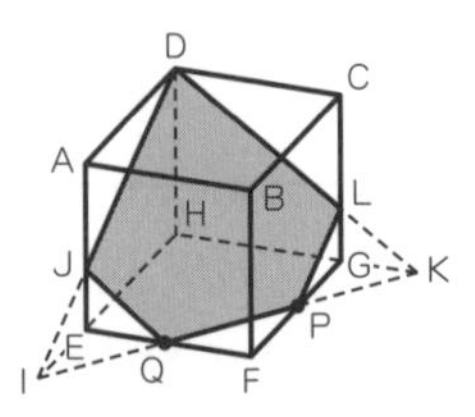

点Kと点D,点Iと点Dを結ぶ。DKとCGが交わる点をL,DIとAEが交わる点をJとして,D,J,Q,P,Lを結ぶと,切り口は五角形になる。

38 水面の高さの変化(入れたものの体積を求める)

答え

1 615.44cm^3

2 50.24cm^3

1 見かけ上増えた水の体積が,石の体積と等しい。したがって,増えた体積を求めると,

$7\times7\times3.14\times4=615.44(\text{cm}^3)$

よって,石の体積は615.44cm^3。

2 見かけ上増えた水の体積が,大きい石と小さい石をあわせた分の体積と等しい。よって,2つの石の体積は,

$4\times4\times3.14\times(5.5-4)=75.36(\text{cm}^3)$

大きい石と小さい石の体積比が2:1より,大きい石の体積は,

$$75.36\times\frac{2}{3}=50.24(\text{cm}^3)$$

よって,50.24cm^3。

39 水面の高さの変化(高さの変化を求める)

1 5.25cm

2 10cm

1 見かけ上増えた水の体積は,直方体の体積と等しく,その体積は,

$5\times4\times3=60(\text{cm}^3)$

である。

上がった水面の高さ=(水の中に入れた直方体の体積)÷(水そうの底面積)より,水の中に入れた直方体を取りのぞくと,

$60\div(8\times6)=1.25(\text{cm})$

だけ,水面の高さは低くなる。

直方体を入れる前の水面の高さは,

$6.5-1.25=5.25(\text{cm})$

よって,5.25cm。

2 水の体積＝底面積×水面の高さであり，水が入っている部分の底面積を求めると，

$15 \times 10 - 5 \times 5 = 125(\text{cm}^2)$

であるので，水の体積は，

$125 \times 12 = 1500(\text{cm}^3)$

おもりを取った後の水面の高さは，

$1500 \div (15 \times 10) = 10(\text{cm})$

よって，10cm。

40 底面積と水の深さ

答え	
	1 (1) 800cm^3 (2) 4cm
	2 7.5cm

1(1) 底面積は，

$10 \times 10 \div 2 = 50(\text{cm}^2)$

体積は，

$50 \times 16 = 800(\text{cm}^3)$

よって，800cm^3。

(2) この容器の容積を考えると，

$10 \times 10 \div 2 \times 25 = 1250(\text{cm}^3)$

となる。水の体積が800cm^3なので，水が入っていない部分の体積は，

$1250 - 800 = 450(\text{cm}^3)$

ここで，図2の水が入っていない部分の体積を考える。

三角形ABCが直角二等辺三角形なので，右の図の三角形APQも直角二等辺三角形である。

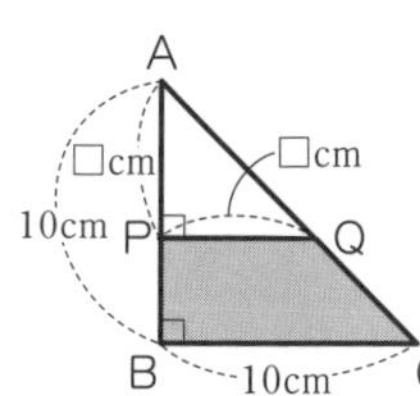

この三角形の等しい2辺の長さを□cmとすると，水が入っていない部分の体積は，

$□ \times □ \div 2 \times 25 = 450(\text{cm}^3)$

よって，

$□ \times □ = 36$

$□ = 6(\text{cm})$

したがって，BPの長さは，

$10 - 6 = 4(\text{cm})$

よって，4cm。

2 まず，水の体積を求める。水の体積は，容器全体の体積から，水が入っていない部分(三角柱)の体積をひくことで求めることができる。

水は，高さ半分のところまで入っているので，辺ABの中点まで水が入っている。

よって，水が入っていない部分(三角柱)の体積は，

$3 \times 3 \div 2 \times 10 = 45(\text{cm}^3)$

であり，容器全体の体積は，

$6 \times 6 \div 2 \times 10 = 180(\text{cm}^3)$

であるので，水の体積は，

$180 - 45 = 135(\text{cm}^3)$

三角形ABCの面積は，

$6 \times 6 \div 2 = 18(\text{cm}^2)$

三角形ABCが底面となるように置いたときの水面の高さは，

$135 \div 18 = 7.5(\text{cm})$

よって，7.5cm。

41 水を入れた容器をかたむける

答え	**1** (1) 4cm (2) 2cm

1(1) 水が入っている部分の形に注目すると，手前の面を底面としたとき，

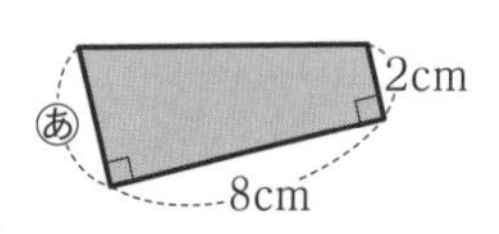

水面の高さはどちらも8cmである。体積と水面の高さが等しいので，底面積も等しい。

図1の底面は長方形で，この面積は，

$3 \times 8 = 24(\text{cm}^2)$

である。図2の底面は台形であり，この面積を求める式は，

(2+㋐) × 8 ÷ 2

より，

(2+㋐) × 8 ÷ 2=24(cm²)

よって，㋐は4cm。

(2)　水が入っている部分の形に注目すると，手前の面を底面としたとき，水面の高さはどちらも12cmである。

　体積と水面の高さが等しいので，底面積も等しい。

　図1の底面は長方形で，この面積は，

$1 \times 12 = 12(\mathrm{cm}^2)$

である。図2の底面は三角形であり，この面積を求める式は，12×ⓘ÷2より，

$12 \times ⓘ \div 2 = 12(\mathrm{cm}^2)$

　よって，ⓘは2cm。

42 水の変化とグラフ(仕切りなし)

答え			
1	(1)　12cm	(2)　6分	
2	(1)　10分	(2)　4分	(3)　16cm

1(1)　水を7分間入れたとき，上の段の部分まで水が入る。上の段では，5分間で10cm水面が上がることから，1分間で上がる水面の高さは，

$10 \div 5 = 2(\mathrm{cm})$

　上の段に水を入れ続けた時間は，

$7 - 4 = 3$(分)

　よって，上の段では，

$2 \times 3 = 6(\mathrm{cm})$

の高さまで水が入る。したがって，水面の高さは，

$6 + 6 = 12(\mathrm{cm})$

　よって，12cm。

(2)　上の段では，

$10 - 6 = 4(\mathrm{cm})$

の高さまで水が入る。上の段で1分間に上がる水面の高さは，2cmであるから，4cm高くなるのにかかる時間は，

$4 \div 2 = 2$(分)

　したがって，水面の高さが10cmになるのにかかった時間は，

$4 + 2 = 6$(分)

　よって，6分。

2(1)　下から1段目のグラフから，1分間で入る水の量を求めると，

$(5 \times 10 \times 6) \div 2 = 150(\mathrm{cm}^3)$

　下から3段目の容積は，

$5 \times (15 + 5 + 10) \times (18 - 14)$

$= 600(\mathrm{cm}^3)$

　3段目が水で満たされるのにかかった時間は，

$600 \div 150 = 4$(分)

　容器いっぱいに水を入れるのにかかる時間は，

$6 + 4 = 10$(分)

　よって，10分。

(2)　図2のグラフより，水面の高さが10cmになるとき，水は下から2段目に，

$10 - 6 = 4(\mathrm{cm})$

たまっている。

　2段目では，水面の高さが1cm上がるのにかかる時間は，

$(6 - 2) \div (14 - 6) = 0.5$(分)

　よって，2段目で4cmたまるのにかかった時間は，

$0.5 \times 4 = 2$(分)

　したがって，10cmためるのにかかった時間は，

$2 + 2 = 4$(分)

　よって，4分。

(3)　図2のグラフより，8分間水を入れ続けたとき，下から3段目には，

$8 - 6 = 2$(分間)

水が入っている。

　(1)の答えから，3段目に水をためるのにかかる時間は4分なので，3段目では，1分間で上がる水面の高さは，

$4 \div 4 = 1(\mathrm{cm})$

　よって，3段目に2分間水をためたときの水面の高さは，

$1 \times 2 = 2(\mathrm{cm})$

　したがって，水そうの水面の高さは，

$14 + 2 = 16(\mathrm{cm})$